全国高等院校创新实践课程「十三五」规划精品教材

风暴——创新思维与设计竞赛表达（一）

INNOVATIVE MINDSET AND DESIGN COMPETITION EXPRESSION

主编 甘伟

参编 白舸 陈甸甸

華中科技大學出版社

http://www.hustp.com

中国·武汉

作者简介 AUTHOR'S BRIEF INTRODUCTION

甘伟

华中科技大学建筑与城市规划学院设计学系讲师，教育部创新人才实验区主管教师，华中科技大学智慧规划与设计协同创新研究中心负责人，美国佐治亚理工学院高级访问学者。研究方向：城市设计，创新与智慧设计。作为课程负责老师主讲“创新实践课程”。

主管教育部创新人才实验区10年间，培养学生100余名，指导各类设计竞赛获奖200余项；主持和参与国家级、省部级各类基金项目5项；以第一作者在国内外专业期刊杂志发表论文10余篇；作为项目负责人和主创人员参加国内外设计实践项目100多项，多次获得省部级设计金奖。

前言 //PREFACE

笔者十余年来一直担任教育部“基于工程技术平台设计人才培养模式创新实验区”教学与组织工作，参与和组织学生参加各类设计竞赛并获奖 200 余项，同时在教学岗位一直讲授“创新实践课”，取得了一定的成绩，也有一些经验和感悟，希望通过教材的形式将其分享给正在努力追求创新思维，热衷设计竞赛的同学们。但起笔以来，反复斟酌，总觉得这本书不应该仅仅是对竞赛作品的简单归纳与整理，而应该有所提炼和升华，使其更具有指导作用。同时希望这本书能给予同学们理论和方法上的指导，让同学们养成良好的学习习惯，能够系统地分析各类设计竞赛要点，并从具体案例上强调各类竞赛的重点及表达技巧。

经过与实验区老师和同学们的讨论后，确定本书将以“创新实践课”系列教材的形式，对创新实践课程中的一系列分课程分别展开叙述。这其中包括创新思维培养课、创新技法训练课、设计竞赛指导课、大学生创新创业活动实训课、实践工程项目体验课等。

“创新实践课”是近年来设计学本科培养计划中的新增核心课程，是适应社会发展需求，促进创新人才培养的重要教学举措。传统的设计学本科低年级教学通常强调绘画、造型训练，容易让学生对设计的理解偏于形式化，以及造成理性逻辑思维的缺乏。设计训练多以虚拟课题为主，缺乏实践操作训练，不利于相关技术的掌握以及综合处理能力的培养，且容易造成如下两方面的脱节：一是设计概念与真实场地相脱节，设计往往注重天马行空的概念，最终以平面化图面审美以及可视性作为标准结束课程作业；二是设计图纸与实际操作相脱节，忽视材料、技术、成本等客观因素及设计的可实施性，与实践需求相差甚远。而真实课题通常又过于工程化，缺乏创新余地，且相对复杂，低年级学生难以把握。近年来新增的“创新实践课”是对传统教学体系的有益补充，同时也是探索新时期创新人才培养模式的重要契机。

创新实践课以培养创新思维，训练创新技法，并积极转化为实践课题为目标，课程内容包含创新思维培养、创新技法训练、设计竞赛指导、大学生创新创业活动实训、实践工程项目体验。涉及建筑、规划、景观、环境艺术、环境工程、能源、计算机等多学科相关内容，真正实现跨学科大交叉，培养既有扎实的本专业基础又具备其他相关专业知识的全面型人才。

本书以介绍创新实践系列课程中的设计竞赛课为主要内容，首先对设计竞赛类创新理论技法进行系统的讲解；其次对学生在日常生活中创新思维的培养与训练方式进行全面阐述；然后就一般性设计竞赛的各个环节原则与要点给予进一步强调，对各类型竞赛出题要求、内容、主题进行深入剖析，最后就具体案例对各类型竞赛思路与特色表达进行详细分析与解读，为读者参加竞赛提供较为系统、全面的参考。

甘伟

2018 年 6 月于喻园

物语 //

陈甸甸

硕士研究生一年级

本科期间，我参加了许多设计竞赛，在团队合作中学习到了如何获得严谨的竞赛思路、有创意的竞赛想法和有特色的竞赛表达方式。一次完整的竞赛经历对我们专业能力的迅速提升十分有益，并且能反馈到日常课程之中。竞赛的过程比结果更重要，结果不是我们可以控制的，而完成竞赛的过程是一场持续不断的思维与体力的“风暴”。这种自主思考和团队学习教会我们将艺术、技术与生活融入设计中。

胡雯

硕士研究生一年级

回顾我的本科生涯，我惊奇地发现，对自己设计水平提升帮助最大的不是在课程作业中，而是在一次次竞赛里。作业为我打下坚实的基础，竞赛为我开拓创新的思维。在这过程之中，我学会了向他人学习，在创新思维和解决问题中找到方法，在强烈的表达和保守的方案间找到平衡。当我开始做一个设计的时候，总想解决所有的问题，而当我做一个竞赛的时候，我会知道以最简单直接的方法解决一个关键问题才是最重要的。寻找问题，选择问题，往往是破解竞赛的重点。这需要你对生活的细心观察，对前沿设计的理解，对知识的积累，再加上反复的推敲和思考，久而久之形成自己独特的思维模式。设计形式可能会过时，而思维方式则不会。

石琳

硕士研究生一年级

“风暴”竞赛，竞赛“风暴”。前期的“风暴”竞赛需要每个竞赛成员都具备放射性的思维能力，必要时要有“天方夜谭”的迸发点。我认为每个设计者都应该是一个故事家，是可以创造“一千零一夜”的鬼马设计。在竞赛设计思想方面，面面俱到就是平平淡淡，毫无特色。后期的竞赛“风暴”，需要每个人竭尽所能，倾其所有，逃出自身设计的舒适圈，在竞赛过程中创作出完美的设计效果。在这方面，相信自己，相信团队，就一定可以。

吴格格

大学二年级

当小组拿到竞赛命题时，需要制定一个框架来确定设计的脉络。而头脑风暴，是不断举一反三的过程，鼓励每一位参与者就这个命题畅所欲言，提供己见，丰富设计的框架。对于异想天开的点子，不要怕说错，也不要急于否定。一方面，这有利于为思考和学习创造良好的环境。另一方面，这些看似不实际的点子可能成为灵感的基石。在这个过程中，我们要尽可能区分出想法的不同点，借题发挥，跳出问题本身，以达到最理想的效果。

石星媛

大学四年级

组队参加比赛是一个很锻炼团队协作能力的事情，在比赛时，不仅仅只有个人的头脑风暴，更有组员之间思想的碰撞。对于题目的解读，对于观点的讨论，对于图面的表达风格等都需要队员们一起思考衡量，而不是仅靠一己之见。另外，组队比赛就好比组队打怪升级，需要首先选好游戏角色再一起进入游戏。同样，参加比赛时，最迟在确定主要思路之后，就要根据组内各人所长明确分工，从而最大化各队员的优势并提高打怪效率。

// 关于风暴

刘燕宁
大学四年级

参加设计竞赛的目的是为了更好地提升自我，将知识运用到生活中，转化为真正的智慧。在比赛过程中，每一次头脑风暴，都是一次全新的挑战自我的过程，是创意的碰撞，灵感的迸发，心灵的共融。珍惜每一次机会，利用每一次机会，我们将会得到意想不到的结果。

苏佳璐
大学三年级

很久之前我就开始思考设计的定义，并且审视自己的状态。信息的洪流让我们自己的东西越来越少，似乎创意可以借鉴，思维可以复制，这种方式便利省事高效。我深知这种趋势的不对，因为人处于一个浮躁的状态里是自我缺失的。每场“风暴”都是不同的，就像每次设计竞赛一样，我一直尝试在每次的不同中寻找设计的意义。有时候我们习惯去参考，习惯去借鉴，越是这样就越会忘记自己的本真，希望我们自己可以在不断的探索中找到真我。

如果把一次设计比作“风暴”，我们称它温和理智但是火热激情。正负两股气流的冲撞，才是思考的意义；存在矛盾或冲突，才给人想去解决矛盾的勇气。这是我认为的“风暴”的美丽之处。

杨璐
大学三年级

独到的设计理念离不开一个人或者一个团队的反复推敲以及个人阅历的积累。经验的积累可以从书本上学到不少，但是凡事自己动手去做，得来的知识总是更加深刻，而前期的头脑风暴就是一个训练逻辑思维与想象力的过程。旧的草图很有可能成为新的设计理念的来源。在画过很多次草图以后，你可能最后只从中挑选了一两个思路进行深化研究。所以，尽量保持一个好的习惯，把曾经画过的草图都收集起来，没准下次设计的时候就能从中选到合适的概念。除此之外，模仿优秀的设计是每一个设计者的必经之路，但是在这个过程中如何克服人的惰性是很大的问题。如果没有很强的辨别能力，比赛的理念和效果会不自觉地和原作者雷同，所以说做设计，可以站在巨人的肩膀上看世界，但是一定要有自己的个性和想法，久而久之，就形成了自己的风格体系。

罗振鸿
大学三年级

竞赛的过程是一场风暴，从前期的构思到最后出图，风暴过后总能有新的收获。我认为认真地完成一次有意义的竞赛后最大的收获莫过于对思维与认知的补充。当我的思维方式与小组成员发生碰撞，或者是了解到更为创新的思维方式与全新的认知的时候，我会吸收到更好的养分。

廖远城
大学二年级

风暴的单词拼写为 Brainwave，意为灵感、创意。当一群人围绕着一个特定的兴趣领域产生新观点的时候，这种情景就叫做头脑风暴。头脑风暴力图通过一定的讨论程序与规则来保证创造性讨论的有效性，这是一种开放、自由、无拘束的讨论形式。其目的在于打开参与者的思路，使各种设想在相互碰撞中激起脑海的创造性风暴。好比之前做全国计算机设计大赛的时候，前期的头脑风暴中大家一起讨论各种设想，再由这些奇奇怪怪的设想中去找寻最感兴趣、最有共同感的话题继续深入下去。当竞赛主题确定后，就要脱离做图的舒适圈，挑战头脑风暴带来的疑问，并逐步解决，最终达到自己想要的效果。

风暴——创新思维与设计竞赛表达（一）

STORM—INNOVATIVE MINDSET AND DESIGN COMPETITION EXPRESSION

——“创新实践课”是近年来设计学本科培养计划中的新增核心课程，是适应社会发展需求，促进创新人才培养的重要教学举措。

目录//DIRECTORY

第一章　创新思维培养与训练

1.1　创新思维与技法训练
1.2　创新思维培养

1.1 创新思维与技法训练

创新思维是指以新颖独创的方法解决问题的思维过程，通过这种思维能突破常规思维的界限，以超常规甚至反常规的方法去思考问题，提出与众不同的解决方案，从而产生新颖的、独到的、有社会意义的思维成果[1]。

人们在生活中遇到各种问题和困难时，利用现有知识和经验将脑海中的各种信息在新的启发下重新进行综合分析处理，并对问题提出解决方案，这种思维方式就是与常规思维不同的创新思维。心理学家通过实验的结果分析认为，影响创新思维的主要因素有三个：天赋；后天生活与实践；科学的思维训练。本章不谈天赋与生活实践，主要针对科学的思维训练方法、特征及其在设计前期思考中的运用进行阐述，关于创新思维的研究众多，大部分研究是人们长期实践过程中的归纳和总结，但由于思维的复杂性和多维性，难以明确将创新思维以类别划分。笔者将较为多见的创新思维训练分为五类：激智类思维创新技法训练，形象类思维创新技法训练，目标驱动类思维创新技法训练，立体思维创新激发训练，灵智类思维创新技法训练。

1.1.1 激智类思维创新技法训练

1. 头脑风暴法

头脑风暴法即一组人员运用开会的方式，将所有与会人员对某一问题的主意聚积起来以解决问题。头脑风暴法主要是以集思广益的方式，在一定时间内采用极迅速的联系作用，产生大量的主意。这一方法通常以会议的形式展开。会议主持人明确会议的中心问题，议题以简单为好，复杂问题要化为多个单一议题分别讨论。会议人数以 5 ～ 15 人为宜，人选应以该问题领域的专业人士占多数，但也有少数知识广博的非专业人士。会议规则是自由发言，禁止权威评判，互相启发，提出的意见越多越好。与会者思维发散，畅述各种新奇设想；会议时间一般不超过 1 小时。会后对会上的各种设想进行整理评价；评价人员一般以 5 人左右为宜，评价指标包括科技、生产、市场、社会等因素。对评出的最优设想付诸实践，但这一过程还必须遵循四条基本规则：①不做任何有关缺点的评价；②欢迎各种离奇的假想；③追求设想的数量；④鼓励巧妙地利用并改善他人的设想。同时，该方法的优点是直接传递信息，相互激励的强度大，形成创新环境气氛，利于出现创新设想；缺点则是会议易受外向型性格的人员控制，内向型性格的人员不易发挥，因此主持人应适当加以引导。头脑风暴法是在设计竞赛中普遍采用的引导小组思考和讨论的方法，它可以鼓舞小组成员的积极性和参与感，让每个组员都开动脑筋，发挥自己独特的创新思维。

---

[1] 姚本先．大学生心理健康教育 [M]．合肥：北京师范大学出版集团安徽大学出版社，2012.

2. 635 法

635法指的是6个人在5分钟内写出3个设想，然后按照顺序（如从左往右）传递给相邻的人，每个人接到卡片之后在接下来的5分钟写下3个设想，依此类推，这样30分钟后就可产生108个设想。635法与头脑风暴法在原则上相同，不同点是635法是每个人把设想记在卡片上。635法又称默写式头脑风暴法，最早由德国人鲁尔己赫根据德意志民族善于沉思的性格、同时为了改善数人争抢发言易使点子遗漏的缺点，对奥斯本智力激励法进行改造而创立的。需要注意的是，该方法无须语言交流，思维活动可自由奔放；由6个人同时进行作业，可产生更高密度的设想；参与者可以参考他人写在传送到自己面前的卡片上的设想，并加以改进或利用；不因参与者地位上的差异以及性格的不同而影响意见的提出；卡片的尺寸相当于A4纸，上面画有横线，每个方案有3行，分别加上 1 到 3 的序号，将方案一一写出来。通常在竞赛小组内，不擅长语言交流和容易受其他人影响的组员建议使用这种方法。

3. 德尔菲法

德尔菲法是以匿名征求专家意见的方式，通过若干轮的征集、反馈、归纳、统计收集设想的过程，由此可见，德尔菲法是一种利用函询形式进行的集体匿名的思想交流过程。德尔菲是古希腊地名，相传太阳神阿波罗在德尔菲杀死了一条巨蟒，成了德尔菲的主人。在德尔菲有座阿波罗神殿，是一个预卜未来的神谕之地，于是人们就借用此名，作为这种方法的名字。

德尔菲法最初产生于科技领域，后来逐渐被应用于大量领域的预测，如军事预测、人口预测、医疗保健预测、经营和需求预测、教育预测等。与常见的召集专家开会、通过集体讨论、得出一致预测意见的专家会议法相比，德尔菲法能发挥专家会议法的优点：能充分发挥各位专家的作用，集思广益，准确性高；能把各位专家意见的分歧点表达出来，取各家之长，避各家之短。同时，德尔菲法又能避免专家会议法的缺点：权威人士的意见影响他人的意见；有些专家碍于情面，不愿意发表与其他人不同的意见或出于自尊心而不愿意修改自己原来不全面的意见。该方法也有明显缺陷：专家选择没有明确的标准，预测结果缺乏严格的科学分析，最后的意见趋于一致，仍带有随大流的倾向；整个过程进行的时间较长，较头脑风暴法缺少激励的环境和氛围。因此在设计过程中设计师极少采用德尔菲法，主要是因为流程时间太长，但在设计后期评价以及方案匿名评估中德尔菲法仍是非常好的方式。

4. 5W2H 法

5W2H法主要内容如下：WHEN——在何时？什么时间完成？什么时机最适宜？WHERE——什么地方？在哪里做？从哪里入手？WHO——为何人？谁？由谁来承担？谁来完成？谁负责？WHAT——做什么？目的是什么？做什么工作？WHY——为什么？为什么要这么做？理由何在？原因是什么？为什么造成这样的结果？

HOW——如何？怎么做？如何提高效率？如何实施？方法怎样？ HOW MUCH——完成程度？多少？做到什么程度？数量如何？质量水平如何？费用产出如何？

5W2H 分析法又称七问分析法，是第二次世界大战中美国陆军兵器修理部首创。5W2H 法被广泛用于企业管理和技术活动，该方法不仅对于决策和执行性的活动措施有所助益，也有利于弥补问题考虑的疏漏[1]。如果现行的做法或产品经过七个问题的审核已无懈可击，便可认为这一做法或产品可取。如果七个问题中有一个答复不能令人满意，则表示这方面有改进余地。如果哪方面的答复有独创的优点，则可以扩大产品在这方面的效用。

该方法的特点如下：第一，可以准确界定、清晰表述问题，提高工作效率；第二，有效掌控事件的本质，完全抓住了事件的主骨架，把事件打回原形思考；第三，简单、方便、易于理解和使用，且富有启发意义；第四，有助于思路的条理化，杜绝盲目性；第五，有助于全面思考问题，从而避免在流程设计中遗漏项目。在设计过程中，该方法主要通过对成果提出七个问题来审核验证，有助于思路的条理化，方便全面思考问题，避免在流程设计中遗漏项目。

5. 检查表法

检查表法又称目录提示法或检查提问法，是指人们对存在的问题往往不知该从哪入手提出解决方案，于是提出一些事先准备的问题要点，以启发思维产生新方案，它是一种操作性好的有效方法。通过一系列问题对现有成果进行反向思考，查漏补缺[2]。如：现有的东西有无其他用途？能否从其他地方得到启发？现有的东西有无其他用途？能否从其他地方得到启发？现有的东西是否可以作某些改变？放大、扩大？缩小、省略？是否能调整角度思考问题？能否从相反的方向思考问题？能否从综合的角度分析问题等。这种方法后来被人们逐渐充实和发展，并引入了为避免思考和评论问题时发生遗漏的 5W2H 法，最后逐渐形成了如今的检查表法。

1.1.2 形象思维创新技法训练

形象思维是指用直观形象和表象解决问题的思维，是在对形象信息传递的客观形象体系进行感受、储存的基础上，结合主观的认识和情感进行识别（包括审美判断和科学判断等），并用一定的形式、手段和工具（包括文学语言、绘画线条色彩、音响节奏旋律及操作工具等）创造和描述形象（包括艺术形象和科学形象）的一种基本的思维形式，形象思维创新技法训练包含类比模拟训练法和联想思维训练法[3]。

---

[1] 罗婷婷．创造力理论与科技创造力 [M]．沈阳：东北大学出版社，1998.

[2] 贺善侃．创新思维概论 [M]．上海：东华大学出版社，2006.

[3] 中国心理卫生协会，中国就业培训技术指导中心．心理咨询师（基础知识）[M]．北京：民族出版社，2015.

1. 类比模拟训练法

类比模拟训练法是用发明创造的对象与某一类事物进行类比对照，从而获得有益启发，是提供解决问题线索的简易有效的创造方法之一。现代逻辑认为，类比就是根据两个具有相同或相似特征的事物间的对比，从某一事物的某些已知特征去推测另一事物的相应特征存在的思维活动。而类比思维是在两个特殊事物之间进行分析比较，它不需要建立在对大量特殊事物分析研究的基础上。因此，它可以在无法进行归纳与演绎的一些领域中发挥独特的作用，尤其是那些被研究的事物个案太少或缺乏足够的研究、科学资料的积累水平较低、不具备归纳和演绎条件的领域[1]。

类比模拟训练分为拟人类比模拟、直接类比模拟、综合类比模拟、象征类比模拟。拟人类比模拟如制造机器人，让它模拟人的某些特点，赋予其人工智能和动作，以替代人去做那些难度大、强度高或具有危险性的工作。直接类比模拟是将所发生的自然现象或事件，直接与创造思路建立模拟联系和比较关系，从而对事件进行反应。综合类比模拟是指在应用综合法建立数学模型的基础上由数学模型之间的相似性进行比较，来采集获取难度大、准确度高的科学数据的类比活动。象征类比模拟是借助事物形象和象征符号，表达某种抽象概念或情感的类比，因此有时也称之为符号类比。这种类比可使抽象问题形象化、立体化，为创意问题的解决开辟途径。美国麻省理工学院的威廉·戈登（William Gordon）曾说："在象征类比中利用客体和非人格化的形象来描述问题。根据富有想象的问题来有效地利用这种类比[2]。"例如：艺术家王福瑞使用数百个喇叭所构成的作品《声点》。观者经过所带动的气流，如一阵吹过林间的风，而发出回应的是宛若虫鸣，实则是无数晶片运算发出的声频。艺术家以"声林"类比了森林，反思了当今科技浪潮下人们逐渐丢失的感官感受和深度思考，这个作品采用的就是典型的象征类比模拟手法（图 1.1）。

图 1.1　艺术家王福瑞作品《声点》

---

[1] 萧浩辉. 决策科学辞典 [M]. 北京： 人民出版社，1995.

[2] 胡颐. 让发明来的更快的类比法明法（二）[J]. 发明与创新：综合版 ，2008 (11).

2. 联想思维训练法

联想思维训练法简称联想法，是人们经常用到的思维方法。联想是一种由某一事物的表象、语词、动作或特征联想到其他事物的表象、语词、动作或特征的思维活动。通俗地讲，联想一般是由于某人或者某事而引起的相关思考，人们常说的“由此及彼”“由表及里”“举一反三”等就是联想思维的体现[1]。联想思维分为相似联想、对比联想、关系联想、变通联想。相似联想是对性质接近或者相似事物产生的联想，如从语文书联想到数学书，从钢笔联想到铅笔。对比联想则是对某些事物所具有的相反特点所产生的联想，如黑与白，静与动。关系联想是由事物之间存在的各种关系所产生的联想，如由水想到鱼，由鱼想到虾。变通联想是用来克服思维定势和功能固着的影响，它能提高思维的变通性。例如：给出一个盒子，首先联想到它是一个容器，可以装水、装鸡蛋等；如果从它的类别形象去联想（如装饰类），可能想到它的特殊性用途，如化妆盒、首饰盒等；如果从它的外观和功能上联想，则可能想到文具盒、木盒、塑料盒等。

1.1.3 目标驱动类思维创新技法训练

1. 特性列举训练法

特性列举训练法是美国内布拉斯加大学教授克劳福德（Robert Crawford）发明的一种创造技法，该方法将事物的各种特性一一列举出来，进行比较分析，从而保持和强化有利的特性，克服不利的特性。特性列举训练法首先确定目标对象并列举出对象的特性，包括名词特性、形容词特性和动词性特性等。名词特性包含部件、材料、制造方法等；形容词特性则指对象的性质、形状等，如一件物品外观以及颜色；动词特性主要表示对象的功能、意义。使用者需要逐一考虑每个特性，用替换、简化、组合等方法重新设计，最后选择可行的革新方案进行创新。特性列举法的特点之一是全面性，它把对象的所有特性都列举出来，系统地思考和解决问题。此外，它还具有规范性，也就是说使用者需要按一定的规范列举对象的特性，而不是随机列举。

2. 缺点列举训练法

缺点列举训练法，是一种分析列举型的创新思维技法。其实质是鼓励人们积极寻找并抓住事物不方便、不合理、不美观、不实用、不安全、不省力、不耐用等各种缺点，把它们一一列举出来，然后针对不足之处有的放矢、发明创新，寻找解决问题的最佳方案。

例如，在2000年汉诺威世博会上，日本建筑师坂茂设计了一座既具日本传统风格又体现可持续发展理念的纸建筑。坂茂从建筑材料和结构的特性出发，契合世博会倡导的“人·自然·技术”主题，设计了这

---

[1] 董仁威．新世纪青年百科全书[M]．成都：四川辞书出版社，2007.

座建筑史上规模最大、质量最轻的建筑。建筑骨架全是由再生纸管构成的，覆盖墙面和屋顶的是一层半透明的再生纸膜，因此不必使用人工照明。世博会结束后，这些材料全部被回收利用，体现了“零废料（zero waste）”的生态设计理念。纸建筑的齐拱筒形主厅由440根直径12.5厘米的纸筒呈网状交织而成，舒缓的曲面以织物及纸膜做内外围护，屋顶与墙身浑然一体。在长达半年的世博会举办期间，纸建筑经历了各种不同的天气状况，在盛夏能阻隔热量，在雨天又不会发生漏雨，轻薄的纸质材料甚至没有被大风吹塌，体现了建筑师坂茂努力克服纸材料特性短板、巧妙创新的设计思维（图1.2、图1.3）。

图1.2　世界博览会日本馆外观

图1.3　世界博览会日本馆内景

3. 希望点列举训练法

希望点列举训练法同样由内布拉斯加大学的克劳福德教授发明，该方法鼓励将各种各样的希望、梦想、联想及偶发的奇异想象等一一列举出来，作为可能创新的方向。希望点列举训练最好由若干人参加，在轻松自如的气氛下，自由自在、无拘无束地展开议论，由专人负责把那些“不经意”的想法随时记录下来以供最后设计时参考或借鉴。希望点列举训练法和缺点列举训练法出发点不同但形式相似，因此与缺点列举训练法有异曲同工之妙。

该方法的要点是不断提出“希望”，即提出“怎么样才会更好”的理想，以激发和收集参与者的构想，随后仔细研究人们的构想，以形成“希望点”。最后以“希望点”为依据，创造新产品以满足人们的希望。

例如，妹岛和世与西泽立卫在设计瑞士劳力士学术中心时，希望有更多鼓励社交活动的开放式公共空间，于是他们设计的建筑去掉了柱子，以消除公共空间的隔阂，从而利用设计增加了人与人交流与相聚的机会（图1.4、图1.5）。

图1.4　妹岛和世与西泽立卫设计的瑞士劳力士学术中心

图1.5　瑞士劳力士学术中心内景

4. 聚焦训练法

聚焦训练法就是充分发挥联想的作用，将联想之网撒向四面八方，最后又收聚到一点，即发明目标上。使用聚焦训练法首先需要确定对象、收集问题，并根据选择的目标确定一个具体的可行性课题，再通过查阅资料，回忆自身经历等联想来活跃思维，找到解决方案。该方法通常以聚焦的方式对问题和现象的某一特点展开联想。

5. 求同、求异思维训练法

求同、求异思维训练又可分为求同思维训练和求异思维训练。求同思维也称为汇聚思维。任何两种事物或者观念之间，都有或多或少的相同点，我们抓住了这些相同点，便能够把千差万别的事物联系起来思考，从而发现新创意[1]。因此求同思维是一种有方向、有范围、有条理的收敛性思维方式。求异思维也叫做扩散思维，在思维过程中，从多种设想出发，不按常规地寻找差异，使信息朝各种可能的方向发散，多方面寻求答案从而引出更多的新信息。

1.1.4 立体思维创新技法训练

从多角度考虑问题符合思维的系统性、整体性原则，只有全面、综合地联系客观世界，才会得到准确的判断，从而寻求到更有效的解决问题的方法。立体思维的灵活运用是提高创新能力的有效途径。立体思维创新技法训练具体包括逆向思维训练法、侧向思维训练法、横向思维训练法、纵向思维训练法、信息交合思维训练法。

1. 逆向思维训练法

逆向思维训练法，就是从事情发展的对立面去思考问题。逆向思维的运用有利于突破思维定势，并避免单一正向思维和单向度的认识过程的机械性，克服线性因果律的简单化，从相向视角来看待和认识客体。逆向思维的思维取向通常与常人思维相反。当一种公认的逆向思维被大多数人掌握并应用时，它就变成了正向思维。通常我们所说的“人弃我取（欲将取之，必先予之），人进我退（以退为进），人动我静（以动制静），人刚我柔（以柔克刚）”都是逆向思维。

2. 侧向思维训练法

侧向思维训练法以总体模式和问题要素之间的关系为重点，使用非逻辑的方法，设法发现问题要素之

---

[1] 刘建明．宣传舆论学大辞典［M］．北京：经济日报出版社，1992.

间新的结合模式，并以此为基础寻找问题的各种解决办法，特别是新办法。侧向思维通过将人的注意力引向外部其他领域和事物，从而使其受到启示，找到超出限定条件之外的新思路，因此侧向思维本质上是一种联想思维。通常所说的“触类旁通”就是一种典型的侧向思维方法。例如：将照片倒过来看，却是另外一种不可思议的美（图 1.6）。侧向思维常在技术创新构想产生过程的前阶段被采用[1]。

图 1.6　华中科技大学青年园

3. 横向思维训练法

横向思维训练，是指突破问题的结构范围，从其他领域的事物、事实中得到启示而产生新设想的思维方式。横向思维由于改变了解决问题的一般思路，尝试从其他知识领域入手，大大增加了问题解决方案的广度。横向思维属于跳跃性和启发性较强的旁通思维，利用其他领域的知识，举一反三，跨界去思考问题。设计师伊夫·圣·洛朗（Yves Saint Laurent）在 1965 年受荷兰画家蒙德里安绘画作品的影响设计了 10 条裙子，在当时的时装界掀起了一股“蒙德里安”风潮，后来这些裙子理所应当地进入了时装史的殿堂，并且有个专用名字“Robe Mondrian”（蒙德里安裙），这是典型的横向思维结果（图 1.7）。

[1] 陆雄文．管理学大辞典 [M]．上海：上海辞书出版社，2013.

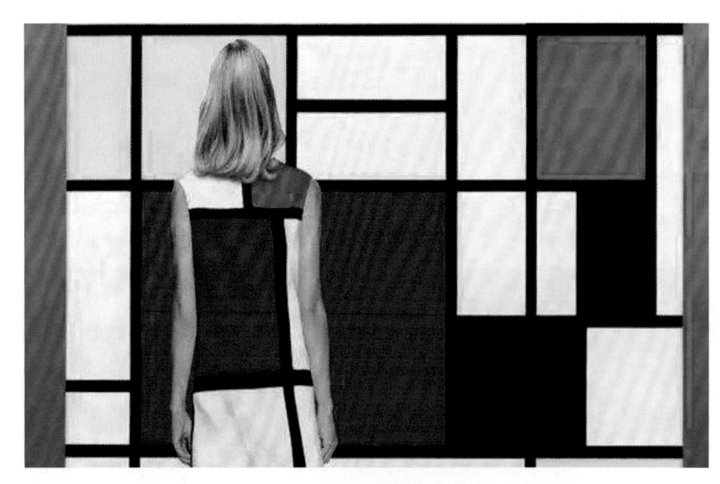

图 1.7　蒙德里安裙

4. 纵向思维训练法

纵向思维是指在一种结构范围中，按照有顺序的、可预测的、程式化的方向进行的思维方式。这是一种符合事物发展方向和人类认识习惯的思维方式，遵循由低到高、由浅到深、由始到终等时间或空间线索，因而清晰明了，合乎逻辑。我们在平常的生活、学习中大都采用这种思维方式。纵向思维具有分析性、有序性、稳定性以及可预测性的特点，是设计过程中较为常用的思维方式。

5. 信息交合思维训练法

信息交合思维训练法是建立在信息交合理论基础上的一种组合分析类创新法。信息交合理论是研究客观世界和心理世界信息运演的理论，主要从多角度和多层面探讨思维方法问题。信息交合思维训练法的运用，可以改变人的思维习惯，提高人的思维能力，拓展人的思维层次，从而最大限度地发挥人的思维活力。信息交合思维训练法又称魔球法，其实施步骤如下。首先确定中心，也就是确定所研究的信息和联系的上下维序的时间点和空间点，即坐标零点。其次，画标线。就是用矢量标线（即带方向的有向线段），将信息因素序列进行串联。简而言之，是根据信息交合中心问题的特点和需要，用若干坐标线串联所列的信息序列。例如，在研究“瓷杯的改进”过程中，可在中心点“杯”向外画出“功能”“材料”“形态结构”以及“关联学科”等坐标线。接下来则是注明标点，指在信息标线上注明有关信息点。例如，可在图中材料的标线上注明搪瓷、陶瓷、金属、玻璃、塑料等。注明标点有助于人们明确信息交合的范围和目标，从而进行更加有针对性的信息交合。最后一步是信息相交合，该步骤主要以某一标线上的信息为母本，以另一标线上的信息为父本进行信息交叉，以产生新的信息和设想。例如，以“杯”为母本，与“知识”为父本，交叉后可产生“趣味知识杯”“历史典故杯”“节气农时杯”“四季星图杯”等。由此可见，信息交合可使人的思路大为拓展，这样就为新产品的开发提供了多种可能。

各类立体思维创新思维的比较见表 1.1。

表 1.1　各类立体思维创新技法的比较

	逆向思维	横向思维	纵向思维	信息交合思维
面对问题的方式	求异、反推	延伸、迂回、旁通	突破、递进	全面分析
解决问题的优势	有助于克服思维定势的局限性	有利于克服客观条件和技术的限制	方向性明确，层次清晰明了，更加深入	多层次、多角度探讨分析问题
解决问题的缺点	盲目	不确定性高，节奏跳跃，思维深度不够	易碰壁，思维广度不够，方向单一	受条件限制，过于死板

1.1.5　灵智类思维创新技法训练

灵智类思维创新技法是一种以大胆猜想、假设、即兴发挥等方式展开思考的方法。它大致分为三类：直觉思维训练法、创意思维训练法、灵感思维训练技法。

1. 直觉思维训练法

直觉思维，是指对一个问题未经逐步分析，仅依据内因的感知迅速地对问题答案作出判断以及猜想。在对疑难百思不得其解之时，突然对问题有“灵感”和“顿悟”，甚至对未来事物的结果有“预感”“预言”等，这些都属于直觉思维的体现[1]。直觉思维是人类潜意识的思维模式，它给主体提供一种内驱力，一旦受到有关信息的触发，即显现为灵感、顿悟、直觉。人的大脑主要存在两种思维模式：第一种思维模式是表面的、快速的、毫不费力的，是我们的本能反应，这就是直觉，它是通过自身生活经验做出的快速决定；第二种思维模式是深思熟虑的，要经过分析和思考才能得出决定，这属于理性的、具有逻辑的思维模式。直觉思维有三个特点：其一为简约性，直觉思维通常依据对象整体最突出的特征作出判断，因此直觉最能反映事物的本质；其二为互补性，直觉思维与逻辑分析思维一般在创造过程中相互补充、相互作用；其三为创新性，直觉思维不拘泥于细节，因此它丰富而发散，具有不同于常规思维的创新性。我们平时做设计的时候，可能

[1] 河北省教师教育专家委员会. 教育心理学：理论与实践 [M]. 石家庄：河北人民出版社，2007.

大脑中会同时涌现几种方案，而最终选择哪种方案就需要运用直觉思维做出选择。

在设计中如何强化直觉思维的训练呢？第一，倾听。必须用心聆听，感受直觉。第二，相信直觉。大量的事实证明，相信直觉而做出的选择，成功的概率更高，试着在倾听自己的直觉之后，对它们进行验证。第三，腾出时间安静思考。直觉需要通过在安静的环境中进行长时间的思考而得到。第四，留心观察生活。事实证明，观察得到的信息越多，直觉判断越准确。

日本著名的产品设计师深泽直人曾提出“无意识设计”，也就是“直觉设计”。“无意识设计”强调将人们无意识的行为转化成为可见之物。深泽直人认为一个好的设计是用户凭直觉就能使用的，设计师并不需要使用说明书去告诉人们怎么使用这些产品。由他设计的台灯乍看之下没有什么特别之处，但它具有十分人性化的小功能。考虑到人们有在出门进门时随处乱扔钥匙的习惯，用户在回家之后，可以顺手把钥匙丢进台灯下面的凹槽，这样台灯就会自动亮起，而离开房间取走钥匙的同时，灯也会自动熄灭。这样的设计巧妙地利用了用户的“无意识行为”，成为“直觉设计”的典范（图 1.8）。

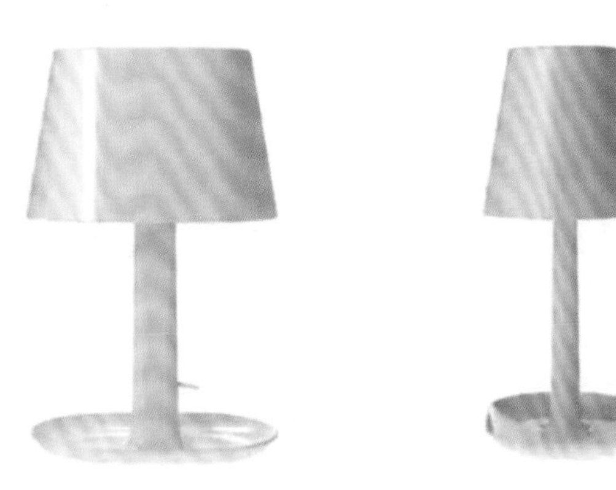

图 1.8　日本产品设计师深泽直人所设计的台灯

2. 创意思维训练法

创意思维指以新颖独特的思维活动揭示客观事物的本质及内在联系，并指引人去获得对问题的新的解释，从而产生前所未有的思维成果。创意思维跟创造性活动相关，是多种思维活动的统一，而发散思维和灵感在其中起到重要的作用。但是在实践中，如果缺乏大量的创意思维训练，很难产生好的灵感，就不能构思颇具创意的发明。

3. 灵感思维训练法

灵感思维是指凭借直觉产生的快速的、顿悟性的思维。它不是一种基于简单逻辑或者非逻辑的单向思维运动，而是逻辑性与非逻辑性相统一的理性思维过程。灵感思维是一种基本的思维形式，其雏形孕育于人类原始思维之中。与此同时，灵感思维又是最高级的思维形式，是创造的重要因素，更是艺术设计创作过程中追求的高峰。通常情况下，灵感思维潜藏在人们的思维深处，它的出现有着很多的偶然因素，并且不以人的意志为转移。正是由于它的突发性和不稳定性，人们更需要努力创造条件，勤于思考，以激发灵感思维。

好的设计是可以学习的，各类创新思维技法也随着时代不断涌现和改变。只有系统地学习如何创新，对设计不断求新求异，根据不同的条件、不同的形式以及设计的不同阶段，合理运用创新思维训练技法，才可能跳出传统思维的束缚，让设计更有新意（表 1.2）。

表 1.2　创新思维训练技法

序号	创新思维技法名称	概念	技法
1	激智类思维创新技法训练	以集思广益的方式，在一定时间内采用极迅速的联想作用，产生大量设想	头脑风暴法 635 法 德尔菲法 5W2H 法 检查表法
2	形象思维创新技法训练	将思维可视化，使用反映同类事物一般外部特征的形象，激发联想、类比、幻想等，从而产生创新构思	类比模拟训练法 联想思维训练法
3	目标驱动类思维创新技法训练	将事物的各种特征一一列举出来，进行比较分析的思维方法	特性列举训练法 缺点列举训练法 希望点列举训练法 聚焦训练法 求同、求异思维训练法
4	立体思维创新技法训练	从多角度考虑问题，符合思维的系统性、整体性原则的思维方法	逆向思维训练法 侧向思维训练法 横向思维训练法 纵向思维训练法 信息交合思维训练法
5	灵智类思维创新技法训练	求新求异，跳出传统思维的束缚，有寻求多种答案的思维方法	直觉思维训练法 创意思维训练法 灵感思维训练法

1.2 创新思维培养

1.2.1 设计知识积累

好的设计就像一座冰山，人们能看见的只是浮在水面上的部分，而掩埋在水面之下的，才是设计师需要重点思考的，它往往包含了历史、地理、社会学等方面的知识。

设计是一门综合学问，好的设计能体现出一个人的世界观、价值观和思维深度。正如古诗所说："腹有诗书气自华。"一个人所读过的书都会在自己身上体现出来。知识就像一个装着水的正方体容器，积累的知识量是水的深度；思维的广度决定容器的宽度；思维的深度决定容器的高度。作为一名设计专业的学生，需要拓展自己的知识面，重视知识的积累，积累了大量的知识，设计水平自然会跟着提高。

那么知识积累应该积累什么？从哪里开始积累？怎么确保学习到的知识能用于自己的设计中呢？

由于科技的发展，大家的阅读越来越碎片化、图像化、表面化。常常感觉到每天都在刷着网络、看着课本，但是不知道自己在吸收什么。新知识不知道从何学起，基础知识不知道如何查漏补缺。出现这种情况，往往是设计知识积累到了一定的量，但还没到引起质变的程度。这时候一定要沉下心，重新梳理自己的知识框架，补上缺失的部分。设计知识的获取渠道是多种多样的，包括课堂、网络、书籍等。现在大家越来越喜欢公众号、视频等新媒体。这种载体的优点明确：更新速度快、与世界前沿设计接轨、趣味性更强。但是文字作为人类最初的知识产物，始终具有其无法代替的地位。书籍是人类进步的阶梯，作为设计专业的学生，阅读大量的书籍是很有必要的。

古罗马时代的建筑大师维特鲁威提出"一切建筑物都应考虑坚固、实用、美观"，他还提出在设计师的教育方法与修养方面，不仅要重视才能，更要重视德行、全面发展。基于此，读单一的设计著作显然是不够的，而针对设计专业的书籍可以分成以下几类：专业核心类，文学类，史学类，哲学类等。这种分类方法是基于构建设计师必要的知识体系而来的基础分类。在此分类之外，如果希望让自己的设计与整个社会发生关联，起到推动社会发展的作用，还需要掌握更多的知识类别，比如心理学、社会学、政治学、经济学等，在此就不一一阐述，统一写在拓展分类里面。

1. 专业核心类知识积累

这一类知识的重要性，在课堂中已经感受到了，但是仅仅靠上课是不能构建足够的专业核心知识的。老师在上课的时候，经常会给书单，这些书单是给大家补充基础知识，向大师学习、开阔思维的。能把这些书单完整地看下来的人却不多。因此本书总结了多个学校多个老师的推荐书单，拿出其中最常见也最需要精读的书，列出了一个目录，无论是规划、建筑、园林还是环艺等专业的学生，都需要在课外读一读，如图1.9所示。

专业核心类知识积累：

建筑：

《走向新建筑》柯布西耶
《在建筑中发现梦想》安藤忠雄
《安藤忠雄连战连败》安藤忠雄
《建筑十书》维特鲁威
《建筑师的20岁》安藤忠雄
《建筑师成长记录：学习建筑的101点体会》马修・弗莱德里克
《建筑：形式、空间和秩序》程大锦
《建筑家安藤忠雄》安藤忠雄
《建筑语汇》爱德华・怀特
《十宅论》隈研吾
《负建筑》隈研吾
《场所原论》隈研吾
《建筑的复杂性与矛盾性》罗伯特・文丘里
《看不见的城市》伊塔洛・卡尔维诺
《作文本》张永和
《建筑形式的逻辑概念》托马斯・史密特
《建筑的七盏明灯》罗斯金
《建筑模式语言》克里斯托弗・亚历山大 等
《建筑的永恒之道》克里斯托弗・亚历山大
《俄勒冈实验》克里斯托弗・亚历山大 等
《异规》塞西尔・巴尔蒙德

设计：

《设计问题：历史・理论・批评》维克多・马林
《非物质社会：后工业世界的设计、文化与技术》马克・第亚尼
《设计美学》 徐恒醇
《艺术与视知觉》 阿恩海姆
《艺术心理学新论》阿恩海姆
《机械复制时代的艺术作品》本雅明
《公共艺术时代》 孙振华
《设计心理学》 唐纳德・诺曼
《公共艺术的观念与取向》 翁剑青
《设计中的设计》原研哉
《暗房——当代建筑在中国70》傅筱 胡恒
《现代画家》罗斯金
《视觉与设计》 罗杰・弗莱
《艺术原理》 罗宾・乔治・科林伍德
《艺术问题》苏珊・朗格
《艺术的意味》莫里茨・盖格尔
《造型艺术中的形式问题》希尔德勃兰特
《抽象与移情》威廉・沃林格
《西方六大美学观念史》塔塔尔凯维奇
《工业文明的社会问题》乔治・埃尔顿梅奥

城市：

《设计遵从自然》伊恩・麦克哈格
《城市营造》约翰・伦德・寇耿
《交往与空间》扬・盖尔
《城市意象》凯文・林奇
《场所精神—迈向建筑现象学》诺伯舒兹
《美国大城市的死与生》简・雅各布斯
《城市街区的解体——从奥斯曼到柯布西耶》 让・卡斯泰 等
《街道与形态》 斯蒂芬・马歇尔
《街道的美学》芦原义信
《街道与广场》克利夫・芒福汀
《寻找失落的空间》罗杰・特兰西克
《看不见的城市》 卡尔维诺
《未来城》詹姆斯・特菲尔
《小城市空间的社会生活》威廉•怀特
《世界城市史》贝纳沃罗
《城市建设艺术——遵循艺术原则进行城市建设 》 卡米洛・西特

图 1.9　核心知识类书目

书单中大部分图书都是老师们推荐的。《建筑师的 20 岁》是一本让人觉得做设计的疲惫被一扫而空的书，最适合在设计方案进入瓶颈期，长久得不到提升，或者对自己的进步不满意的时候阅读。日本建筑大师安藤忠雄的《在建筑中发现梦想》是以主题设计来谈论建筑的讲义集合。安藤忠雄列举了自己到访过的城市与邂逅过的世界建筑巨作，阐释它们身上被寄托的梦想。在看书的过程中，仿佛可以透过安藤忠雄的眼睛，来反思现代建筑中人与人、人与环境之间的关系。同类型的作品还有中国著名建筑师张永和的《作文本》。这本书收录了作者二十多年的随笔，内容涉及建筑、概念、影视、文学等方面的内容，对读者设计能力的提高很有帮助。

看过了建筑大师解读的建筑，还可以读一读英国结构工程师巴尔蒙德（Cecil Balmond）的《异规》，该书从结构师的角度来解读建筑。“异规”的意思是指不规整的建筑构成，作者列出了一系列由数学与物理

定义所形成的随意、自由的建筑。虽然他是一位结构师，但是书中的他仿佛一位哲学家，用结构去探讨建筑给予人的生存体验与空间体验。书中的案例也非常有趣，比如怎样让建筑飞。对于建筑师而言，这很难做到，只能玩视觉游戏。而在结构工程师的眼中，是可以通过支撑与悬挂相结合的结构，艺术性地将墙与梁巧妙转换，最后构造出轻盈的仿佛起飞的建筑。

对建筑的理解同样离不开对城市的思考，《寻找失落空间》是一本极具启发性的书。该书寻找的失落空间是指“令人不愉快、需要重新设计的反传统的城市空间，对环境和使用者而言毫无益处；它们没有可以界定的边界，而且未以连贯的方式去连接各个景观要素[1]”。在急速发展的现代城市中，这样的空间越来越多，而人在这样的空间中无疑是不舒服的。在近几年的竞赛中，由于政府的重视，对于城市失落空间的改造设计也越来越多。比如关注城市公共绿地的上海奉贤南桥口袋公园更新设计国际竞赛，关注城市趣味的趣城计划・国际设计竞赛以及趣城秦皇岛国际大学生设计竞赛等。通过阅读该书，补充一下对城市的认知也非常有必要。读过该书之后，可以看看《交往与空间》《街道的美学》这两本着眼于更小尺度空间的书，也许在阅读的过程中对于“城市失落空间”会得出新的理解。

核心专业知识的积累不是几本书的事情，也不是一个书单的事情，本书单能做的只是打下基础的框架，里面的具体内容还需要不断的补充。在看书的过程中，一定要思考，多做笔记，将看过的书串联起来，形成知识框架体系，运用到自己的设计中去。

2. 文学类、史学类、哲学类知识积累

人们说设计是一门向前看的学问，在学生时代，大家忙着积累国际最新、最前沿的设计。但创新思维的获得，并不一定要站在时代的前端，如果把眼光放长远，在历史中，也许一样隐藏着创造的源泉。前人的经验在悠久的历史里发酵，积累了足够的资源，只有立足于当下，在过去与未来之间穿行，才能真正具有源源不断的创造力。文学类、史学类、哲学类书单如图 1.10 所示。

文学类的书籍严格来说并不能直接反映到设计中，不像专业类书籍，每看一本，就会懂得多一点。文学类的书更多的是直接反映到人格上的。比如对人性的理解，对个性的认同，对各种价值观与经历的理解，会让人变得更宽容，更懂得站在他人的立场上思考。而设计与文学也是有共通之处的，都是在点滴细节中感动人心。

《城市心灵》主要讲述主人公保罗在 20 世纪 70 年代的香港生活的点点滴滴。该书让人很有代入感，会不由自主地在脑海中勾勒出一副回忆中老旧社区的光影斑驳的画面，随着城市的发展，这样的画面离得越

[1] [美] 罗杰・特兰西克．寻找失落空间——城市设计的理论 [M]. 朱子瑜，张播，鹿勤等，译．北京：中国建筑工业出版社，2008.

文学类、史学类、哲学类知识积累：

文学类：

《闲情偶寄》李渔
《梦溪笔谈》沈括
《红楼梦》曹雪芹
《人间词话》王国维
《世说新语》刘义庆
《生命的奋进》梁漱溟、牟宗三、唐君毅、徐复观
《西潮》 蒋梦麟
《记忆像铁轨一样长》余光中
《平凡的世界》路遥
《城市心灵》郭少棠
《站在时代的转折点上》沈清松
《悲惨世界》雨果
《生命中不能承受之轻》米兰·昆德拉
《百年孤独》加西亚·马尔克斯
《战争与和平》列夫·托尔斯泰
《玩偶之家》易卜生
《万物》雷德侯
《生命中不可错过的智慧》罗伯特·弗格汉姆
《爱的艺术》弗洛姆

哲学类：

《禅宗的黄金时代》吴经熊
《禅宗与道家》南怀瑾
《安迪·沃霍尔的哲学》安迪·沃霍尔
《康德哲学讲演录》邓晓芒
《歌德谈话录》歌德
《艺术哲学》丹纳
《政治学》亚里士多德
《哲学的故事》威尔·杜兰特
《康德传》阿尔森·古留加
《尼采传》丹尼尔·哈列维
《海德格尔传》吕迪格尔·萨弗兰斯基
《马斯洛传》爱德华·霍夫曼
《理想国》柏拉图
《伦理学》亚里士多德
《中国艺术精神》徐复观
《君主论》马基雅维利
《正义论》罗尔斯
《社会契约论》卢梭
《论自由》约翰·密尔
《论美国的民主》托克维尔
《政府论》约翰·洛克
《中国哲学简史》冯友兰

史学类：

《考工记》
《天工开物》宋应星
《长物志》文震亨
《园冶》计成
《世界城市史》贝纳沃罗
《城市形态史——工业革命以前》莫里斯
《世界现代设计史》王受之
《工业设计史》何人可
《中国工艺美术史》卞宗舜
《中国建筑史》梁思成
《外国建筑史——从远古至19世纪》 陈平
《世界现代建筑史》王受之
《1945年以来的设计》彼得·多默
《外国设计艺术经典论著选读》李砚祖
《剑桥中国现代史》费正清
《中国美术史纲要》黄宗贤
《中国近现代美术史》潘耀昌
《中国画论选读》俞剑华
《中国文化要义》梁漱溟
《西方美学史》朱光潜
《历史研究》汤因比
《伯罗奔尼撒战争史》修昔底德
《伊利亚特》荷马
《奥德赛》荷马

图 1.10　文学类、史学类、哲学类书单

来越远：社区的居民、儿时的发小、友善的卖糖大叔，渐渐找不到了。读该书的好处大概在于让人重拾这段记忆。设计师不应该是高高在上的，而要以人为本，从生活出发，让设计重拾美好的生活。还有很多有意思的书，《生命的奋进》让人学会重新审视学习的过程，《西潮》教会人珍惜生活，《记忆像铁轨一样长》讲述记忆的重量。而最终，这些思想都将会在设计中反映出来。

历史的阅读也许是比较无趣的，但是只有了解历史，才能知其然又知其所以然。人们说社会是不断重复的，分久必合，合久必分；时尚是将重复的东西再创新一遍。那建筑呢？城市呢？人们对于世界的需求是不是从来没有变过？掀开一层层复杂的表皮，根源只能从历史中寻找答案。

哲学一词源自古希腊，是“爱智慧”的意思，这是一门思考的学科。作为设计专业的学生，也许对哲学还没有系统的概念，却会在不知不觉中开始运用哲学思考问题。因为设计本身就是一种探寻活动，寻求解决的方法。设计和哲学都是思想的产物，哲学对设计有着重要的指导意义。学一些哲学，会让设计思考更加深刻。《中国哲学简史》《西方哲学史》是比较基础的哲学历史读物。看哲学书籍有时候的确比较艰难，存在晦涩难懂的问题。可以先从比较有趣的书籍开始看，民国三大名家之一、禅道诗人吴经熊的《禅宗的黄金时代》被认为是禅学的经典代表之作，主要内容是讲述了中国禅宗的巅峰时期以及历代祖师的智慧，而作者吴经熊的宗教造诣之深，让人叹为观止。著名古文字学家南怀瑾先生的《禅宗与道家》比较了禅宗与道家的相同与不同之处，同样也是非常有意思的书。

《园冶》是设计师必读的读物之一，著名园林学家陈植的注释版非常值得一看。《中国建筑史》《外国建筑史——从远古至19世纪》，这两本书学校都会开设课程，可见其重要性。而英国当代作家彼得·多默（Peter Dormer）的《1945年以来的设计》提供了一种观点，区分于将设计思维与自我表达提到最高程度的方式，将设计师作为一个团体的成员。与商人、市场和消费者一样，设计师的角色在整个社会发展中一直在变化。当市场萧条，设计行业也会没落，而当市场复苏，设计师也随之改变。只要社会需要，设计师也可以成为人体工程学家或者环境保护人员，又或者现代的淘宝店店主。

3. 拓展类知识积累

对于设计学生来说，还有不少其他专业的书籍需要学习，比如社会学、心理学、政治学、经济学等。法国社会心理学家古斯塔夫·勒庞（Gustave Le Bon）的《乌合之众》，是一本讲大众心理学的书。在这本书中他提出“群体的智商总是低于个人的智商，其行为往往不能被一个有着正常思维的人理解，即乌合之众”，主要探讨群体及群体心理的特征。《国富论》则是一本经典经济学专著，艰涩的语言下潜藏着有趣的经济理论。《透明社会》大胆地提出了一个透明社会的设想，比秘密控制的社会更稳定而有活力。《人类群星闪耀时》仿佛见证了十二个人类历史上最伟大的时刻。《批判性思维》提出了用新的角度看问题，走出思维误区。拓展类书单如图1.11所示。

现代社会发展迅速，网络方便、快捷、信息庞大。网络阅读也是一个非常好的渠道，很多好的网站、公众号、微博都是获取前沿设计的手段。但网络阅读也有其弊端，人们常常会在不知不觉中被信息洪流包裹，一天阅读上万字的微信、微博、公众号推送的新闻。但有句话说得好：“不要把阅读当知识，把收藏当掌握。”看到的不等于知识，看了之后要反复回忆，运用在设计中，才能称之为自己的知识库存。书籍阅读也是一样的，实践出真知，做竞赛对于设计专业的学生来说就是一个很不错的实践方式，“纸上得来终觉浅，绝知此事要躬行”，需要在不停的实践中发现自己知识的缺口，然后再去补足。

拓展类知识积累：

拓展：

《人类群星闪耀时》斯蒂芬·茨威格
《批判性思维》布鲁克.诺埃尔.摩尔
《三十五年的新闻追踪:一个日本记者眼中的中国》 吉田实
《如何阅读一本书》莫提默·艾德勒 查尔斯·范多
《地图集： 一个想像的城市的考古学》 董启章
《审美教育书简》席勒
《透明社会》大卫·布林
《国富论》亚当·斯密
《人性的弱点》戴尔·卡内基
《心理学与生活》理查德·格里格
《生命是什么》埃尔温·薛定谔
《人的潜能和价值》马斯洛等
《自私的基因》里查德·道金斯
《怪诞行为学》丹·艾瑞里
《西方的没落》奥斯瓦尔德·斯宾格勒
《图解思考》保罗•拉索

图 1.11 拓展类书单

1.2.2 日常生活观察

日本著名建筑师安藤忠雄曾说过：“设计的一半依赖于思维；另一半则源自于存在与精神。”这要求设计师必须俯下身子去了解、观察生活。城市应该变成什么样子？设计又应该是什么？面对这些问题，设计师需要从生活中去寻求答案。

1. 日常生活

德国哲学家埃德蒙德·胡塞尔（Edmund Husserl，1859—1938）反对从概念到概念的思辨哲学方法，主张认识事物要尊重事物本身，认为“现象”是一切知识的根源或起源，人们应该从直接观察到的经验出发，寻求事物的本质（图 1.12）。

与普通人不同的是，设计师观察生活需要系统的思考方式，需要从生活中的种种现象看到一个问题的本质，然后再通过对问题的分析与理解提出一条合理的解决问题的途径。

作为一个设计师，该如何来观察生活？

应观察生活中的个体。生活中的个体，即人与事物。设计师可以根据各种不同的标准把人进行分类。根据社会分工可以将人们分为学生、白领、工人等；根据年龄阶段可以把人分为儿童、青年、中年人与老人，甚至兴趣爱好与生活的城市都可以成为分类的标准。如果从一个群体中挑选出几个人，然后去研究他们的生活，例如，研究他们在城市中的活动轨迹 ；研究他们对时间的安排 ；甚至研究他们的心理、性格。那么设计师很有可能会了解到这个群体固有的特点，甚至可以进一步地去了解这个共有的特点形成的原因。当对这个群体的了解足够深入的时候，作为一个设计师，需要去思考他们缺少什么，也就是说设计师能够为这些人做什么。若是把观察的对象换成某个物体，亦是如此。街头的垃圾桶、路口的信号灯、乡间的田野与高山，它们都是设计师应该俯下身子去观察、思考的事物。

生活中的事件是个体之间相连的纽带，我们应该积极关注生活中的大事小事，做一个处处留心的人，对身边发生的事充满着好奇与敏感。雷姆·库哈斯（Rem Koolhaas），早年曾从事剧本创作并当过记者，1968—1972 年转行学建筑。记者的思考方式深深影响了库哈斯日后的设计，对他的建筑事业产生深远影响，使得他始终能从社会、文化的角度去看待建筑（图 1.13）。

图 1.12　埃德蒙德·胡塞尔

图 1.13　年轻时的雷姆·库哈斯

生活中的个体与事件构成了我们的生活，而生活一定是设计师最重要的研究对象。设计师要防止自己掉入一个陷阱，那就是概念上的先入为主。人类的经验往往会被写进教科书，后人可以直接从教科书中得到知识而不需要重新通过实践获得，这固然是一件好事，但是它容易使人忘记观察生活的方法与热情。同时，世界是无比复杂的，而经验也难以被完美地归纳与总结。例如，深圳的城中村与武汉城中村看似相同，实际上却千差万别，各自的历史、气候、经济都是影响因素（图 1.14、图 1.15），甚至连武汉汉口的城中村与武昌的城中村都存在很多难以发现的区别。不同的现状决定了不同的需求，从而导向不同的设计。当设计师习惯了用概括性的概念去解释生活中的现象，那将会很难发掘出真正的答案，而这样的设计也只会是一个没有依据的虚构方案。

图 1.14　深圳某城中村

图 1.15　武汉某城中村

2. 日常生活与设计

生活是设计的源泉，懂得生活的真谛才能创造出打动人的作品。设计往往源于人们在生活中各种各样的需要。根据马斯诺的需求层次理论，人们的需求被分为生理需求、安全需求、社会需求、尊重需求、自我实现需求五个层次。在人类历史早期，原始人为了满足生理与安全的需求创造了最原始的居住方式——巢居与穴居。今天，世界上大多数人都已解决生理与安全的问题，设计师更多地是讨论设计如何满足人们更高层次的需要。

德国著名哲学家叔本华（A. Schopenhauer）在《叔本华论说文集》中说："诱发一个人思想的刺激物和心境，往往更经常地来自现实世界而非书本世界（图 1.16）。呈现于他眼前的现实生活是他思想的自然起因。作为存在的基本因素，他自身的力量能够使它比其他任何事物都更易于激发、影响思考者的精神。[1]"设计创意的灵感来源于生活和成长的经历，在成长中的每个点滴的感悟，都可能在设计作品里得到新的体现。灵感的枯竭意味着设计师的职业成长面临困境。设计师应该不断地丰富自己的生活，体会生活每个瞬间的感悟，点滴中的感悟就是设计创意灵感的源泉。

图 1.16　叔本华

3. 设计改变生活

设计源于生活，也改变了人类的生活，好的设计一定是"问题"的良好协调统一体。到生活中去发现问题的所在是协调问题的出发点。发现问题的过程应该是一遍遍探索的过程，不能完全依赖于自己的思维。

一个好的设计的出发点在于设计师通过探究发现了有意义的问题。研究生活、发现问题是设计过程中至关重要的环节。何志森博士发起的 Mapping 工作坊从微观的视角出发，通过跟踪与观察等方法研究生活中的个体与事件。工作坊意在从城市中的某个个体出发，对其进行观察与研究，目的是发现该个体与城市之间的关系，然后基于这些关系提出自己的设计主张（图 1.17）。在这个过程中，需要长时间地、系统地对目标进行跟踪，甚至是将自己转化成为被研究对象。这样一种从微观角度出发的观察生活的方式拥有很大的价值，也拥有很强的可操作性，是我们可以借鉴的思考方式。

另外一个趋势是利用大数据技术从宏观的角度来解释生活。如今，一打开购物软件就会看到 APP 给你推荐的商品。这背后的逻辑是计算机利用用户们在终端上留下的数据，对用户们的生活进行深入的观察与学

[1] 叔本华．叔本华论文说集 [M]．范进等，译．北京：商务印书馆，1999.

习，从而为用户推荐其喜欢的商品。澳大利亚墨尔本皇家理工大学（RMIT）的苏安维尔（SueAnne Ware）教授的团队完成过一个为墨尔本市流浪汉提供新设施的项目。首先，他们在流浪汉聚居的运动场为每个流浪汉发了一个装有 GPS 芯片的枕头，然后通过芯片了解到流浪汉们在一周内的运动轨迹。通过数据他们发现流浪汉在有些地方逗留时间很短，在有些地方停留时间较长。他们再重新找回流浪汉的路径，去体会哪些地方的设施或者是空间需要更新（图 1.18）。

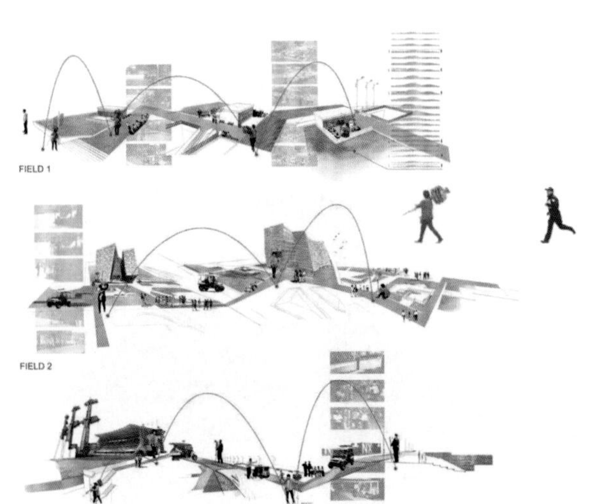

图 1.17　Mapping 工作坊跟踪卖糖葫芦的阿姨

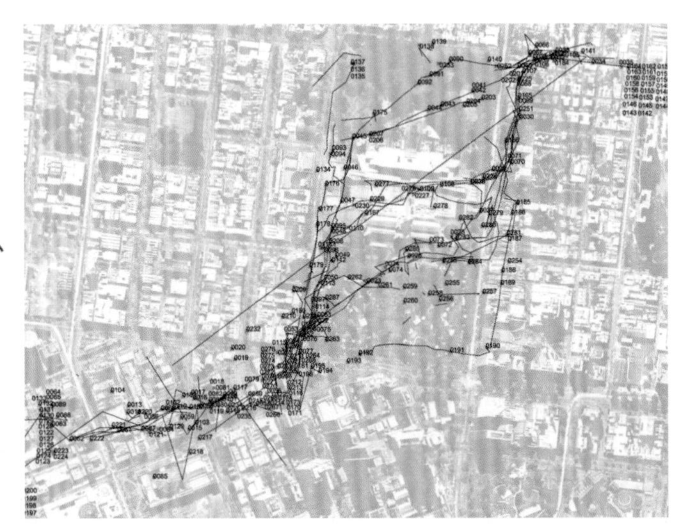

图 1.18　流浪汉们在一周内的移动轨迹

以上两个例子展示的是两种探索问题的方法。它们的共同点在于都是从生活中去寻找问题的所在，然后建筑师再通过对空间的营造去回应这个问题，最终改变我们的生活。往往一个失败的设计并不是设计本身的失败，而是设计师根本没有找到问题的所在。

1.2.3　大师思想与作品解读

1. 大师思想的内涵引入

每个专业都有站在金字塔顶尖的人物，都有让人们崇拜的大师。他们的艺术代表作，让人不由得心生景仰之情。例如，对于喜欢文学的人来说，把书籍当作自己的灵魂，致敬文学大师是最长情的告白；对于喜欢艺术的人来说，心底总是藏着对梵高、莫奈、毕加索这些艺术大师的崇拜之意。对于喜欢建筑的人来说，莫过于从柯布西耶到哈迪德，对他们的一系列经典作品展开分析，体味自然、建筑、艺术之间的共生关系。各行各业都存在着出类拔萃的大师，我们不仅需要知道他们，更需要进一步地理解、走近他们，发现作品里细腻、深刻的情感，跟随他们体味不一样的心境和情感。

书法是中华民族文化艺术的宝贵遗产，以其巨大的艺术感染力与独特的民族特色而闻名于世。中国古代的书法家尤以王羲之、欧阳询、颜真卿、柳公权等最为出色。在王羲之的书法作品《兰亭集序》中，人们可以深切地体会到书法艺术作品中所表达的寓意和思想，感受书法的灵动之美。而与之同样蜚声中外的一大批中国古代书画艺术精品，不仅能够彰显中国传统文化的伟大精神，也是我们设计创作的重要内容与创作源泉，需要我们深刻体会其中的蕴意与内涵。在中国近现代文学史上，王国维、胡适、鲁迅、老舍等文学艺术家们创作的优秀作品，对一代人甚至几代人产生了不可估量的深远影响，他们的文学艺术对于设计的影响更多地表现在精神领域。品读这些文学大师作品不仅有助于提高我们设计的审美情趣与精神追求，也为我们提供了丰富的艺术创作素材，值得好好咀嚼回味。

物理是对客观实际的论证与描述，是一种理性认识。而与之相较，艺术设计是抒发个人情怀的视觉产物，是一种感性认识。它们源于人类生活的两个面，看似没有关联，实质上却又息息相关，都追求着人类生活中最高尚、深刻的部分，寻求真理的普遍性。艺术设计界大师在创造作品的过程中，往往以物理理论作为实践基础，进一步加入自己的主观意向进行创作。因此，我们应该充分借助物理学的思维模式、思维方法，让创作成果具有夯实的理论基础。

音乐与艺术设计作为两种独立的语言，从表层来看，是有差异的，但是事实上却能够自如转化，相互交融，相互联系，因为“音乐是流动的建筑，建筑是凝固的音乐”。音乐大师贝多芬的《命运交响曲》，情绪激昂、气魄宏大，富有强烈的艺术感染力。我们在进行艺术设计的创作过程中，可以适当地与音乐大师的风格、技巧、结构关联起来，在优美的“旋律”中体现艺术设计之美。

2. 近代经典建筑作品解读

• 流水别墅

设计手法：结合坡地地形，进行跌落、层叠、延伸、穿插的设计。

“流水别墅在那里，静静地不说话，你就觉得它本来就属于这片山坡。清澈的山泉日夜不息地从别墅客厅的下面流过，住在里面的人每天都坐在流水的上面读书看报，喝茶聊天。”

借助瀑布这个自然景观，赖特实现了在自然世界生长出一个建筑的构想，他将别墅与流动的瀑布相结合，不但营造了一种自然灵动的空间效果，也在无意中将自然环境和室内空间进行了巧妙的交流，增强了空间的灵动感。在空间处理上，各个从属空间和室内空间自由延伸，相互穿插。内外空间相互交融，浑然一体，设计的流线十分通畅自然。溪水从建筑平台缓缓流出，别墅与流水、山石、树木相辅相成，像是森林世界生长出来的自然建筑（图 1.19）。

图 1.19　建筑大师赖特作品——流水别墅

• 范斯沃斯住宅

设计手法：流动空间、少就是多。

范斯沃斯住宅是密斯 • 凡 • 德 • 罗 1945 年为美国单身女医师范斯沃斯设计的一栋住宅，房子四周是一片开阔的绿地，夹杂着参差不齐的树林。它的造型类似于一个架空的四边透明的玻璃盒子，袒露于外的钢架结构与玻璃幕墙的搭配使这个建筑流光溢彩，晶莹剔透，与周围的环境一气呵成。同时由于玻璃墙面的全透明观感，建筑仿佛从视野中消失了，建筑完全与自然同为一体，变成了一个名副其实的“看得见风景的房间”（图 1.20）。

图 1.20　建筑大师密斯 • 凡 • 德 • 罗作品——范斯沃斯住宅

• 萨伏耶别墅

设计手法：底层架空，屋顶花园，自由平面，横向长窗，自由立面。

萨伏耶别墅从远处看就是一座纯白色的建筑，墙面几乎没有多余的装饰，粉刷颜色简单自然，唯一可以称为装饰部件的就是横向长窗，这是为了能最大限度地让光线射入，获得充足的采光。底层架空的设计，使上部被托起的生活空间远离了地面的嘈杂和喧嚣，同时也改变了传统住宅的花园庭院的居住方式，这座房子里的每个单元都有个独立的生命，但是室内设计了不少连续、动态的坡道结构，使人在空间上又多了一层四维空间的体验，呈现出了更多建筑空间的变化（图 1.21）。

图 1.21　建筑大师柯布西耶作品——萨伏耶别墅

3. 当代经典建筑作品解读

• 光之教堂

设计手法：光的再设计。

整个建筑的重点集中在这个圣坛后面的“光十字”上，它是从混凝土墙上切出的一个十字形开口。白天的阳光和夜晚的灯光从教堂外面透过这个十字形开口射进来，在墙上、地上拉出长长的阴影。祈祷的教徒身在暗处，面对这个光十字架，仿佛看到了天堂的光辉。

光配合着建筑，使其变得纯洁。光随时间的变化，思维与精神重叠，重视人与自然的关系，以心的指尖触动空间（图 1.22）。

图 1.22　建筑大师安藤忠雄作品——光之教堂

• 苏州博物馆

设计手法：“以壁为纸，以石为绘”。

苏州博物馆的设计考虑到了与周围的自然环境相融合，配合着明亮的光线，洁白的墙壁，横平竖直的中国风几何元素，一走近博物馆，仿佛置身于温婉柔和的烟雨江南。庭院包含了很多中国古典园林的设计元素，例如假山、小桥、庭院，甚至还有借景。游走在其中，总能在不经意间看到巧妙的绿植摆放，呈现一派生机盎然的景象。除此之外，还有框景、绿植置入等表现手法，融入了现代建筑材料，演绎出了粉墙瓦黛的苏州建筑新符号（图 1.23）。

图 1.23　建筑大师贝聿铭作品——苏州博物馆

• 震后重建纸屋

设计手法：纸的重塑。

当灾难发生时，人们想要得到庇护的除了身体，还有心灵。只给受灾者简陋的身体庇护，却忽视了感情上的交流。板茂认为临时居所中“一个人挨着一个人睡”的环境实在是缺乏隐私，对难民造成了无形的伤害，于是板茂用纸管设计了独立的空间。

抱着每一个灾民都应该有属于自己的活动空间的初衷，板茂从居住方面快速解决了人们经历灾难后心理上无法接受波动和变化的问题，给人创造了一个安全、狭小、具有包围感的空间（图1.24）。

图1.24　震后重建纸屋

4. 艺术设计的风格走向

大师的作品不仅为读者提供了一个近距离聆听大师感言的平台，让读者感受到建筑背后的精妙创作理念和鲜为人知的哲学思想，在智慧之光的只言片语中感受到大师们用灵感和汗水为人们、为社会作出的贡献，也让读者陷入了深深的思考，在品读大师作品过程中寻找人生的真谛，认识到真正的自我。同时，在拜读大师作品时，对每个大师的设计风格也会了解得更加深入，他们对空间的组织、材料的细腻考量，构造的创新，空间氛围的营造，都是经过了多年设计经验的沉淀和积累。我们不应该给每位大师贴上标签，更重要的是夯实基础知识，丰富能力，在所有的设计基础都逐渐成熟饱满之后，再去思考整个设计的风格走向，才是学习的正途。

除此之外，建筑大师的成长过程也是具有一定借鉴意义的，比如学习的态度和方法，以及背后的艰苦工作。但是每个人的人生轨迹不一样，建筑大师不一定都能成为适合效仿的对象。局部的知识、内容、方法可以去借鉴学习，但是如果看着某些建筑设计中的优秀方案就去照搬，不考虑这个地方的实际情况，东施效颦，这其实是一件很危险的事。如果想学得扎实，就必须事必躬亲，切实地去了解这个行业，这样才能有所收获。

第二章　创新设计竞赛步骤

一个完整的设计竞赛通常需要详细的步骤和严谨的逻辑。当然，凡事也有例外，设计竞赛允许突破所有的条条框框与束缚，展现出独特的思路和表达。但突破常规的前提是能够掌握传统的步骤，并在此基础上加以创新。若尚未建立正确且完整的竞赛思维，就想要创造出不一样的作品，则可能会出现设计失误。为了追求独特而忽视基础的重要性，是本末倒置的错误做法。

以小组合作的形式来完成一个完整的设计竞赛，通常需要一到两个月的时间，条件允许的情况下时间可以更长。而实际上，较为常见的是交图前半个月仓促完成的竞赛作品，这是不推荐的。合理把握设计周期，控制每一个步骤的时长，保持一个月以上的作业时间，更能保障思维的严谨性、设计的完整性和图纸的丰富性，最后完成一个较为满意的作品（图 2.1）。

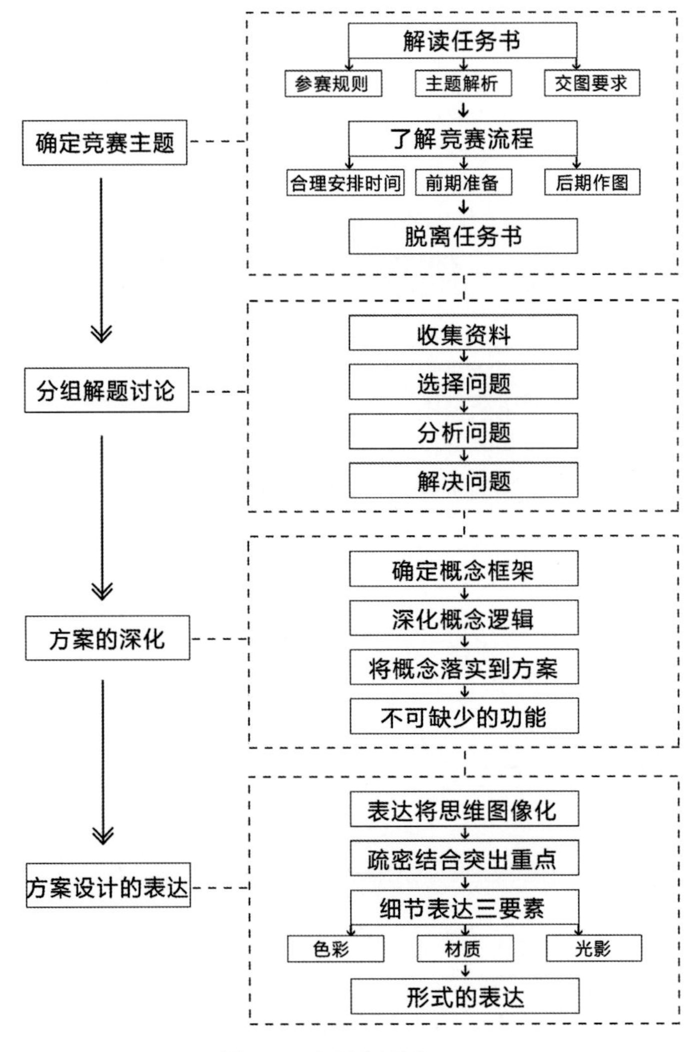

图 2.1　流程分析图

2.1 竞赛主题的确定——解读任务书

决定参加一个竞赛，关注的第一件事情就是这个竞赛的主题。一般情况下，在该竞赛的官网可以下载到详细的任务书，里面包括竞赛主题、背景、主题解析、主办单位、奖项设置、联系方式等。任务书短则三五页，多则几十页，面对这么多文字，如果找不到重点，一字一句阅读，很浪费时间。然而任务书对于做竞赛的人来说是最重要的，它不仅包含最重要的主题阐释、竞赛规则、奖金设置，甚至还有主办方对于竞赛的主观倾向等。

2.1.1 解读任务书的流程

通过任务书的长短，可以大概了解竞赛的倾向。长的任务书一般表明主办方对竞赛要求更清晰明确，也非常重视。相对来说这样的竞赛是比较有参与价值的，限制条件也比较多。任务书较短，甚至没有任务书的，这样的竞赛可能是由于主办方准备不够充足，只能通过海报、官网的途径了解要求。也可能是竞赛偏概念性、开放性，因此不作具体要求。

从头到尾一字一句看，而且在竞赛过程中不断回看任务书是很有必要的。但是在不同时期，侧重点应该有所不同。在准备竞赛的前期，需要关注组织单位、参赛规则、竞赛要求等。组织单位决定了竞赛的等级，也决定了竞赛的偏向甚至风格。参赛规则一般位于任务书的末尾，十分重要，一旦触犯这些规则，会被取消比赛资格，有的甚至还会追究法律责任。参赛规则一定要反复看，让队伍里每个人都清楚，不能抱有侥幸心理。参赛者一定要明确竞赛报名要求，竞赛会对参赛者的专业方向、参赛学校、地区、队伍人数、指导老师人数有具体的要求。如果上述任何一点有疑问，可以打电话或者发邮件给主办方指定的联系人员，势必要清楚明白，不留疑问。

竞赛中期，关注重点在于竞赛主题、背景解析和评委。在思考了一段时间的方案之后，可能不知不觉偏离主题，重新看任务书的主题部分是很有必要的。评委也是非常重要的一部分。竞赛的评委通常都是在业界较有名气的设计师、学者，也有组织单位的领导来当评委的，有的则是当地居民。面对不同的评委，图纸的表达方式应该是略有差异的。有的评委来自高校，偏向的风格是逻辑严密的学院风。而以当地居民作为评委，就需要在图纸表达上简洁易懂。

竞赛后期，大部分图纸都已经完成，需要再看一次交图要求，有的竞赛在排版上有所要求，包括不允许出现作者名字、学校名称。有的要求只能采用横版排版、需要中英文设计说明或者必须提交CMYK格式的图片等。交图之前再看一次参赛规则，确保没有疏漏。交图时间很重要，部分国际竞赛的收图时间可能是以当地时间为基准的，需要考虑时差。如果可以，尽量提早交，以免在最后时刻手忙脚乱。看任务书切忌觉得这只是队长个人的事情，否则一个人犯错，就会造成无法挽回的损失。任务书需要组里每个人都细看，然后互相提醒。

2.1.2 推进竞赛的流程

平时做课程作业时，流程是被老师把控的，什么时间出概念、交草图、做模型，都有明确的要求。而当自己做竞赛的时候，流程是由组长和组里每个人协商把控的。流程没安排好，造成的后果往往就是虎头蛇尾、功亏一篑。合理的竞赛流程，大概分为两部分：前期准备流程和后期制图流程。前期准备流程是在组好队员，决定做哪个竞赛时就安排好的，具体内容包括开会的时间安排、主要内容、要达到的目标等。开会的时间可以安排为一周一次，前期时间间隔长，后期频率越来越密集，变为两天一次甚至更多。

在做竞赛之前，组长应该对整个队伍的作图速度有一个基本的了解。例如距离交图还有两个月的情况下，可以依据三／二／三的分配方式，将八周中的前三周列为资料收集阶段，后两周为概念确定阶段，最后三周为作图阶段，时间可以根据具体情况调整。再在这个基础上，根据开会的频率确定每次开会的主要目标，例如在第几次开会需要确定选址，确定方案概念，制作草图或者草模，这样才能确保每次开会都是有进度的。所有的安排都需要合理协调大家的时间，写在笔记本上或者电脑里，让每个人都清楚。

后期制图流程一般包括图纸的分工以及具体的时间节点。作图时间起码预留两周以上，可以适当延长。组长需要做一个图纸列表，里面包括需要作多少张图，图纸的大概内容、风格，图纸要达到的目的等。排版时间预留三天以上，以便查漏补缺。一个好的流程可以让所有人在竞赛期间清楚地知道自己该做什么，这样可以极大地提升效率。而不好的流程会让大家时刻在困惑中，几个人做同一件事情，效率低下。流程的把控会随着做竞赛的数量越来越多而更得心应手。

如果参赛者过分重视任务书，完全契合任务书来思考设计主题，那这个主题肯定是浅显的。因为这样的思路人人都可以想到，难以在众多方案中扣住评委的心。要学会扣题，但也一定要脱离任务书定的框架，跳出传统思维去思考。在下一节中，本书将详细介绍如何在竞赛中选择问题与分析问题。

2.2 解题思维的讨论——选择与分析

看完任务书后，头脑仍然一片空白，经常进入一种看了好像明白了很多，又好像什么都不明白的境地。看的任务书遍数越多，获取信息就越快、越明确。但对解题来说，任务书既是一种帮助，也是一种束缚。

从任务书里获取的最重要信息是明白要解决什么问题，解决问题的第一步是找到问题，继而理解问题，然后才能解决问题。把问题表述清楚了，事情往往就解决了一半。著名科学家爱因斯坦曾经这样说过：“如果我有 1 小时的时间来解决问题，我会花 55 分钟思考这个问题，5 分钟思考解决方法。”在这 55 分钟中，蒙头乱撞是不能发现问题的，要找方法、分步骤、有层次地推进自己的发现。

2.2.1 收集资料

收集资料是第一步，根据竞赛的内容，可以粗略地将竞赛分为规划类竞赛、建筑类竞赛、景观类竞赛、综合类竞赛等。如果要跨专业参加竞赛，就需要大量补学该专业的基础知识。参赛队伍尽量多加几名不同专业的同学，体会不同学科碰撞出来的火花。每个学科关注点是不一样的，但是用设计解决问题的思考方法是有共同之处的。而根据竞赛的题目，大致可以将竞赛分为概念类竞赛、实践类竞赛以及征集类竞赛。概念类竞赛难度较大，需要了解最新的国际设计流派和概念。这类竞赛的束缚比较小，可以大开脑洞，放开思维。收集资料的方向是多找国外的竞赛、论文，多看新闻。实践类竞赛一般都会给定设计场地，尽可能地多查找当地新闻，了解设计场地的信息。对场地有了基础的了解之后，问题也会一个一个地浮现。

2.2.2 选择问题

在发现的各类问题中，相对单一的问题是容易解决的，而复合的问题是较难解决的。在一开始做设计时，人们希望可以解决所有的问题。但是在做竞赛时，以最简单直接的方法解决关键问题才是最重要的。2016 年普利兹克建筑奖得主智利建筑师亚历杭德罗·阿拉维纳（Alcjandro Aravena）说过：“问题越复杂，越需要简单化。”大师的设计往往是把一个问题放大，再用巧妙的方式解决。美国现代主义建筑师保罗·鲁道夫（Paul Rudolph）也曾说：“人们永远无法解决世界上所有的问题……哪怕是密斯，如果试图解决再多一些问题，那么他的建筑就会变得软弱无力。”[1] 德国建筑大师密斯·凡·德·罗（Ludwig Mies Van der Rohe）提出的 “少即是多（less is more）”，追求的就是一种“少”的理念，这种“少”是精神层面的，他为了细节的绝对精简而放弃了很多其他的方面，这种做法却使得他的设计具有鲜明的特点。比如他在巴塞罗那展览馆所呈现的“流动空间”，提取了展厅就是要承担展示功能这个主要问题。在这里，建筑本身就是一种展品，没有那么多政治、社会、文化、地域的叠加，仅仅是把建筑的展示做到了极致（图 2.2、图 2.3）。设计师从来不是解决所有问题的救世主，或者说设计本身就是没有完美的，只有平衡各种条件要素，立足于当下的最优设计。如果有想解决所有问题的设计，那一定是平庸的设计。选择一个好的问题，用最简单直接的方式解决这个问题，这个设计就会充满动人的力量。

在选择问题的阶段，一个人的思路往往是片面的，竞赛不是一个人的事情，多与他人沟通，多听取别人的意见。要尽力说服队友认可自己的方案，但在别人有更好的问题时，也选择相信队友，这样才能让方案更加饱满。

---

[1] 罗伯特·文丘里．建筑的复杂性与矛盾性 [M]．周卜颐，译．北京：中国建筑工业出版社，1991.

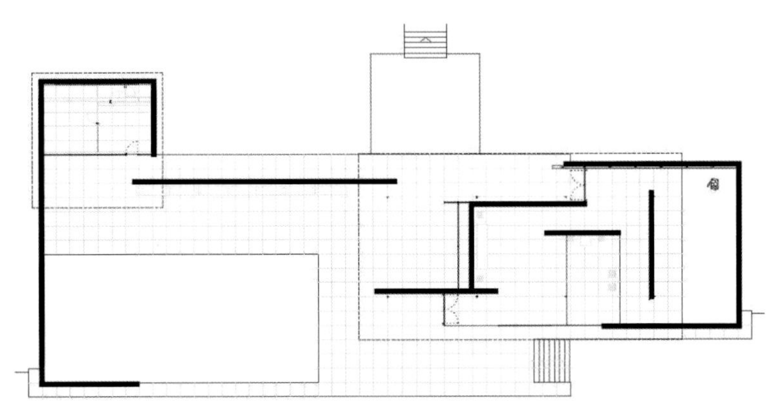

图 2.2　巴塞罗那展览馆平面图

图 2.3　巴塞罗那展览馆

2.2.3　分析与解决问题

设计是一个以简单直接的办法满足需求、解决问题的过程，而解决问题的方法是依靠平时的知识积累，社会学、心理学、美术基础、常识在这里都能派上用场。亚历杭德罗·阿拉维纳就是个另辟蹊径解决问题的大师，他的重要作品“半成品房子（half of a good house）”，是一个社会保障性住房项目，在这个项目中他开辟了平衡居住与资金的新方法（图 2.4）。智利北部城市伊基克是个并不富裕的城市，为了改善贫民的居住条件，政府决定重新安置市中心大约 5000 平方米土地上的 100 户非法定居家庭。由于政府经济条件所限，租房补贴只有每户 7500 美元，这在市中心几乎不可能实现。通常做法是把居民们安置到城郊，远离原来的生活区域。但他的解决方法很简单，“如果我们没有钱让每个人都建造一栋好房子，那为什么不为他们建半栋呢？剩下的就让他们自己完成好了。”半成品房子应运而生。这个方案是只建设保障住房其中的一半，另外一半留出来给用户自建，这样既降低了预算，而且也让每个家庭都得到了保障用房，还给了他们努力工作扩建房屋的动力。而各具特色的自主扩建也为单一乏味的保障住房提供了一抹亮色（图 2.5）。

图 2.4　亚历杭德罗·阿拉维纳（Alejandro Aravena）

图 2.5　半成品房子（half of a good house）

当出现一个很好的解决方法时，和队友们讨论是必不可少的。没有任何想法的时候，更需要和队友们讨论，也许他人的话刚好就启发了思维。有时，一个人遇到问题冥思苦想也难以得到较为满意的想法，但一群人一起思考，对这个问题给出不同的看法和解决方法，就可以综合所有的想法做出一个最满意的方案。有效的沟通会拉近彼此的距离，组队的魅力就在于此。参加竞赛除了能获得奖金、荣誉，与不同的人从陌生到熟悉，从有所阻隔到亲密无间，在队伍里尝试不同的角色，也是一件很有意思的事情。交流讨论的头脑风暴往往在竞赛中要开展多次，而在一个竞赛中，队长很重要。在每次开完会后，要将开会内容总结成文字或图片的形式，在后期设计深入遇到瓶颈的时候，可以重新拿出来，也许就会产生不同的想法。

美国著名平面设计师梅顿·戈拉瑟（Milton Glaser）曾说："一个设计作品有三种反馈，yes，no 和 WOW，最后一个 WOW 就是我们要寻找的。"在选择问题的过程中，避开热门也是一种策略。热门的话题肯定是有很多人选择的，如果有足够的自信能做得更好，那也可以尝试。如果没有，建议从一个小的、独特的角度切入，避开相对热门的话题。比如霍普杯就是每年都能带给人惊喜的竞赛。如果仔细研读历届获奖作品就会发现，它们解决的都不是热门的问题，而是给出一种新的思考方式和解决方式。又比如 2016 年的 UA 国际竞赛，主题是"乡村建筑"，一等奖虽然关注点为乡村，但却并不是发展乡村旅游或者建设新农村，而是选择了屋顶再生计划，从屋顶的角度平衡各种有意思的问题。因此在做竞赛的过程中，独特的角度和问题会让评委眼前一亮。

2.3　概念方案的深化——功能与形式

2.3.1　确定概念框架

确定概念仅仅完成了整个竞赛的百分之一，但这百分之一将决定整个方案是常规平淡还是清新脱俗。缺乏概念的作品是没有灵魂、没有支柱的。面向学生的设计竞赛是为了考察思维创造力，以及发现问题和解决问题的能力，而不是单纯的效果图竞赛或手工建造竞赛。

确定竞赛概念后，下一步是概念的深化。在大多数设计竞赛中，有一个绝妙的点子还不够，关键是要确定概念框架，形成起因——经过——结果这样一个完整的思维体系，叙述清楚所表达的创意。

概念无法形成框架的原因有两点。一是设计思维混乱。一旦讨论出一个概念，就急于完成设计。团队成员交流不足，对概念本身也没有思考清楚。若进一步梳理思路，可能发现概念中的问题，从而推翻不合理的部分。二是概念与设计分离。概念本身具有特色，但未与设计方案结合。设计中未体现关键问题和解决方法，最终只是提出口号，平淡完成图纸，虎头蛇尾。若不能结合设计，融入具体方案之中，浮于表面的概念则只是一个花架子。

这是许多竞赛作品容易出现的问题。由于交图时间限制以及步骤安排不合理，导致无法梳理出概念框架，失去自我反推验证的机会。确定概念后形成思维框架十分重要，学生设计竞赛不一定是尽善尽美的，但要将思路整理清晰，框架构建完整，并与设计过程环环相扣，这样才能事半功倍。

2.3.2　深化概念逻辑

设计竞赛的思考过程需要层层递进。低年级学生容易缺乏深化概念这一步骤，设计学及相关专业的学生也往往缺乏逻辑思维的培养，导致无法深入塑造概念方案。当自我思考进行不下去的时候，则需要理论知识的积累，前文提到的书籍知识积累、大师作品解读、前沿设计追踪都能潜移默化地帮助学生提升思想的深度。

设计不是毫无根据的，也不是闭门造车，设计需要方法论的支撑。将西方哲学或中国古典哲学运用到设计竞赛方案中，在近年较为常见。这些精神世界的瑰宝该如何与学生设计竞赛相结合？若能理解一些理论知识，并恰当运用，则能提高设计的深度和可信度；若使用不当则给人刻意为之的印象。学生通过学习理论知识可以掌握中国古代天人合一的思想、西方的美学理论、心理学领域的人际交往安全距离、色彩心理学和马斯诺需求理论等，这些都可运用于设计竞赛之中，深化已有概念。

逻辑思维的培养十分重要。发现问题时需要感性思考，对生活有深刻的体验。在解决问题的过程中，则需要理性的逻辑思维，客观认识对象；需要整合收集各类资源，认真剖析问题的背景、原因和规律，使方案的各个环节紧密关联，有理有据地展开设计。

2.3.3 将概念落实到方案

概念和方案是相辅相成的两个部分，概念是方案的主心骨，方案是概念的外向载体。两者若不能有效结合，则会出现两种极端现象。概念为主、方案薄弱，则导致设计不完整，无法落实到实处。概念薄弱，方案为主，则无法体现设计竞赛的思辨性和创新性。常规平庸而没有错误的方案，更适合低年级的基础课程设计，而不适用于设计竞赛。

例如，2010 年上海世博会英国馆，概念核心为“种子圣殿”，意在展示英国在物种保护方面的成就。同样是表达这个概念，若展馆设计为一个中规中矩的玻璃温室，种子可自由领取、场地内可亲手种植，一样符合展馆所需要的基础功能，且契合都市农业、慢生活、互动体验等热点主题。这样的方案过于普通，一定无法中标。

实际建成的英国馆由 6 万根蕴含植物种子的透明亚克力杆组成，巨型“种子圣殿”震撼了全世界。种子触须在白天像光纤那样传导光线，提供内部照明，营造出现代感和震撼力。夜间触须内置的光源可照亮整个建筑，使它变得光彩夺目。世博会结束后，所有“种子”拆除并赠送给植物研究所和中国学校，向世界播散了交流与希望。在这个案例中，设计概念与方案同样精彩，两者相互结合，成就了如此杰出的建筑作品（图 2.6）。

图 2.6　上海世博会英国馆

2.3.4 不可缺少的功能

概念方案要立足于功能。设计竞赛是思考一步步加深的过程，也是方案一步步完善的过程，概念深化后都需要与复杂的实际功能相结合。学生在进行竞赛思考时，往往希望能解决所有的问题。实现这些设想，需要严谨的方案推理和广阔的知识面。

布置平面时，设计竞赛的思路不同于实际项目。许多空间的划分服务于理念，展现空间的多变性、冲突性和矛盾性。平面往往不是一个简单的方盒子，不同形态的组合、曲线和异型的运用都十分常见，真实场地的地形也会给设计带来挑战。

考虑方案时，丰富且具有节奏感的功能分区，能使参观者感到惊喜。与实际项目相比，竞赛中功能分区可以更加单纯，也可以更加丰富，甚至能从功能分区的考虑出发，主导整个设计。如设计儿童活动中心时，通过了解不同年龄段儿童，发现其活动行为和心理需求差异较大。以年龄划分出相应活动区域，匹配学习和娱乐设施，可增强空间利用的合理性（图 2.7）。

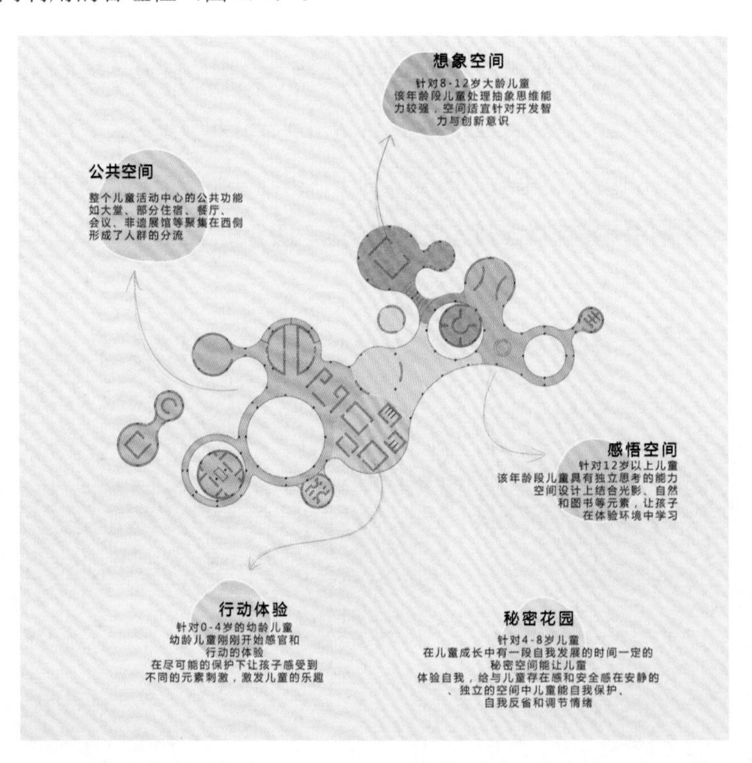

图 2.7　儿童空间划分示意图

在一定程度上，功能分区决定了流线设计。设计方案的流线十分多样，包括人流、车流、物流、水流、气流，甚至信息流等，特殊设计中还要考虑动物的迁徙流线。其中人流和车流较为重要，对设计影响程度较大。人流大体包括行为路线、工作路线、观赏路线等，可根据不同类型设计方案继续细化。例如设计餐厅时，考虑顾客取餐流线、用餐流线、服务人员流线和工作人员流线等；设计公园时，考虑主要游玩路线、次要游玩路线、参观流线、骑行流线、工作人员流线和城市交通流线等。在设计方案中，既需要考虑场地现存流线对设计的影响，又要考虑设计后流线对使用对象的影响。合理的流线安排可以改变人的心理感受、提升空间使用效率、塑造场景氛围（图 2.8）。

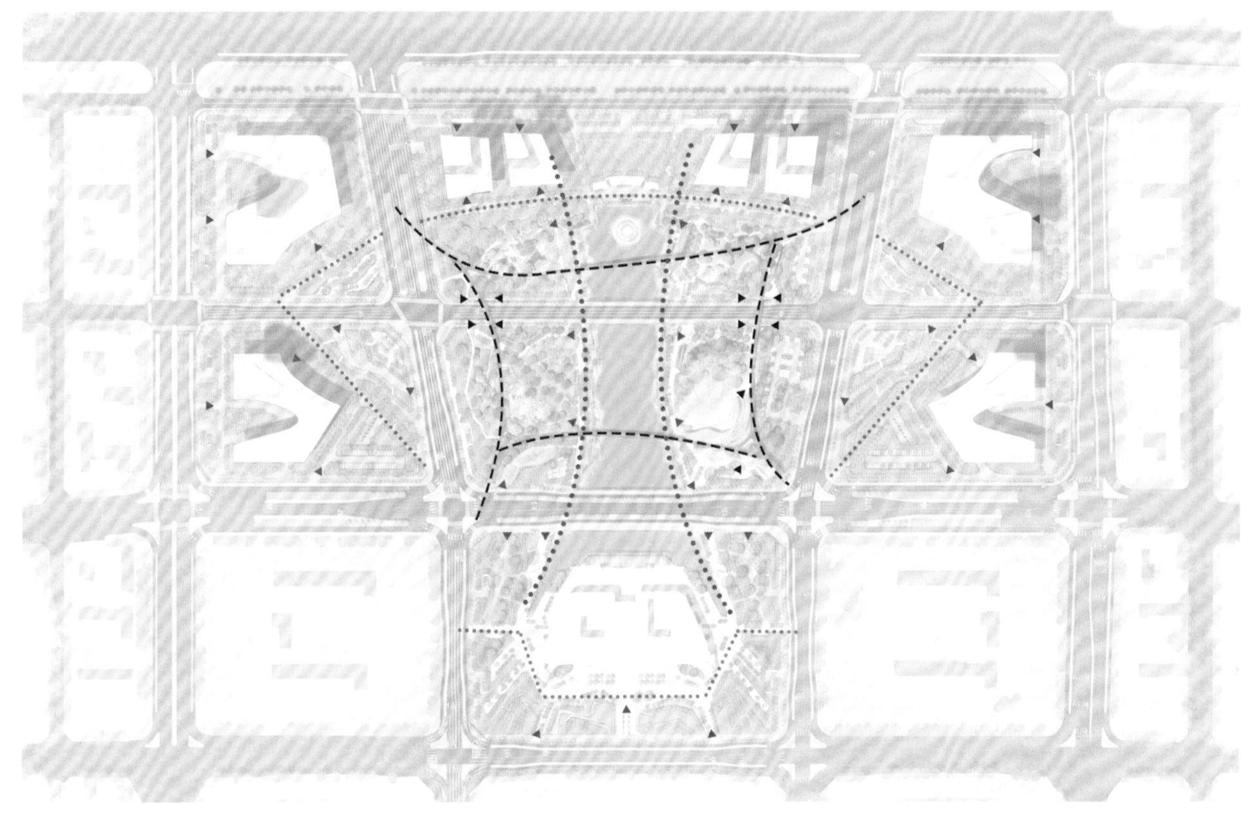

图 2.8　公园景观设计流线分析示意图

功能空间组织与设计概念应该一脉相承，既保障基础功能，又使概念渗入其中。如 2016 年霍普杯一等奖作品“Love Village（爱之聚落）”：将空间、运动和事件的三个关系——对抗、互惠及中立表达到建筑之中，以新颖的布局展现建筑的空间魅力。后工业时代的到来，使众多办公建筑处于空置状态，作者将办公建筑改为爱情旅馆，不由设计师直接指定空间对应的功能，而是由空间、事件、运动之间所形成的偶然而愉悦的契合以及痛苦而持久的碰撞，成就建筑空间的真实状态。

不可缺少的功能不仅指居住、工作、娱乐这些基本功能，更包含生态保护、文化传承和精神塑造等深层功能。如在矿坑改造主题中，设计者不仅要考虑主要功能——矿坑修复，还要考虑其生态和经济效益，历史纪念价值等；探讨疍民的生存问题时，不仅要改善疍民的居住环境、改良渔业捕捞方式，还要提升他们的精神生活、保护海上生存方式以及传承传统文化。

2.4 设计方案的表达——节点与细节

2.4.1 表达将思维图像化

设计竞赛的最后一步是方案的表达。确认竞赛要求、小组讨论比较出最终概念、将概念深化完成思路框架后，核心部分都已经完成。但这些都是设计者与自身和团队的对话，仅仅形成文字与草图，无法与他人对话。图纸将设计者的思维图像化，使其具有可读性。设计竞赛大多不是实际项目，在评比过程中只能依靠二维平面的图纸选出优劣，所以表达同思维一样重要，是设计竞赛中不可缺少的环节。

2.4.2 疏密结合，突出亮点

在设计方案的表达中，需要疏密结合，突出亮点。如果所有部分都设计得一样完美，毫无取舍，实际会使整体缺乏节奏感，失去亮点。过满则溢，而疏密源于对比。整体控制设计方案，选择几个有趣的节点深化设计，更能吸引眼球，提升设计的竞争力（图 2.9）。

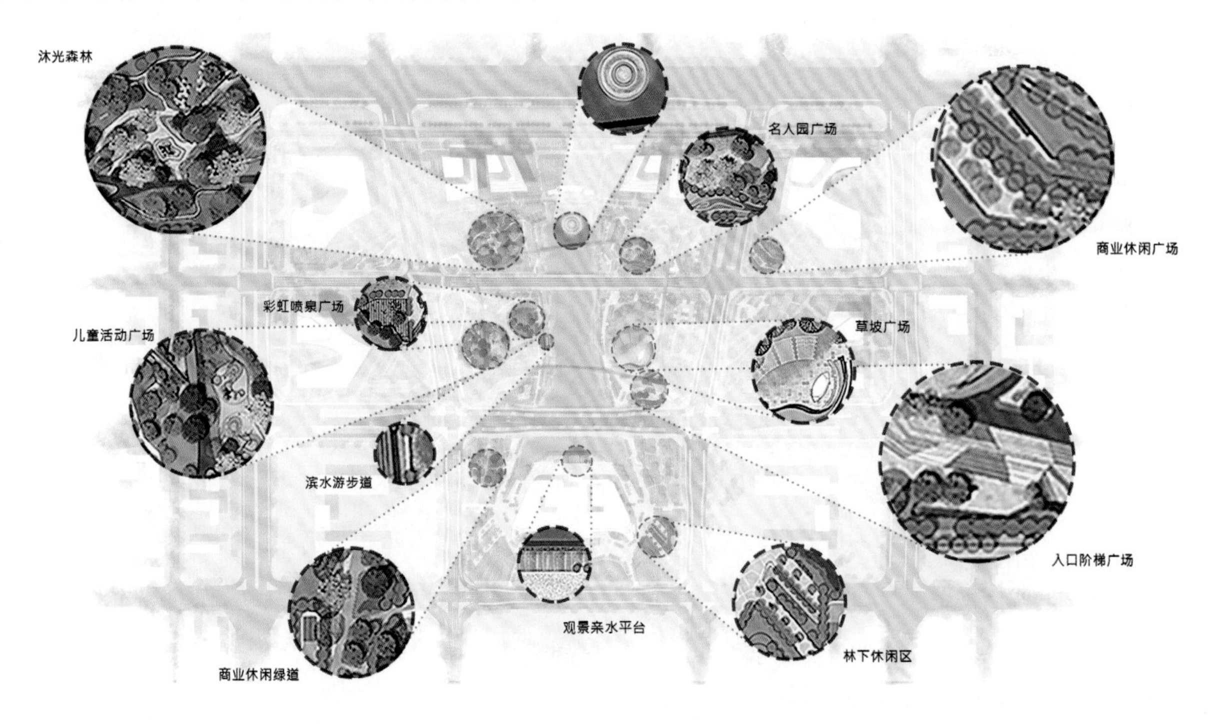

图 2.9　公园景观节点分析示意图

2.4.3 细节表达三要素

设计方案除了具有整体控制能力，细节表达也十分关键。细节决定成败，并能够展现设计的专业程度。在设计方案的深化阶段需要关注表达的三个要素：色彩、材质和光影。

1. 色彩

设计对象具有丰富的色彩。建筑包括外观色彩、环境色彩、室内色彩和陈设色彩等；规划包括城市建筑色彩、公共设施色彩、自然景观色彩和人工景观色彩等；景观包括植物色彩、装置小品色彩和铺装色彩等。色彩围绕着人们的生活，是组成世界的重要元素。

从设计的角度来看，色彩具有色相、明度、纯度等属性；从色彩心理学的角度来看，不同的色彩能给人带来不同的情绪感受，由色彩可引起人的共同情感。这一理论在生活中得到了广泛的应用。快餐店室内使用明度、纯度极高的红色与黄色装饰，刺激顾客的心理，加快顾客用餐速度，最终达到增加餐厅接待人数，提高经济效益的目的（图 2.10）。

设计中凡是提到生态健康、可持续发展等词汇，大多会使用绿色作为主色调。绿色是大自然中较为常见的色彩，且在人们的共识中，绿色代表和谐、温暖、生命与希望。在色彩研究中，绿色分为深绿、墨绿、翠绿、草绿、浅绿、黄绿、蓝绿等。绿色还有特定的专有色彩，包括绿松石绿、祖母绿、铬绿和孔雀绿等，不同色相、明度、纯度的绿色也给人不同的感受（图 2.11）。

人们在观察物体时，最先感知的就是色彩，视觉上的冲击往往能带来心理上的强烈感受。设计方案中应搭配和谐的色彩、把握细微的变化，以此提升空间质感、调节环境氛围，创造一个舒适的环境。

图 2.10　红色在空间设计中的运用

图 2.11　绿色在空间设计中的运用

2. 材质

设计中不同材质的搭配和处理能呈现出完全不同的效果。材质是材料和质感的结合，包括纹理、光滑度、透明度和折射率等。科学技术的发展给材质带来极大变革，新型材质对设计行业的创新和拓展起到巨大的推动作用。

设计师应根据设计的风格和需求选择材质。古朴的中式风格常运用木头和砖混结构，现代化的都市风格常运用玻璃和钢材，而张拉膜材料为体育馆设计带来深远影响（图 2.12）。近年来，清水混凝土材料因其朴素的质地能够展现建筑的纯粹之美而受到广泛运用。针对地域性设计时，往往考虑当地的材料，如夯土、黏土、竹子等。就地取材既能节约成本，又能使设计更好融入周围环境，同时增强当地居民对新设计的认同感。日本著名建筑师妹岛和世的建筑作品多运用新型材质，通过将建筑内部柱子变细、分解承重至流动的地面和天花、运用大量的玻璃，使建筑变得轻盈，具有穿透感和流动感（图 2.13）。

无论是精心打磨的材质，还是保留原始肌理的材质，都同样具有魅力，能展现出不同的风格。

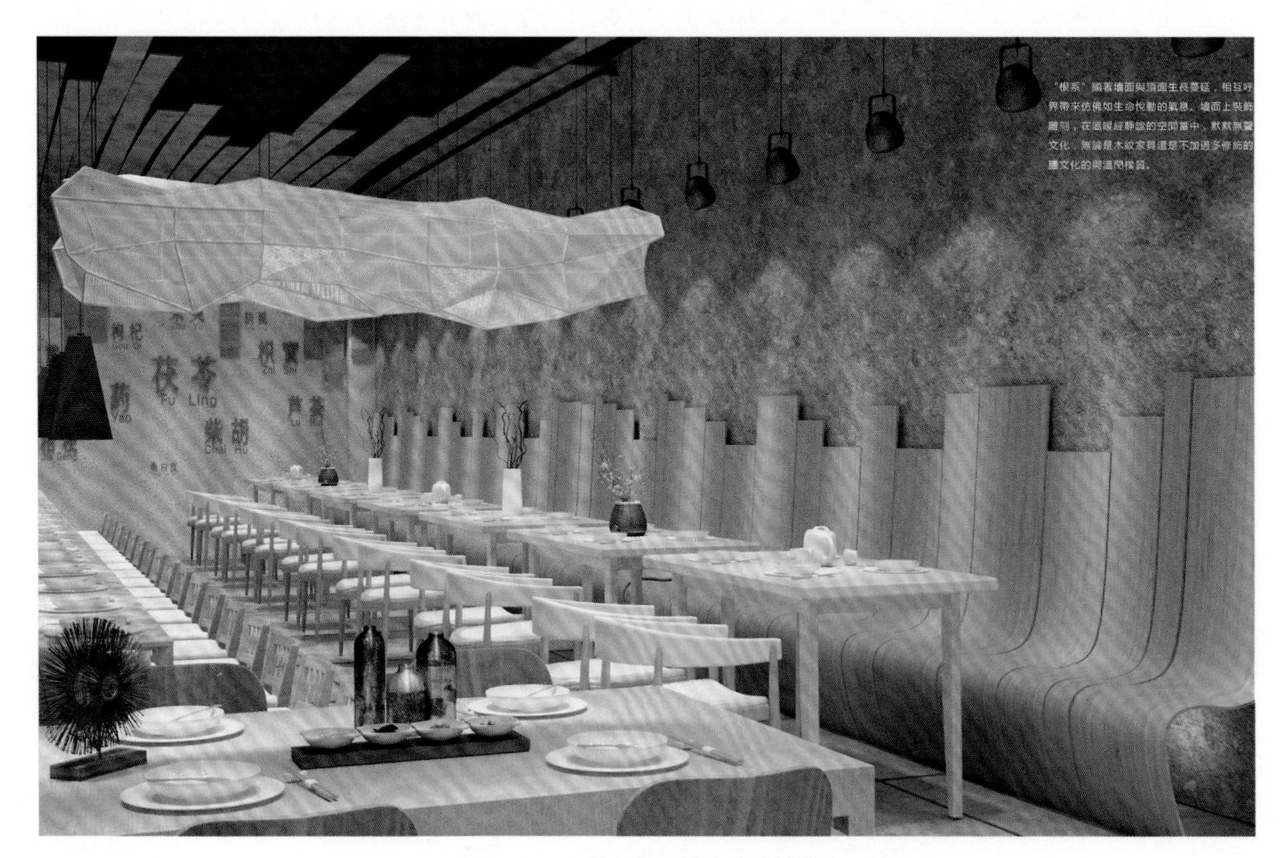

图 2.12　木材在空间设计中的运用

图 2.13　日本著名建筑师妹岛和世作品——劳力士学术中心

3. 光影

许多设计大师都善于运用光影。安藤忠雄曾说过：“建筑就是要截取无处不在的光。”路易斯·康认为：“设计空间就是设计光亮。”勒·柯布西耶于《走向新建筑》中说道：“建筑是一些搭配起来的体块在光线下辉煌、正确和聪明的表演。[1]”光影不仅仅运用于建筑设计之中，对区域规划、城市规划、景观设计都有重要意义。

光影包括自然光、人造光以及环境光。自然光随着时间、空间的转变而发生规律性变化，是富有生命力的元素。自然光影响着建筑的朝向、窗户的造型设计和采光井的设置等。提高自然光的利用率，能够节省资源，既提高经济效益，又做到节能环保。通过细节设计捕捉光影，能使自然光成为装饰的一部分。不同时段的光影各不相同，给场地带来光照强度、光照温度和光照角度的差异，营造出不同的氛围。光影作为外在因素，为设计实体提供了无限的变化（图 2.14、图 2.15）。

人造光相比自然光具有更好的操控性。人造光不仅可以模拟自然光，更具有可控的形态、颜色、强度、位置等属性。灯光设计包括直接照明、间接照明、半直接照明和半间接照明。布局方式包括基础照明、

---

[1] [法] 勒·柯布西耶. 走向新建筑 [M]. 陈志华，译. 西安：陕西师范大学出版社，2004.

重点照明和装饰照明。近年来，建筑设计中较少使用大而繁复的吊灯，更多采用点光源照亮局部，多光源叠加照明能满足不同空间的使用需求，增强层次性。在规划设计中，灯光设计、城市夜景照明同样值得重点塑造。在景观环境设计中，灯光具有两种功能：照明和装饰。在夜晚，照明功能为通行和观赏景观提供光亮。形态各异的灯具本身是装饰的一部分，精心设计的灯光照明更为景观增添艺术感与层次感（图 2.16）。

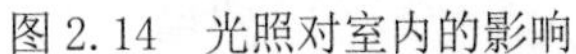

图 2.14　光照对室内的影响

图 2.15　光影与设计相结合

图 2.16　室内多光源设计

现实场景中都会有环境光的影响。环境光来源丰富，强弱不一，具有难以控制的特点。设计方案时不仅要考虑方案本身，还要考虑场地周围环境的影响。环境光能影响空间的亮度、色彩和色温。存在时间较短的环境光对设计本身造成的影响较小，可以忽略不计。若某些环境光对场地造成较强影响，则需要考虑其对主体具有烘托作用还是抑制作用。设计时应尽可能减弱环境光对设计主体的不利因素，增强环境光对设计主体的塑造，营造出和谐的氛围。

光影还能够引导空间秩序、增强空间层次。在宗教建筑设计之中，光影能给予神圣感。如日本著名建筑师安藤忠雄的建筑作品——光之教堂，墙上的十字形开口使室内产生特殊的光线，使信徒感受到神秘和庄严的氛围。总的来说，光影是设计中必不可少的环节，能起到锦上添花的作用。

2.4.4　表达的形式

设计的形式是思维的外皮，设计的精华在骨也在皮。统一的精神内涵与形式表达，才能彰显作品的魅力。图纸的表达方式十分丰富，且形式越来越多元化，突破了以往的限制。方案图纸大致包括方案草图、平面图、立面图、剖面图、轴侧图、效果图、分析图、技术图纸、数据分析等。方案的表达形式包括手绘图、计算机图纸、建筑模型、动态影像、表格和说明文字等。不同图纸内容可选择不同的表达形式，没有对错之分。不同的表达形式具有各自的优缺点，根据设计所需，选择最好的表达方式，为展示概念和方案提供最大支持。

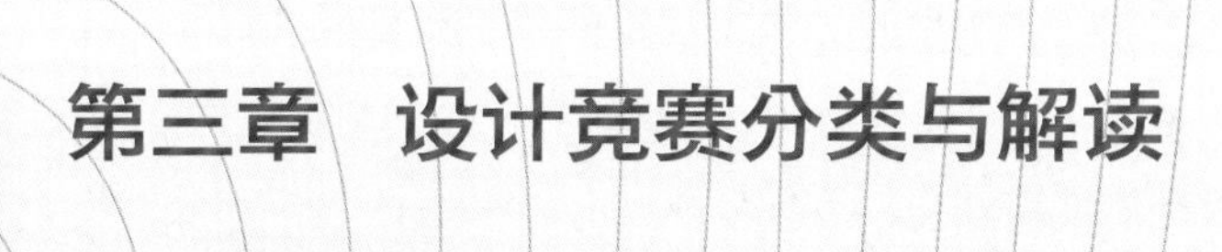

第三章 设计竞赛分类与解读

3.1 竞赛类别解析

参加竞赛可锻炼人的思考能力，同时也是超出课本范围的一种特殊的考试形式。因为竞赛往往要求学生补充大量的知识，从而要求学生对知识掌握具有很高的灵活性和熟练度。竞赛类别多种多样，每个学科都有相对应的竞赛组织。那么，本书将从概念类竞赛、实践类竞赛和征集类竞赛三个类别来解析设计学科竞赛。

3.1.1 概念类竞赛

1. 什么是概念类竞赛

概念是人们在头脑中所形成的、反映对象本质属性的思维形式。把所感知的事物的本质特点抽象出来，加以概括，就成为概念，概念都具有内涵和外延，并且随着主观、客观世界的发展而变化。

概念类竞赛要从概念入手，根据题目和个人的理念，从抽象的概念出发进行设计。概念的范畴很广，可以是一句话，如“上帝说要有光，于是就有了光”；可以是一种要素，如窗；可以是一种限制，如15平方米的超小住宅；可以是一种形式，如莫比乌斯环。它们都有一个共同点，就是具备一定的抽象性、深度和易读性，能够直达建筑或者人性的根本需求，感动人心。

如何判断一个竞赛是不是概念类竞赛，首先应该观察该竞赛的主题。如火星建筑概念设计2018（MARSCHITECT 2018 Architecture Competition）与威海杯2015全国大学生建筑方案竞赛的主题“老人与海——海滨度假疗养中心”相对比，前者较为抽象概括，并且强调“概念”二字，而后者较为具体明确。可见，前者是一个典型的概念类竞赛（图3.1、图3.2、图3.3）。

其次，应该关注官方对比赛的解读。在“火星建筑概念设计2018”的官方网站上可以了解到官方希望邀请建筑师、设计师、学生、教师、工程师、艺术家、梦想家以及所有相信这个看不见的未来的人一起参与这个竞赛。第一，参与者将为红色星球的初始居民（由五名研究人员组成）创建一个能够自我维持的生活空间。第二，参与者将设计符合这五位研究人员所需求的可持续的功能性空间。第三，参与者要在火星地形的任何地方选择一个地点。最后，官方总结道：“对于人类来说，行星际旅行不是一个遥不可及的想法和创新，每天都会让它成为现实。现在是时候想象和创造一个新的文明。世界文明梦想着有机会设计出红色星球上的未来建筑前景，以供其他人使用。”[1] 威海杯2015全国大学生建筑方案竞赛的官方在其官网上给出了组织比赛的目的：探索建筑与人、与城市、与历史、与自然的关系；倡导好的设计理念；推动建筑教育的发展；引

[1] 火星建筑概念设计2018. 火星建筑概念设计竞赛官方网站（http://marschitect.volzero.com/）.2018.

图 3.1　火星建筑概念设计 2018

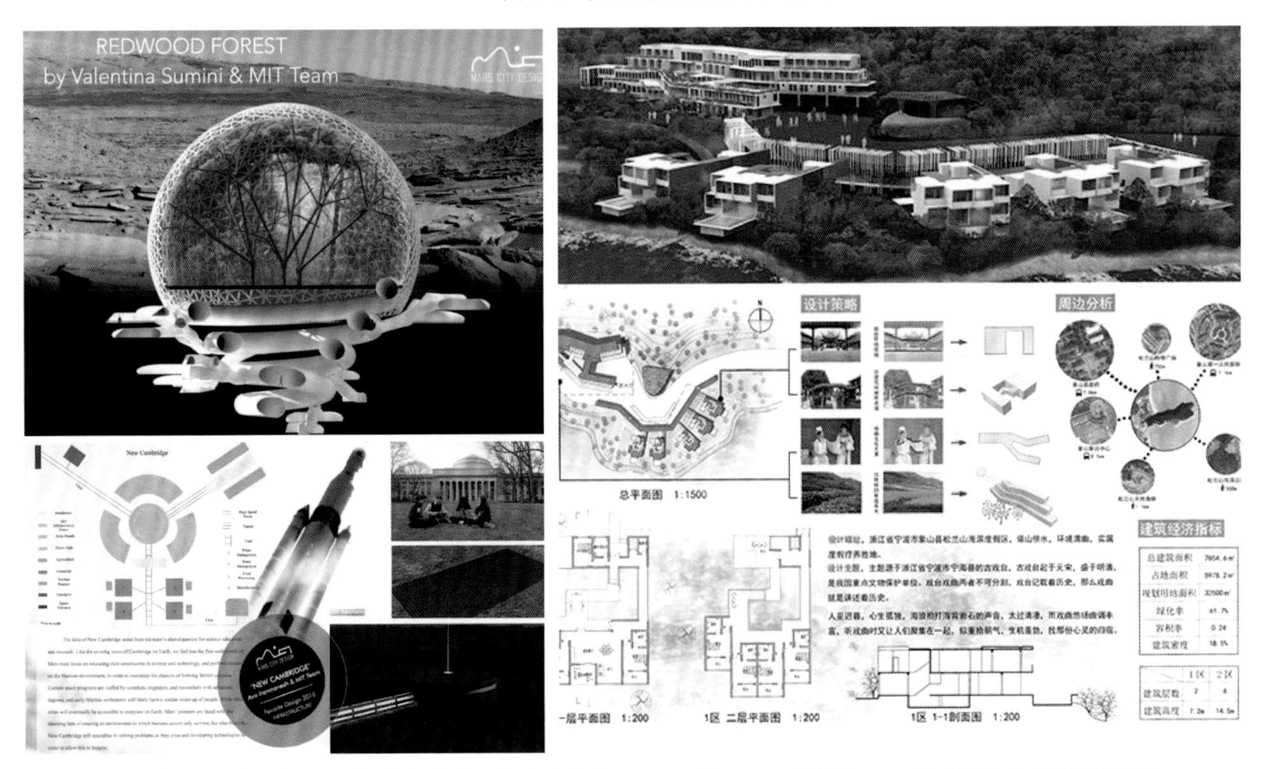

图 3.2　火星概念建筑设计 2017 年获奖作品“红木森林”

图 3.3　威海杯 2015 年获奖作品“颐戏听海”

导设计师认识生态建筑。[1] 从威海杯官方给出的解读中不难得知，主办方在指引人们去关注的是如何解决具体的、建筑本身的问题。然而在“火星建筑概念设计 2018”的官方解读中，即便仍旧营造一个具体的空间，这个空间也应该抽象化地表达设计者对火星建筑、未来建筑甚至是对一个“新的文明”的畅想。而这个设计所需要解决的问题，绝不仅仅限于这个具体空间。

2. 概念类竞赛的意义

概念类竞赛能够培养设计师探索与思考的能力。毛泽东在《实践论》一文中指出：“社会实践的继续，使人们在实践中引起感觉和印象的东西反复了多次，于是在人们的脑子里生起了一个认识过程中的突变（即飞跃），产生了概念。[2]”概念来源于社会实践，设计师只有通过体验生活、观察生活才能产生认识、形成概念。概念类竞赛激励着设计师去认真地、用心地去体验生活、观察生活、思考生活，从而锻炼了设计师探索与思考对象本质属性的能力。

概念类竞赛培养学生通过对空间的营造来表达自己的概念。在设计竞赛中，概念终归要通过对空间的营造来表达。概念类竞赛有助于提升设计师通过空间表达思考的能力。

3. 怎样面对概念类竞赛

在概念类竞赛中，对空间的营造应该围绕设计者希望表达的概念展开，通过各种营造空间的手段表达设计者的意图。所以首先应该先解决好概念层面的问题。

第一，通过阅读拓展自己对世界的认知；第二，总结前人的概念，了解那些从古至今的思想家、哲学家通过研究世界获得的结论；第三，通过阅读了解其他人思考设计问题的思维方式；第四，生活一定是设计师最重要的研究对象，它是概念最直接的来源。

有了好的概念终究要落实到空间上。在对空间进行设计的过程中，最重要的是体现空间与概念之间的关系，怎样用空间去表达概念是关键所在。材料、色彩、光线等都是设计者手上的工具，一个好的概念设计方案在于这些工具与概念的完美融合。

3.1.2 实践类竞赛

实践类竞赛大多是由政府或者企业（个人）组织的一类竞赛，这类竞赛以实际地块或者项目为依托，具有很强的落地性。此类竞赛需考虑满足业主提出的要求，每一位参赛的设计师都需要从业主提供的极为有

---

[1] 关于举办“威海杯 2015 全国大学生建筑设计方案竞赛”的第二号通知．中国建筑协会官方网站（http://www.chinaasc.org）.2015.
[2] 毛泽东．毛泽东选集·第一卷 [M]．北京：人民出版社，1951：285.

限的信息中去察觉业主的喜好，并在设计中用尽可能丰富的内容来体现设计方案，从而达到业主想要的效果。

此类型的竞赛参与者都会面对到的问题，就是业主提供的现场场地的状况。参赛者需要从业主提供的现场场地的真实感知出发，发掘业主所提供的场地的潜在价值，然后放大呈现出来。此类竞赛最重要的一点是，除了需要有扎实的设计功底和考虑最后方案的落地可实施性之外，还需要在创意和想法突出的前提下，最大程度满足业主的要求。

实践类竞赛方面的相关讯息大多在专业杂志、政府官网上或者某些公众号上获得。此类竞赛通过政府发布报名信息，多采取报名海选的形式，公开接受国内外设计单位（个人 / 团体）的报名，然后再由评审专家组对报名的设计单位（个人 / 团体）进行作品评选，最终决出最佳方案。

随着城镇化水平的提升，一些老旧城区的升级改造项目是最常见的政府主办的实践类竞赛。如“老广州•新社区——广州市老旧小区微改造规划设计方案竞赛”就是一个很好的例子。这个竞赛的主办方是广州市政府，竞赛的目的是想通过老旧小区的微改造，补齐配套短板，增强功能内涵，传承岭南文脉，加强社区建设，重塑街区活力，促进老城区控量提质，切实改善人居环境，实现“干净、整洁、平安、有序”的小区居住环境。此类竞赛的参赛限制也比较少，更重要的是需要参赛者的设计方案能够大胆创新、理念新颖、方案可实施性高，能够作为改造实施的依据。

最近几年兴起的民宿空间设计竞赛，也很受设计行业的青睐。这一类的实际项目也是常见的实践类竞赛，具有很强的可实施性。如“聚无想•居山南——2017 南京溧水无想山南民宿设计竞赛”就是其中之一。此类竞赛主要是业主提供场地，设计方在整体定位、产业生态、公共景观及单体民宿设计各方面提出富有创意且适宜落地的方案来满足业主的要求。此类竞赛除了需要满足主办方的要求外，还有许多优惠的政策和鼓励参赛设计师与民宿业主实现梦想的可能，这方面的项目若实施下来也将会是个不一样的尝试。

3.1.3 征集类竞赛

时代在进步和发展，人们的生活也在发生变化。设计来源于生活又服务于生活，征集类竞赛就是其中的一种，在生活中很常见。但是征集类竞赛也不仅局限于某一学科的某一领域，征集的内容涉及方方面面，如学术论文征集、优秀毕业设计作品征集、社会公益广告语征集等。从中也可以看出征集类竞赛涉及的面很广，大到一个城市的规划设计征集，小到个人 LOGO 的设计征集，都属于征集类竞赛的范围。征集类竞赛大多由政府机构、教育部门或高校举办，主题宽泛且形式多样，旨在通过向社会、高校、企业（个人）等组织征集优秀的方案。征集类竞赛能够很好地整合社会上各种资源，同时也是一个不错的机会，可以尝试着去做不同的设计，通过类似头脑风暴的方式来实现自己的设计创意。

目前征集类竞赛主要包括：国际青年设计周作品征集、亚洲设计学年奖竞赛方案、台湾金点设计奖等，这些竞赛都是一些含金量高且认可度高的竞赛征集。

首届国际青年设计周作品征集是2017年12月份发起的一个竞赛，这是一个由十二个国家的美术馆联合发起的一项长期的艺术设计项目。其中中国的金石美术馆是活动发起者之一。该竞赛致力于打造一个集国际青年设计师、艺术家、艺术设计爱好者交流与发展的公共艺术平台。竞赛的作品征集类别有平面招贴设计、数字媒体设计、产品装置设计、建筑园林设计、服装服饰设计这五项。入选者除了有一笔丰厚的奖金以外，作品也将在十二个不同国家的艺术场馆进行巡回展览。

亚洲设计学年奖竞赛方案是亚洲设计学年奖组委会组织的一个竞赛，旨在提高学科的交流水平且面向本科以上的设计教学交流设置相关奖项。同时高等职业学校也可以根据自己的学科发展水平参与到相关奖项类别。奖项类别包括：保护与修复更新，改造与转型，临时与可移动建筑与空间，商业建筑与空间，文化建筑与空间，居住建筑与空间，生态、健康与可持续，展示设计，设计研究等九大类。组委会根据每年投稿的数量、质量和评审结果进行一定比例的奖项调整。

台湾金点设计奖是对全球各地对创意设计有热忱、对改变社会有想法的设计精英开放参与的一个竞赛。参赛作品应为该年度尚未在市场上销售、生产的产品，此类竞赛不限国籍，学生、设计师或公司皆可以个人或团体的方式报名参加。金点奖分为金点设计奖、金点新秀设计奖和金点概念设计奖三大类，设计范围较广。

3.2 竞赛主题剖析

3.2.1 建筑类竞赛

建筑类竞赛大多旨在对建筑进化过程中所产生的建筑与城市、建筑与自然环境的现状关系问题进行反思，以及对现今人们所处的地球村时代的再设计回应。

此类型的建筑竞赛需要参赛者从真实的感知（视觉、听觉、触觉、嗅觉等）出发，发掘建筑场所的潜在价值，然后将所有前期头脑“风暴”的概念通过高级的绘图技能以及审美表现能力呈现出来，并且需要有对于新技术、材料、功能、美学和空间组织等方面的研究，对全球化、灵活度、适应性和数字革新等议题的敏锐感知。此类竞赛要求参赛者不能仅站在设计者的角度，更要从使用对象的角度，全面审视建筑与自然界、社区、城市之间的关系，全面统筹，考虑建筑场所的深层含义。

这类竞赛的基地选择大多是自定场地，如此设定是希望可以为竞赛参与人员提供最大限度的自由，可以运用最有创造力的方式投入到竞赛中来。

建筑类竞赛的最终落脚点，大多是致力于激发全球各地风格迥异的设计者的全部想象力，并以竞赛为契机，令所有参赛者充分发挥所长，提出具有创造力的建筑场所设计方案。

建筑类竞赛，一方面希望通过参赛者对建筑的深层次的挖掘创新，唤醒人们自身日渐沉睡的生活激情敏感度；另一方面，希望通过场所的重塑，唤醒更多人们感知力的丰富度与自由度。最终，使建筑不再只是一个冰冷的盒子，赋予其全新的生命力，将其打造成为城市或乡村中人们乐于驻留的空间。

建筑类国际竞赛有霍普杯国际大学生建筑设计竞赛、EVOLO 摩天楼建筑设计大赛、SUNRISE 杯大学生建筑设计方案竞赛、SHN 建筑设计奖（学生竞赛）、威卢克斯国际建筑学生设计大赛、日本中央玻璃国际建筑设计竞赛、UIA 国际建筑设计大赛、AIM 国际设计竞赛、D3 住房竞赛、“Shelter”国际学生建筑设计竞赛等；国内竞赛有“天作奖”国际大学生建筑设计竞赛、“中联杯”大学生建筑设计竞赛、UA 概念建筑设计竞赛、POLIS 未来建筑师设计竞赛、中国建筑新人赛、Autodesk Revit 杯全国大学生建筑设计竞赛、台达杯国际太阳能建筑设计竞赛、谷雨杯全国大学生可持续建筑设计竞赛等。

1. UIA霍普杯国际大学生建筑设计竞赛

霍普杯国际大学生建筑设计竞赛历年的设计落脚点都是希望在支离破碎的城市、无序的乡村里寻找与构建具有场所感的人性化空间。伴随着信息全球化进程的加快，生态环境可持续发展的相关建筑理念随之而生。故而 UIA 霍普杯国际大学生建筑设计竞赛希望所有参赛者可以将设计理念与扎实的建筑学功底有效地结合，在竞赛设计过程中，不断追问与探索建筑发展之路。从现今人们所处的大环境着手，探究建筑的复杂性，在独特性的基础上，寻求切实有效的技术手段，将设计落地，构建一个具有生命力的、有血有肉的城市与建筑空间。

历年竞赛主题如下：

2017 年竞赛主题：演变中的建筑——改变与重塑（夺回）；

2016 年竞赛主题：演变中的建筑——概念与标示；

2015 年竞赛主题：演变中的建筑——多样统一性中的地域、传统与现代；

2014 年竞赛主题：演变中的建筑——出乎意料的城市（UNEXPECTED CITY）；

2013 年竞赛主题：演变中的建筑——建筑的消融。

2.“天作奖”国际大学生建筑设计竞赛

“天作奖”国际大学生建筑设计竞赛 2018 年的竞赛题目是“唤醒彼处的建筑”；2017 年的竞赛题目是“唤醒感知的场所”。天作杯设计竞赛的主要关注点在于建筑场所空间中的使用者。参赛者要运用空间结构、形式转折、建造技术、自然环境等方式，保障建筑空间使用者在空间内重新建立起对建筑的热情。参赛者要针对当下建筑设计中普遍存在的设计问题，寻回建筑设计的“本心”。故而，天作杯希望参赛者可以创造一种带有“人情味”的建筑，令使用者重新建立起想象的基础，回归对于建筑场所的高度敏感以及热情，引导一种关乎记忆、想象的精神生活，打破感知与真实世界之间的壁垒。

3. EVOLO 摩天楼建筑设计大赛

由美国建筑杂志《EVOLO》主办的 EVOLO 摩天楼建筑设计大赛现已举办 13 年。《EVOLO》杂志鼓励全球各地设计师突破建筑设计的常规性思维，改变现有的常态的建筑设计相关概念。参赛设计者应环顾全球大环境，从社会经济、景观环境、技术支持以及设计者本身的感性责任出发，打造全新的建筑表达方式，并运用这种新兴的模式影响现今城市建筑规划设计。EVOLO 大赛要求参赛者必须全面考虑和运用先进的技术手段，探索建筑与环境间之间的可持续性，从而确立一种新的城市和建筑方法，切实解决当代城市的经济、社会和文化问题，包括自然资源和基础设施的匮乏，人口成指数的增加，污染、经济分配和无计划的城市扩张等现实问题。最终，构建一种成功的公共空间与私人空间的调和模式，使私人空间与公共空间可置于同一空间形态，做到对基于人类和自然之间动态平衡的新型居住区的探索以及环境适应度的回应。

3.2.2 景观类竞赛

景观类竞赛相对于建筑类竞赛会更加宏观，大多是对于全球环境问题的反思，以及对于环境可持续发展现象的实践。

景观类竞赛需要竞赛参与者在面对能源、食物、水资源、垃圾、白色污染等问题时，全面思考景观环境的强大作用力，运用竞赛设计的方式将景观环境这一大氛围进行最为广泛的运用。参赛者要具备专业的景观设计思想，运用战略性的强化水准，在环境可持续发展过程中平衡空间质量、环境价值、社会公正之间的关系。与此同时，设计者须全面综合思考，统筹环境差异，预测未来环境发展的大致走向，从而设计出独一无二且可普遍实施的景观设计，给予环境发展的最大可能性。

这类竞赛的基地选择多是给定设计场地，且使用对象一般较为灵活。这类竞赛大多是为了激发竞赛参与人员关于风景园林专业的创新意识以及提升大环境内部的园林设计水平，并运用最先进的环境处理技术及最有创造力的思维方法设计。

景观类竞赛的终极目的常规来看是利用景观环境设计的改造力量来应对自然灾害和环境威胁，比如干旱、洪涝、暴雨、滑坡等。竞赛参与者要在进行思想风暴的时候，结合特定的景观，通过设计再创的竞赛手段转变整体景观环境，以适应社会和经济进程的当前模式，表达对经济、社会和政治方面的正面影响。

这类竞赛的目的一般在于唤醒人与自然之间的天性联系，唤醒冰冷生存环境下的人类享受机能，使设计人性化，加强环境的宜居感以及停留感，打造一个休憩、娱乐、宜居的景观环境场所。

在具体的景观类竞赛方面，国内外较为有影响力的竞赛有艾景奖、IFLA 景观学生设计大赛、园冶杯大学生国际竞赛、中日韩大学生风景园林设计大赛、欧洲风景园林国际竞赛、日本开花景观设计竞赛、中国风景园林学会大学生设计竞赛、城市与景观“U+L 新思维”全国大学生概念设计竞赛、“百思德”杯新锐设计竞赛、中国人居环境设计学年奖、奥雅设计之星大学生竞赛、全国高校景观设计毕业作品竞赛——LA 先锋奖等。

1. 艾景奖（IDEA-KING）

艾景奖（IDEA-KING）每年都是紧跟时代步伐，研究改造社会大环境下的景观设计。2018 年的主题背景就是在近期党的一系列新型城镇化战略这一政策的指导下提出的，对我国城市更新提出了更高的目标与要求。艾景奖作品是面向全球设计界公开征选，参赛者不受民族、宗教、地域、国别的限制。参赛作品可以是创意方案类和工程实例类。专业类别包括城市规划设计、风景旅游区规划、园区景观设计、公园设计、居住区环境设计、道路景观设计、立体绿化设计等。

历年竞赛主题如下：

2018 年竞赛主题：未来乡村；

2017 年竞赛主题：城市更新；

2016 年竞赛主题：围墙；

2014 年竞赛主题：可持续景观。

2.IFLA 景观学生设计大赛

IFLA 景观学生设计大赛是一个跨学科的世界性设计峰会的一部分，这个竞赛的作用之一就是通过教育手段，全面鼓励风景园林专业的发展，使参赛者有机会将自己的作品与来自全世界的作品一起展出。竞赛要求参赛者必须抓紧时代发展的步伐，抓住时代生活的机遇，充分考虑景观环境的规模尺度、行业标准以及多变的环境系统，充分思考，最终寻求一种社会价值与环境价值之间的平衡关系。2018 年 IFLA 竞赛的主题是“景观的力量：为社会公平而设计”，旨在促进具备实际发展潜力的突出区域的长远发展。

3. “园冶杯”大学生国际竞赛

“园冶杯”大学生国际竞赛是一个高校间学术性比较强的风景园林专业设计竞赛。大赛举办方希望学生可以在轻松的学习氛围中全面展示自己的才华。大赛举办方以竞赛的方式打造一个各大院校、地区以及国际间的学习交流平台。终极目的是提高国内风景园林专业的教育水平以及国际水准，打造出全能型的创新型人才，全面推进景观环境设计的可持续发展。“园冶杯”是由国内外近二十家风景园林相关专业院系联合主办，每年在风景园林相关院校毕业生中开展毕业作品和论文的评选活动。竞赛主题包括生态修复与城市修补（包含海绵社区、绿色基础设施等）、城市更新（包含文化景观、健康景观、城市设计等）、美丽乡村与特色小镇（街区）三类。

3.2.3 规划类竞赛

规划类竞赛需要参与者在特定社会、经济、政治等地域背景下，聚焦人类美好生活居住的需求，创造更加舒适、安全、宜人、魅力的工作、生活与游憩环境。为了准确地把握公众需求与地方问题，需要设计者通过实地访谈、调查问卷、数据分析等方法挖掘出深度的问题，从而提出适应性的解决措施。近年来，随着大数据、人工智能等技术的发展，通过多元数据感知社会运行规律并进行针对性的智能化已成为一种趋势。

随着城市化发展进程的加快，对于旧城升级改造和新城多元创新的需求不断增加，基地选址大多为主办方给定的特定基地或项目。

这类竞赛一方面希望推动城市建设发展的公众参与度，另一方面，致力于新技术、新方法在城市规划设计中的应用。其最终落脚点在于推动城市的更新发展，群策群力应对城市发展中的问题，为未来城市的可持续发展提供策划与构想。

国内外较有影响力的规划类竞赛有费城城市设计挑战赛、城市 SOS 学生创意设计大赛、城市立体农场设计竞赛、义龙未来城市设计国际竞赛、上海城市设计挑战赛、未来城市概念设计国际竞赛、城乡规划专业委员会城市设计大赛、城乡规划专业委员会社会调查竞赛等。

1. 上海城市设计挑战赛

上海城市设计挑战赛由上海市规划和国土资源管理局发起和主办，迄今为止共举办了两届。其宗旨是“开放、共享、创新”，致力于促进跨界合作、万众创新，提升城市研究、规划与管理工作水平。该竞赛主要关注于如何通过新技术、新方法来应对城市历史风貌地区更新等具有挑战意义的议题。在这样的要求下，该竞赛要求设计团队具有多学科交叉、多技术集成的能力，从而能够为城市规划工作的革新提供新的思路与路径。因此，设计师仍应抓住核心的规划问题，借助新工具来揭示问题、判断规律、预测趋势，从而形成具有更好空间品质、更具人文温度的城市空间。

2. 城乡规划专业委员会城市设计大赛、城乡规划专业委员会社会调查竞赛

该竞赛注重的是学生对城市运行、社会发展与规划设计的基本素养与认知，强调利用专业知识认知解决社会问题的能力。因此，参与该类竞赛应关注规划设计中面临的主要与重要问题，通过社会调查、规划分析等方法对特定地域进行具有一定深度的探索。随着新技术、新方法的不断出现，应用新方法、新技术的能力已经成为规划专业学生的必要素质，从某一角度出发深入探讨社会问题并给予解决方案。

3.2.4　综合类竞赛

综合类竞赛也称为全能型设计师竞赛。这类竞赛通常不会将竞赛成果限定在某一特定专业，它是可充

分发挥参赛者的全部机能，巧妙地将建筑、规划、景观三种融合在一个竞赛作品中。这种综合的大环境设计，是可以互相渗透、互相同化的包容度极高的竞赛设计。

此类型的竞赛涵盖面很广，包括建筑、景观、规划等专业的空间设计。目前，科技发展快速地改变着我们的生存状态和生活方式，同时也改变了设计本身。在高校间，在工程中，在实验室里，在各行各业中，设计在不同专业间形成交流融合。同时，依据各地区的教育、经济、历史与文化的背景，探讨和挖掘不同的设计优势与特色，激发参赛者对本专业的学习热情，催生设计专业创新人才，同时探索人才培养机制的实验性、开放性和更多可行性。致力于建立开放性的互动平台，以学术和专业为核心，推动行业对接，最终，推动中国设计与教育在更广泛的国际视野下的交流和合作。

综合类竞赛，现在为人熟知的有全国高校数字艺术设计大赛、趣城计划 • 国际设计竞赛等。

1. 全国高校数字艺术设计大赛

全国高校数字艺术设计大赛旨在促进艺术设计专业教育的全面发展，激发学生的创新设计的热忱，构建高校与企业间的深层次交流平台，从而全面提升设计者的专业水平。全国高校数字艺术设计大赛每届都设有命题及非命题两大类。命题类竞赛不分组别，仅限学生参赛（教师以指导老师的身份可参赛）；非命题类竞赛中，教师作品不分组别，学生作品分本科组别和专科组别。

2018 年，全国高校数字艺术设计大赛引入企业参与大赛命题，并引入新技术、新产品、新方案，拓展参赛师生视野，了解未来就业标准；企业也将通过命题竞赛选拔方式推动校企合作深入发展。大赛期间，各命题企业会举办多场形式各异的免费培训及讲座，提高参赛者的专业技能，帮助选手创作出高水准的作品。

2. 趣城计划 · 国际设计竞赛

趣城计划 • 国际设计竞赛，跟传统意义上的自上而下的城市规划设计的思维与操作模式不一样，它是希望以一种新的、以人为本的城市规划设计思路，通过微观环境的处理手法对宏观环境下传统城市规划进行再设计。趣城计划 • 国际设计竞赛于 2013 年在深圳盐田区首次展开，竞赛涉及内容包括艺术装置、小品构筑、景观场所三大类。趣城竞赛的特点在于设计类型多且灵活；参赛者可自选基地以及项目。大赛要求竞赛设计者在最低的造价条件下，通过对设计、材料、施工、造价等方面的全方位把控，打造一个落地性强的综合竞赛成果。2018 年，以“趣城计划 • 美丽盐田”为主题的趣城计划 • 国际设计竞赛面向国内外建筑、景观、艺术设计等相关设计机构及从业者发起征集。

目前，越来越多的针对性较强的设计竞赛转变成了综合类竞赛，不再将参赛者的设计能力局限于单一的专业中，拓宽了整个设计业的发展面。综合类设计竞赛的日趋繁密在某种意义上激发了设计人士勃发的设计风暴，是设计竞赛史上的“风暴点”。

3.3 竞赛出题与要求

竞赛官方给出的一切信息都很重要，其中最为重要的是任务书。而任务书中的众多内容中最为重要的就是竞赛主题。单从“任务书”三个字的字面意思来理解比赛活动，即竞赛官方发布任务，参赛者来完成任务。由此可见，设计比赛是一个有目的性地完成任务的活动，做任务者首要关注的是“我的任务是什么”，或者更广泛地说，即“我应该朝着什么方向去做任务”。

设计比赛过程中任何一个环节都不可忽视，否则都会影响最终的结果。参赛者不仅需要关注竞赛命题与需要设计的内容，从而了解自己要做什么，也需要关注竞赛主办官方、竞赛评委会，从而了解整个比赛背景以及大方向，而图纸要求、提交形式、文件格式等比赛必不可缺的细节也很重要。另外，从参赛者的角度来说，对竞赛奖项设置也需要关注。

随着互联网的发展和人们对设计及艺术的关注度越来越高，设计竞赛的数量与日俱增，竞赛种类也层出不穷，而如今竞赛的发布形式也主要是通过网络传播。纵观发展较为成熟的设计竞赛，如UIA霍普杯国际大学生建筑设计竞赛、“衲田杯”可持续设计国际竞赛、“园冶杯”大学生国际竞赛、艾景奖国际园林景观规划设计大赛，以及趣城计划·国际设计竞赛等都有自己的竞赛官方网站。

竞赛官网的建立无论对于参赛者还是竞赛官方都极大地提高了信息传播的效率与准确性。从各竞赛官网中，我们可以发现各网站首页的一级搜索栏的内容大同小异：“首页、竞赛内容、作品提交、截止日期、评委会、奖项、常见问题（联系方式、问答）、注册 / 报名、评审结果、资料下载、竞赛回顾”。对于参赛者而言，这些由左至右或者由上至下的词条检索的重要程度也是逐渐递减的。竞赛官网中的首页通常会以醒目的方式将竞赛主题简明扼要地标记出来（图 3.4、图 3.5）。

3.3.1 竞赛主题解读

1. 竞赛主题概述

纵观目前各种竞赛，可大致将竞赛主题分为偏重概念的抽象类主题、偏重实践类的主题以及恒定类主题。但无论何种类型，竞赛主题通常都是一段话或是简短的几个关键词。在该主题之下，竞赛官方会提出更具体的提示与要求，比如“比赛背景”“设计内容”“设计原则”“基地选址”“参考案例”等。这些都是能很好地引导参赛者思考竞赛方案的内容，需要仔细研读。

图 3.4　2018 年“Shelter”国际学生建筑设计竞赛官网首页

图 3.5　霍普杯 2018 年国际大学生建筑设计竞赛官网首页

如 2018 年 IFLA 世界大会学生设计竞赛的主题为“被破坏的景观：处在危机边缘的空气、水、土地”。在此主题下，竞赛官方明确提出要特别关注全球生态危机，这就为参赛者明确了思考的大方向；“天作奖”国际大学生建筑设计竞赛 2018 年的主题为“唤醒‘彼处’的建筑”，随后官方明确了主题中“彼处”的定义：“彼处”与人的记忆、想象息息相关，它可以是“此处”的过去或未来——一个记忆或期待中的远方，亦或是想象中的理想世界。即使是征集类的竞赛，例如“园冶杯”大学生国际竞赛也有征集类别限制以及多个设计主题：生态修复与城市修补（包含海绵社区、绿色基础设施等）、城市更新（包含文化景观、健康景观、城市设计等）、美丽乡村与特色小镇（街区）。

2. 竞赛主题的重要性

竞赛的主题是一场竞赛活动的核心与主要内容，也是参赛者最需要重视的内容。由于竞赛是一个有目的、有终点的活动，那么，竞赛的主题就决定了这个终点的方向，它可以指引参赛者朝着正确的方向去思考、去努力，同时它也是参赛者天马行空的想象的原点。所以在参加竞赛时，竞赛的主题是参赛者所面对的最重要的部分，参赛者应该反复研读。设计竞赛的主题决定着整个设计概念的方向与设计方案的主要内容，如果没有把握好竞赛主题，那么整个设计框架都会失去重心，最终导致设计成果不满足竞赛要求，脱离竞赛主旨。

同时参赛者也需要重点关注出题人或者官方对主题的解读，因为对于参赛者来说，出题人或官方的解读永远是最权威的，参赛者可从中进一步理解主题内容并提炼观点。在出题人或者官方对主题的解读中，通常会有该主题的出现来源或存在的意义，这是举办该竞赛及后续一切活动的起源，参赛者可以此为基点来思考主题，发散思维，探寻方案。

3. 概念抽象类主题解读

偏重概念设计的比赛主题通常比较抽象，但竞赛官方不仅仅只提出一个主题，通常还会给出提示信息。参赛者可以分别从出题人的角度、官方给出的主题解读、背景介绍以及设计要求或官方提供的参考案例来理解主题。如 2018 年“Shelter”国际学生建筑设计竞赛的主题：“何为‘全民之家’”；2016 年 UIA 霍普杯国际大学生建筑设计竞赛的主题：“演变中的建筑——概念与标示”；“天作奖”国际大学生建筑设计竞赛 2018 年的主题：“唤醒‘彼处’的建筑”。这类竞赛的主题都带有某种抽象或隐喻含义，需要参赛者深入解读。

以 2018 年“Shelter”国际学生建筑设计竞赛的主题“何为‘全民之家’”为例，出题人为日本著名建筑师伊东丰雄，在这个主题之下，有一段官方给的解读，里面介绍了伊东丰雄事务所的“全民之家”：这个项目是为日本地震灾区人民而建的，“全民之家”最初都是为灾民和他们的孩子们准备的一个小型聚会场所，为那些失去家园的受灾民众提供一个能够彼此交谈、吃饭和生活舒适的地方。此为竞赛背景。而后在实施这些项目的时候，伊东丰雄进一步思考了其中更深刻的意义，他认为“建筑师有必要从内部观察现实社会，提出与居住在那里的人的观点相同的建议”。伊东丰雄想让参赛者提出一些设计提案，这些设计提案是建立在超越“全民之家”这一概念的基础上的。

仔细研读可以发现这段官方提供的主题解读可以为参赛者提供许多思考方向，从中提炼的关键词比如“全民”“家”“地震灾区人民”“聚会场所”“居住者的观点”“从内部观察”等，以及伊东丰雄这位大师的理念与作品。参赛者在研读了这段官方材料后可以进一步学习并研究伊东丰雄的理念，并试图去理解他的建筑所传达的精神与意义。这不仅有利于理解竞赛内容，更是对参赛者设计能力的拓展，对个人思想境界的提升。伊东丰雄十分重视建筑与人文环境的关系，他曾说过“到了21世纪，人、建筑都需要与自然环境建立一种连续性，不仅是节能的，还是生态的，能与社会相协调的”。同样，他的建筑作品也传承了这一理念：高度地与周围环境、与当地生活的居民们相适应，并极具诗意之美。那么回到竞赛主题“何为‘全民之家’”中，伊东丰雄同样要求参赛者从当地居民的生活中来观察和思考建筑，强调建筑要与环境相适应，这与他一贯坚持的理念一脉相承。因此，在设计竞赛中，出题人、官方的解读、主题背景都是参赛者需要研读的重要资料。

4. 实践类主题解读

偏重实践类的竞赛通常会直接给出含义明确的主题以及具体的设计任务。这类竞赛着重于解决当地的实际问题，以及可以提升地区形象和激活场所活力的方案。尤其一些由当地政府主办的竞赛，会给出明确的主题方向以及设计内容及选址要求等，并且强调方案可实施性。

第二届“衲田杯”可持续设计国际竞赛的主题是“新技术引领下的智慧城市家居”。这类竞赛从主题上就明确了具体的设计内容：“城市公共设施，设计类型多样，如智能人行道、共享厕所、报刊亭、公共车站等。”限定场地为宿迁市市内。那么参赛者在思考方案时就能很有针对性地明确设计对象，同时参赛者需要考虑实际条件，重视方案可实施性及材料造价等。

5. 恒定类主题解读

恒定主题类的竞赛每届都是同一个主题，旨在激励并引导学生们关注某一问题或探索某一现象。由于主题固定，除了研读官方给出的主题解读外，参赛者还需要参考该竞赛前几届的获奖作品，如此参赛者可以更加了解该主题恒定的意义与其偏爱风格。当今时代瞬息万变，即使主题恒定，但具体到设计方案，依然有无限可能性。参赛者不要仅局限于主题内容中或局限于前几届的竞赛作品中，更要跳出固定思维，以更多元、更为广阔的视角观察这个世界，深层次地思考问题，从而探索出不同的设计方案。

例如EVOLO摩天楼竞赛一直以“超高层建筑”为主题，该竞赛鼓励参赛者们“异想天开”，旨在探索“更高建筑”的全新可能，包含科技、材料、程序、审美与空间组织的一系列进化。尽管每届竞赛主题恒定，但每届挑选出的优胜作品都能使人眼前一亮，有新的体会与感受。VELUX国际建筑学生设计竞赛一直是以“明日之光”为主题。该竞赛每两年举办一次，旨在探索自然光与建筑的关系，并希望在建筑中能创造性地使用日光这一资源。太阳光是地球最重要的能源，对于光的研究与使用方式的探索，一直都是各学科十分重要的课题。探索光与人、光与建筑的关系，也可从光本身着手。参赛者应试图从不同的学科、不同的角度来进行头脑风暴以及获得灵感。

3.3.2　图纸要求解读

设计竞赛中作品提交最普遍的形式是以图纸呈现，也存在个别竞赛要求提供模型照片等以辅助设计概念描述，但主要还是依靠图纸来表现设计概念与方案。所谓“三分画，七分裱”，图纸作为最终面对竞赛评委会的主要对象，是竞赛评委们考量的最为重要的因素，参赛者需要尤其重视竞赛官方给出的有关图纸的要求信息。

参赛者提交作品时一定要再次确认是否符合图纸要求，否则便是前功尽弃，如“衲田杯”可持续设计国际竞赛在作品提交一项中明确规定：“不符合图纸要求的作品作废”；“园冶杯”大学生国际竞赛也明确提出未按规定提交的作品“按无效作品处理”。这尤其需要引起参赛者的重视。

竞赛官方给出的图纸要求一般包括：

①图纸版面规格与排版要求；

②图纸数量；

③图纸中的语言是中文还是英文或者中英双语等；

④官方是否提供图纸模板，是否规定版头或字体规范等；

⑤提交纸质版还是电子版，文件大小限制，是否需要将所有图纸打包成压缩包或刻光盘邮寄；

⑥电子版图纸是 PDF 格式还是 PNG 或 JPG 格式等，是否有分辨率大小，颜色等限制；

⑦是否强制性规定了要提交其他辅助图纸文件，如模型或照片等；

⑧图纸上是否能出现参赛者的学校、姓名等信息。

如 UIA 霍普杯国际大学生建筑设计竞赛、趣城秦皇岛国际大学生设计竞赛、“衲田杯”可持续设计国际竞赛要求提交的图纸形式通常是 3 张 594mm × 841mm 的 A1 版图（图 3.6）。

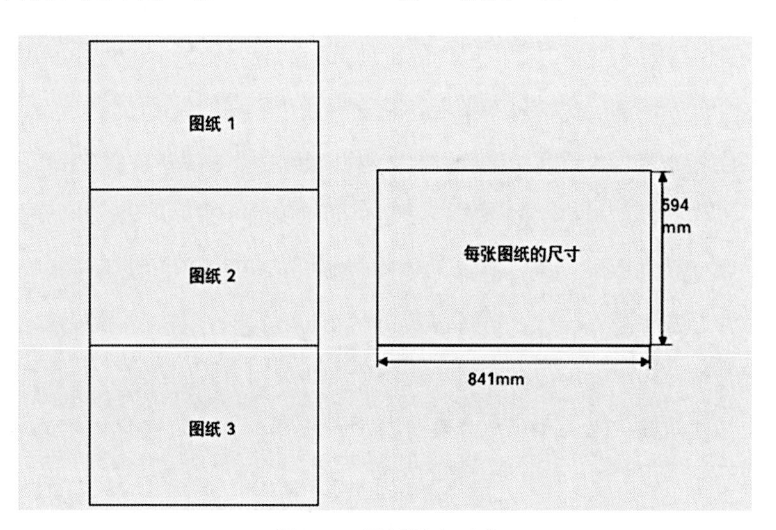

图 3.6　图纸提交要求

在以院校名义组织的这类偏学院型的竞赛以及部分学生作品征集类竞赛中，参赛者的学校、姓名、地址这些信息是不能出现的，如“园冶杯”大学生国际竞赛中明确规定：“作品专家评审采用匿名形式，学校、专业、姓名、指导教师等个人及学校信息不得出现在图上，否则按无效作品处理。”

参赛者从最开始看竞赛内容的时候就应该明确自己最终需要以什么形式提交作品。这样就能大致了解完成这个比赛需要做的图量，需要投入的精力，好比田径比赛知道自己要跑多少米，比赛的终点在哪里一样。

3.3.3 其他要求解读

参赛者除了重点关注竞赛主题与图纸要求外，还需要仔细阅读竞赛官方给出的例如参赛人员限制、设计具体内容、基地选址文件、提交要求、截止日期等。总的来说，就是竞赛官方给出的一切信息都需要参赛者仔细研读。

1. 竞赛前期要求

（1）竞赛组织单位。了解竞赛组织单位有利于参赛者明确竞赛的层级与可靠性。如第二届“衲田杯”可持续设计国际竞赛由宿迁市人民政府主办，宿迁市规划局、CBC 建筑中心和《城市·环境·设计》（UED）杂志社承办；2018 第七届中国创新创业大赛的组织机构中指导单位及支持单位包括“科技部、财政部、教育部”。

（2）参赛类别。征集类的比赛例如“园冶杯”大学生国际竞赛参赛类别设置分为毕业设计类、毕业论文类、主题竞赛类、课程设计类。参赛者投稿之前需要注意自己的作品属于哪一类别。

（3）参赛对象及报名条件。是否有参赛费用，如果有，注意汇款方式；是否限制参赛者专业、年龄、组队人数等。

（4）竞赛报名方式。随着网络的发展，目前大部分竞赛报名方式都是网上在线报名，网上报名流程大致分为两种，一种为参赛者直接从竞赛官网下载报名表填写，然后在报名截止日期之前提交或者和最终完成的作品一起提交；另一种需要参赛者先在网站注册，然后在线填写信息（图 3.7）。尤其注册报名这一类别，要记下自己的报名号以及密码，最好报名成功后截图保存。报名是参赛者真正决定参加比赛的第一步，故而意义重大，参赛者需要细心阅读竞赛报名要求。

（5）参赛语言。是否要求提供中文或英文或者其他语言的设计说明，参赛者需要考虑最终作品表现效果是否会受语言限制的影响。

（6）赛制安排流程及各个时间节点。在参赛初期明确赛制流程有利于参赛者从宏观上了解整个竞赛，从而把控好整个比赛的节奏。2018 年“园冶杯”大学生国际竞赛的参赛流程如图 3.8 所示。

（7）竞赛奖项设置或价值回报。除了常规的一、二、三等奖及优秀奖证书及奖金外，有时获奖作品还有机会落地建造，或者如艾景奖国际园林景观规划设计大赛明确表明会给参赛者带来行业殊荣、作品出版及展览机会、网站展播以及媒体宣传等优势。参赛者可据此来考虑是否参赛。

图 3.7 “衲田杯”可持续设计国际竞赛官网报名界面

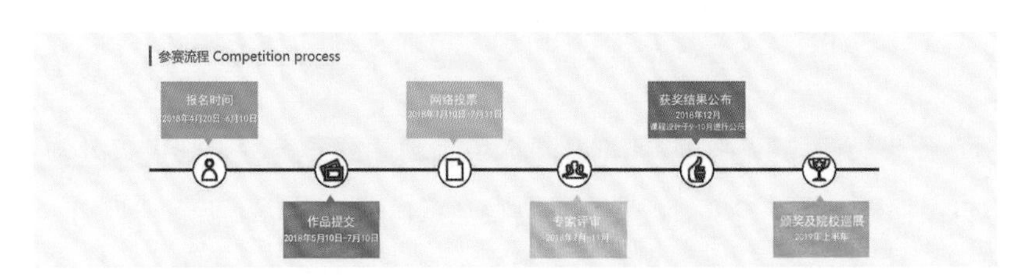

图 3.8 2018 年“园冶杯”大学生国际竞赛官网参赛流程

2. 竞赛中期要求

（1）了解竞赛评委会或出题人。竞赛评委会和出题人是竞赛活动的核心，竞赛的主题及内容和竞赛结果基本上是由评委会和出题人决定。参赛者需要了解拥有最终决定权的评委的来源，以及是否存在偏爱某种风格的评委。同时也需要了解出题人的设计理念与设计风格。例如霍普杯国际大学生建筑设计竞赛每年都会请一位建筑大师来出题：2016 年请了伯纳德·屈米定题“概念与标示”，2017 年请让·努维尔定题“改变与重塑”等。尽管存在基础的普世标准，但在设计类比赛的作品评选中依然无法避免会带有评委个人的主观偏好，那么作为参赛者需要尤其关注评委人选及评委的设计观念与作品风格。

（2）明确竞赛背景、基地选址与目的。设计比赛是带有针对性与目的性的活动，无论是概念抽象类的主题或是较为具体的主题，竞赛的主题都是有目的、有意义的。概念类竞赛例如 2018 年霍普杯的主题由帕特里克·舒马赫提出：“城市共生：定制化社区模块。”提出这一主题的背景基于“城市中心将成为渴求知识的年轻创客们的集结地，每个人对社交、终生学习以及各种潜在的商业投资合作都有着强烈的需求”。出题背景或目的在某种程度上能为参赛者提供设计思路的大致方向，这是由竞赛官方提供的极具参考价值的提示内容。另外，在一些由地区政府举办的竞赛中，通常官方会划定基地选址范围，如果恰好是参赛者熟悉的地域，那么这对于参赛者而言将是极大的优势。

（3）设计具体内容。设计的具体内容及设计对象一般情况下不会被忽视。在偏重概念类的比赛中，官方对于内容的限制较小，参赛者拥有极大的自由。如2018年“Shelter”国际学生建筑设计竞赛的设计内容仅一句话：“以何为‘全民之家’为题，做一个概念性的设计方案。”那么参赛者此时需要紧扣主题“全民之家”，随后便可以以此为基础发散思维、自由想象。在重实践的竞赛中，官方通常会限制场地或设计对象等。在这类竞赛中，参赛者需要基于主题与实际条件，脚踏实地地了解、分析对象，从既是“镣铐”又是“机会”的各种条件中思考方案。

（4）设计原则或评价原则。在偏重实践的竞赛中，设计原则通常会强调方案的可实施性与可持续性。如“衲田杯”可持续设计国际竞赛提出了七个设计原则，包括创意性，地域性，可持续性，可实施性，新技术、新材料应用的创新性及可实施性，原创性，强化在地特色。这些原则既是限制条件，也能够为参赛者提供很多设计思路，同时如果参赛作品满足了这些原则，无疑会成为该作品的重要优势。故设计原则即等同于最终评审原则，需要参赛者重视。概念类的比赛中，官方基于主题给出的设计观点及理论等，也类似于设计原则或评审原则，需要参赛者仔细阅读并认真理解。

3. 竞赛后期要求

（1）提交要求。提交作品文件是赛程后期十分重要的环节之一。参赛者要仔细阅读竞赛官方要求，明确提交清单及其格式要求。各个比赛的提交流程会有些不同，但大部分提交清单都包括提交作品成图、设计说明以及报名序列号，另外还有的需要身份证明文件（例如学生证或身份证等）和报名申请表。参赛者提交作品文件时需要注意的是文件格式以及命名格式，另外是以何种渠道提交，是网投还是邮寄等。最后注意一定要在截止日期之前提交，尤其有些国外举办的竞赛是以当地时间为准，参赛者需要注意时差。

（2）评审期间持续关注竞赛官方。有的比赛会有官方微信号或官网，参赛者在成功提交作品后还需要持续关注官方信息，例如“艾景奖”评审流程中的第二个环节是将入围作品在艾景奖官网公示，并举行网上投票。参赛者如果入围，在这个网投环节还可以请亲朋好友来参与投票，提高自己作品的竞争力。

（3）公示与举报。有些比赛在公示作品的同时还会开通举报途径。既然是一个竞争性质的活动，参赛者如果发现其他参赛作品内容有疑似抄袭之处，可尝试举报，申请官方鉴定，这不仅能增大自己作品的获胜几率，更保证了竞赛的公正性。

3.4 竞赛获奖作品解读

作为一个设计专业的学生，为了提升设计能力，不仅要学习系统的理论知识和设计大师的思想，更重要的是向同龄人学习。了解各类竞赛的往届获奖作品，能看到优秀的同龄学生以及更高年级学生的设计水平；解读其竞赛思路，学习其图纸表达，有利于树立阶段性目标，实现自我能力的提升。

往届获奖作品能反映出主办方及评委会的评判标准，这包括什么作品是好的、设计过程中需要思考什么内容、思考的深度以及表达的方式。深入思考这方面的内容可以避免偏题和方向性错误。

许多设计竞赛以年度为单位，在主旨不变的情况下，每年提出新的命题。而部分竞赛每年都为恒定命题，如EVOLO摩天大楼设计竞赛。参考往届获奖作品的概念，可以开拓学生的思考维度。一个人的思维是有限的，一个团队的思维也是有限的，面对同一个竞赛主题，全世界成千上万，来自不同地域、不同背景、拥有不同经历的学生所构建的竞赛思维网络是较为全面的。

解读竞赛获奖作品，学生不仅可以拓展思维，也可以避免与往届概念重复。若同一个竞赛的热点问题，往届作品已经考虑得非常完善，参赛者则需要寻找新的创新点，或者放弃该方向重新思考。

3.4.1 霍普杯国际大学生建筑设计竞赛

UIA霍普杯国际大学生建筑设计竞赛是一个重量级的学生建筑赛事，它为国内外设计学子提供了一个公开的竞争平台。每年高水平的获奖作品都值得我们认真解读，对中国其他设计竞赛也有一定影响（图3.9）。

图3.9　2018年UIA霍普杯国际大学生建筑设计竞赛

2017年霍普杯一等奖名为“隐于世”。该作品讨论的是城市快速扩张中中国园林思想的觉醒。该作品将内外不一致的山置于闹市之中，表达城市与自然的冲突。

2016年霍普杯一等奖为“Love Village（爱之聚落）”。作品将空间、运动和事件的三个关系——对抗、互惠及中立表达到建筑之中，体现出对主评委伯纳德·屈米的建筑思想的深入理解与思考。2016年霍普杯二等奖名为“Time Flows, A Cemetery that Tell a Story”。作者于闹市创造了一个包容城市日常生活的画卷式公墓，通过一种运动状态下的叙事性参与，为人们纪念死者、审视死亡提供新的空间。

2015年霍普杯一等奖为“涩谷之景”。作者将“奥”的概念作为一种建筑组织体系，以游戏怪兽的培育系统生成新型建筑，赋予涩谷更多奇遇与探索空间。二等奖为“游戏地牢”，作者是英国AA学院学生，无论是思维方式还是图纸表达，都与中国学生完全不同。该作品没有平面图、立面图，甚至没有常规的效果图。在霍普杯的竞赛作品中可以看到不同思维的碰撞，丰富多元的表达。三等奖“放学之后”关注留守儿童问题，选取湖南省隆回县花瑶，将留守儿童问题与金银花及毛竹产业复兴结合考虑。三等奖“一千只飞鸟”用传统结构诠释鸟类飞过天空时的状态，将建筑与生物结合。

2015年霍普杯的获奖作品中出现了相似概念。三等奖“夯土大学”，通过将原始材料夯土与预制钢构件结合，试图创造出开放灵活的大学空间。该设计希望教会当地人利用易获得的材料建造地域性的建筑，转变当地人认为“夯土民宅就是落后”的意识。通过这所“吐鲁番夯土技校”，进行传统与现代建筑材料互通互融的探索、复兴当地夯土文明风貌，为当地产业转型带来根本动力。优秀奖作品“探索夯土——新疆大学教学建筑组团”，同样以吐鲁番地域建筑为主题，将夯土与钢筋混凝土框架结合。该作品重点对建筑的体量、空间、地域特色以及材料进行了深入的研究和设计。

2014年霍普杯也出现了同一主题的获奖作品：“崖壁里的市井”和“江水之下，梯坎之上”。两者都以重庆阶梯为出发点，最终呈现出两个完全不一样的设计。

3.4.2 UA创作奖·概念设计国际竞赛

UA竞赛全称UA创作奖·概念设计国际竞赛，是由《城市建筑》杂志社主办的，哈尔滨工业大学建筑设计研究院承办。在了解这个竞赛的作品之前，必须先了解《城市建筑》这本杂志，杂志的创办理念中有句话说到：“以城市的视角解读建筑，用建筑的语言诠释城市。”因此这个竞赛更偏向于关注城市问题的建筑（图3.10）。

2017年UA竞赛题目为“UA城的滨水居住建筑”，这一年的一等奖为“冷巷的进化”，作者别出心裁地选择了台湾东部的一个小岛，采用岭南地区的传统室外冷巷这一特殊形式，将海水引入巷道，利用环境模拟软件，选择了综合热环境与风环境都较好的一种模式，最后做出了将技术与传统结合的新冷巷。二等奖为“后工业4.0时——港口住宅打印机”，该设计是利用集装箱码头固有的巨大机械臂，将其创新性地改造成全新住宅3D打印机，形成批量打印住宅系统，也是集合技术与艺术的创新方案。

图 3.10　2017 年 UA 创作奖·概念设计国际竞赛

2016 年 UA 竞赛题目为“乡村建筑”，一等奖“屋顶再生计划”提出了一种传统生活现代化的可能性途径。通过改造将屋顶连接成公共空间，再置入一个个方形社交空间，引导村民自发营建屋顶社区。在该方案中，作者强调的是通过激发村民自主性，营造一个未来具有多种可能性的新乡村。二等奖作品“耕读传家久，诗书继世长”创新改造了乡村建筑的使用模式，将一栋有历史的建筑改造成寒假学堂，让孩子们认识农耕文化，建立一种有效的文化传承方式。获奖作品“菌归，君亦归”提出了蘑菇种植小镇的复兴，将即将废弃的蘑菇基地改造成特色创业空间，吸引年轻人的同时振兴乡村经济，最后复兴蘑菇产业。

2015 年 UA 竞赛题目为“众创空间”。一等奖作品为“游牧共和”，三等奖作品为“山那边——移动可变模式下的众创空间”，两者的概念都是移动式办公，但是移动的方式不一样。前者是让人在建筑中自由移动，不布置固定的办公空间，让人每天接触不同的工作场景与不同的人，更容易激发人的创造力。后者是可移动建筑，构筑直接建于货车上，使用时通过拉伸、扩展、延伸、拼合，将一个个单元空间拼合成教室、食堂、多功能空间等，显然前者更有创新点。二等奖作品“一点儿乡村”在乡村中建立了新的众创模式。

2014 年 UA 竞赛题目为“平凡建筑”，一等奖作品“阿布新屋”探讨了由于火灾而烧毁的老屋重建，运用“图底反转”的方式，别出心裁地将原来的室外变成室内，而将室内变成了院落，最大程度上保留了原建筑的遗址。二等奖作品“一条街道，两出戏”将街道重新规划，提出一街多用的共享街道方案。在 UA 竞赛的获奖作品中，

2014 年三等奖作品“城中村加减法”与 2016 年的作品“屋顶再生计划”都是做屋顶改造，一个在城市，一个在乡村，设计的目的也有所不同，最后呈现的效果也不同，但都是很优秀的作品。横向对比 UA 竞赛所有的一等奖，可以发现都是着眼于城市，以独特的方法创新解决一类问题，而且所有的一等奖都是非常贴题的，紧扣当年的竞赛主题。

3.4.3 中国风景园林学会大学生设计竞赛

中国风景园林学会大学生设计竞赛是为配合每年中国风景园林学会年会而举办的，以此鼓励和激发风景园林及相关学科学生的创造性思维，引导学生对学科及行业的前沿性问题进行思考。本节通过分析中国风景园林大赛 2013 年至 2017 年的获奖作品，横向对比同年度竞赛获奖概念的相似性与丰富性，纵向对比中国风景园林竞赛的主题发展走向（图 3.11）。

图 3.11　中国风景园林学会官网

2017 年的竞赛主题为“生态修复与城市修补”。针对这一主题，参赛者选择不同场地与问题进行设计。竞赛概念中，社会人文类包括老旧社区与历史街区更新、老城保护与更新、渔港重塑、城中村修复和乡村活化等；生态景观类包括古村景观设计、公园修复、雨水净化和铁路景观修复等；工业环境类包括污水渗坑修复、棕地修复、矿区修复、垃圾填埋场修复、工业废弃地修复和工业街区复兴等；基础设施类包括骑行道路空间设计、自行车基础设施提升和改善立体交通枢纽等。

从主题开始思考，2017 年获奖作品的关注点与往届有明显不同。该年度的获奖作品主要是结合年度社会热点，参赛学生紧密围绕前沿的新理论、新科技、新问题，讨论景观与城市的关系（表 3.1）。从竞赛的角度出发，讨论社会热点问题有利有弊：结合现实问题能提高作品的时效性，同时也意味着更多人会选择这个方向，竞赛方案容易雷同，难以做到脱颖而出。

表 3.1　2017 年中国风景园林学会大学生设计竞赛获奖作品

年份	获奖等级	作品名称
2017	本科组一等奖	停・行・回到街道——城市骑行体验下的道路空间设计
		“祠”旧迎新——结合触媒理论的屏山古村可持续规划设计
		城市立体交通枢纽及周边绿地综合环境韧性应对策略
	研究生组一等奖	骑时，可以这样共享——城市双修背景下的北京西城区自行车基础设施提升改造方案
		街区诊疗・云联共享——基于触媒理念的南街街区更新计划
	二等奖	西安纺织城纺南路铁路景观改造设计
		回归河涌——漂浮的街区：广州高密度历史街区复兴
		激活隐藏的多维空间——城市老旧社区居民交往空间更新策略
		共享城市——南京老城南城市更新与城市实践的设计研究
	三等奖	炭寻・城市新变革——基于当地产业思考的污水渗坑生态修复与废弃地景观再生策略
		REVIVAL OF SHARING——基于多龄化共享理念的老旧职工社区改造
		Ethic 供求双方的伦理关系
		反哺意识下的矿坑景观修复计划
		显露自然：城市可持续性生态设计——郑江新竹河雨水净化游园设计
		寻脉・把脉・续脉——陕西澄城县老城保护与更新发展规划
		重・修——重庆嘉陵江老工业街区复兴及消落带生态修复
		从渔港到鱼港——以消落带生态鱼港为基础的城市滨河空间体系
		园邑——历史街区的园林式双修
		废土迭代——复杂背景下的老城区废弃地更新设计
		田・冶——以杭钢为例的杭嘉湖平原地区城市棕地修复策略
		繁城故渊在，君归亦君来——城市观入侵过程中的边缘乡村活化与保护设计
		重生魔方——上海松江大学城地铁站东侧废弃地空间改造与活力激发

2016年竞赛主题为“风景园林与城市废弃地的重生”。城市废弃地修复和遗址重生一直是竞赛讨论热点。随着城市的快速发展，部分老旧工业遗址需要修复和重建。学生在思考这个问题时，应该摒弃一刀切的传统思路，完全抹去城市废弃地痕迹的做法是不可取的。保留城市的历史文脉，将工业化与现代化接轨，才能在保护中使城市废弃地重生。

2016年的获奖作品都紧扣竞赛主题。工业废弃地、废弃铁路、老城集市、废弃田地和采石场修复，这些地方曾经都为城市发展作出过贡献。但在现代社会，它们不再符合高效、生态、集约的发展道路，亟待被改造。其他设计主题包括战争废弃地重塑、车辆废弃地改造、历史街区复兴、轮渡站重生、垃圾填埋场修复、湿地公园转变、城中村下线空间改造和兵工厂改造等。获奖选手都抓住了城市的痛点，每个地区都承载着城市的过去与未来，与众不同且具有价值（表3.2）。

表3.2　2016年中国风景园林学会大学生设计竞赛获奖作品

年份	获奖等级	作品名称
2016	一等奖	记忆长廊——嘉陵江边城市工业废弃地的重生
	二等奖	拯救城市泥潭——基于传统智慧思考下的城市污泥堆积废弃地重生策略
		江风吹又生——汉江硚口段废弃水域空间的弹性再生
		海岸线的重生——香港新界西堆填区综合修复策略
	三等奖	矿事遗产·旷世涅槃——北京市昌平区南口采石场修复再生
		攀上长梯——基于攀枝花城市转型政策导向的攀钢废弃地再生
		突破重重包围的大锡之路——资源枯竭型城市的废弃地改造策略，以“锡都”个旧为例
		厂歌行·突围——长春拖拉机厂地段更新与恢复
		苏醒的轨道——南宁市废弃铁路生态与人文重建
		眷·故——老武九铁路徐家棚段纪念公园更新设计
		五感集市——基于“景观双修”的济南老城功能外溢去活力再造
		Renew——盐线再生大安盐场工业棕地改造设计
		遗址·创意·重生——城市废弃工业遗址空间的艺术性再生

2015 年竞赛主题为“全球化背景下的本土风景园林”。近年来，以人文景观塑造为重点是中国风景园林大赛的一个重要趋势。获奖作品中，同样出现城市村落改造、古城再生、渔业和海岛景观塑造等主题。作品紧扣竞赛主题，选址包括茶园、古窑、石头城村落和文化遗址等，反映出“此时此地”的本土化特点，将全球化的优势扎根于富有生命力的地域性设计之中（表 3.3）。

表 3.3　2015 年中国风景园林学会大学生设计竞赛获奖作品

年份	获奖等级	作品名称
2015	一等奖	“堡”石项链——张公堤遗产廊道的人文复兴与生态重建
	二等奖	四隅分治——苏州古城水系的再生
		海上织女 · 惠安韵——渔网下的地域性再塑
		螺栖嵊山——以螺破局，因螺而兴的海岛生长型景观策略
	三等奖	以“自助工具箱”为理念的交互性设计——丽江石头城村落景观更新
		清水莲花——马家沟沿岸生态公园规划
		交织 INTERACTION
		废弃成景——杭州转塘沈家村循环再生示范园
		山林 · 毓秀
		SMART LAND，NAUGHTY RAIN

2014 年竞赛主题为“城镇化与风景园林”。获奖作品侧重于城镇化，关注的热点问题包括村落发展、城中村再生、山地居住景观打造、重庆十八梯老街区更新和香港天台屋重生等（表 3.4）。获奖作品选择的场地具有地域特色，且人文景观塑造的权重较大。

2013 年竞赛主题为“风景园林与美丽中国”。一等奖作品为“逃离视线监狱——用极端手法解决普适性问题的模式化理念”，以城市中心的视线“监视”展开讨论，这在 2013 年属于较前沿的问题。独特的关注点，以及大胆的解决方案，使这个作品在 2013 年众多参赛作品中拔得头筹。在其他获奖主题中，社会人文类包括农民工生活改善、生态产业社区更新、风光村改造和景中村改造等；生态景观类包括荒漠化治理、鸟类栖息地设计、盐池生态修复、城市水涝防治、水葫芦治理、土壤修复和城区边缘风道建设等；工业环境类包括废弃凉水塔改造、工业遗产修复和采石场修复等（表 3.5）。

表 3.4　2014 年中国风景园林学会大学生设计竞赛获奖作品

年份	获奖等级	作品名称
2014	一等奖	明日落脚城市——景观基础设施引导广州城中村落再生
	二等奖	鱼栖——渠化河道内动物生境优化方式
		城市山洞
	三等奖	老王师傅的一天——基于新居住模式下老城居民生活空间的景观策略
		寻找记忆中的乡土——郑州市方顶村更新性村落景观设计
		HOME REBIRTH ALONG THE SEA——山东省烟台市鸟类栖息地生态重建计划
	鼓励奖	溪涧双桥——基于生态人文视野的山地居住区景观设计
		找寻失落的星空
		缝缝儿的逆袭——刺激十八梯老街区自我更新的景观
		不辞长作海南人——低技策略下海南黎族白沙乡村建设方案
		恢复 · 衍生——季节性河道的景观先行建设与生态修复
		让绿色补丁到城市山林
		楼上风光——香港天台屋的重生
		“渔村新生”——基于生态修复结构的滨水区规划设计
		秘密“2050”

表 3.5　2013 年中国风景园林学会大学生设计竞赛获奖作品

年份	获奖等级	作品名称
2013	一等奖	逃离视线监狱——用极端手法解决普适性问题的模式化理念
	二等奖	播种绿洲——科尔沁草原荒漠化治理
		山东蓬莱市旧渔场回归鸟类栖息地设计
		垂直的栖息地——河南省驻马店练江河流域废弃凉水塔生态景观改造
	三等奖	退葫还湖——滇池水葫芦泛滥的生态救赎
		无尽藏——探索钒矿工业遗产的永续之路
		阡陌盐韵——山西运城盐池生态恢复景观规划
		Raining Ring 水环
		授之以“渔”——基于滚动开发模式的风光村改造

尽管中国风景园林大赛每年的主题都不同，但竞赛主旨都是在探讨风景园林与城市发展的关系。获奖作品的关注点集中于生态修复、工业修复、人文建设和城市建设等方面。参赛者选择的设计场地各不相同，真实场地则存在地理、人文、社会背景的差异。参赛者需要将种种因素有机结合，经过严谨的分析，因地制宜地提出设计方案。获奖作品体现了当代学生对生态环境和城市生活的反思，希望通过设计构建一个以生态文明为基础，经济、政治、文化协调发展的社会。

3.4.4 奉贤南桥镇口袋公园更新设计国际竞赛

奉贤南桥镇口袋公园更新设计国际竞赛是由上海市奉贤区南桥镇政府发起的。在这个竞赛中，需进行更新的就是面积较小的街头公共绿地，也被称为口袋公园。街头公共绿地在过去的设计中过于重视绿地的观赏性，没有考虑到人的活动，出现了利用率不高、缺乏特色、缺乏城市家具等问题（图 3.12）。

图 3.12　趣·南桥奉贤南桥镇口袋公园更新设计国际竞赛

获得一等奖的是作品“哪里趣？去南桥——‘塑造可能性’思路指导下的南桥镇口袋公园更新设计”，该设计着眼于小场地的变化与组织，强调可进入性，使每个口袋公园都具有“弹性可塑性”，小空间的多样性使用让主办方觉得有推广运用的价值。二等奖作品“看不见的舞台”为不同年龄阶段的居民提供了不同类型的活动空间，看不见的舞台无处不在，也表达了公园的参与性与展示性，图纸表达也非常有现代化和国际感。二等奖的另一作品“79 又二分之一号解忧伤”创造性地运用了园艺疗法，选择在医院旁边的用地，着重体现在“关怀”与运用植物安慰病人心理的概念，让城市变得不再冰冷，成为让人感到温暖的地方。三等奖作品“POCKET PARK & PLAY——A Playable Park and A Power Generator”整体方案设计简洁大气，可实施性很强，是所有获奖作品中最有深度的，从整体布局到细节节点的设计都很完整。

对于口袋公园这类政府支持的竞赛来说，可实施性是他们会考虑的重点，这类竞赛奖金比较高，参赛者也很多。要在各参赛者中脱颖而出会有一定难度，作品概念一定要不落俗套，抓住评委的心。

通过对四个设计竞赛历年获奖作品进行总结，可进行横向和纵向分析。通过横向分析，了解参赛者面对每年主题的思考方向和概念选择，可以开拓学生的思维。通过纵向分析，可参考往届设计概念，进行更加深入的思考；也可以规避往年已经出现的概念，通过观察与思考选择新的主题展开设计。从近几年的设计竞赛获奖作品中，可以了解到国内和国际设计竞赛的趋势，包括图纸表达的风格、推导思维的逻辑和社会热点的转变，做到紧跟时代的潮流，与时俱进。

第四章　竞赛思路与特色表达

4.1 打开思路

在思考之初，不仅仅只是收集资料，更需要突破桎梏，寻求设计的灵光一现。初期的头脑风暴是必不可少的，学生需要打开思路，进行放射性的思考。以竞赛主题或者一个关键词为出发点，将有所关联的想法都记录下来，不必受任何要求的限制，在短时间内形成一个思维发散的网络。当整个小组的成员都以自己的想法形成思维网络，相互交流时则会碰撞出不一样的火花，再从中寻找有意思的节点进行深入思考（图4.1）。

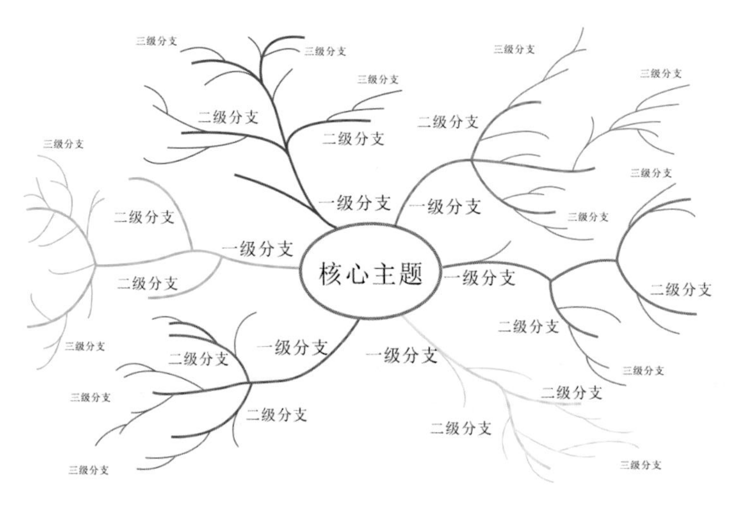

图4.1 思维导图示意

4.1.1 了解作业与竞赛的区别

设计学及相关学科学生在本科期间会学习大量设计理论课程和设计实践课程。例如城市设计理论与研究、城乡认识、文化遗产保护、住区规划原理、风景园林植物认知、园林建筑设计、住宅建筑设计、商业建筑设计、建筑外部环境设计、风景区与旅游区规划、景观数字技术与应用等。通过课程学习，能增强对基础知识的掌握能力，这是十分重要的。从课程中学习到的空间尺度、建设规范、设计方法以及方案表达等技能，都能运用于竞赛之中。

课程作业通常有详细的任务书，并给出要求和图纸规范，但场地信息通常较少。设计不要求主题突出，更多是考察方案能力。且在课程学习中，草图、模型和图纸等都会有老师把关，提出修改意见。设计竞赛通常不会给出详细的限定条件，需要参赛者自行确定概念、地点、方案和图纸。没有人会指出所有的错误，只能靠小组成员自己学习、思考和检查。

设计竞赛对概念的要求更高，对设计细节的要求则会相对降低。所以思考设计竞赛时，需要打开思路，立足于历史、社会和世界，这些都需要参赛者搜集大量资料，进行比对和判断。竞赛中更重要的是发现问题和解决问题的方式，而不是在一个单纯的场地做一个建筑或景观。

课程作业多为个人独立完成，部分大型场地设计或规划设计会采用小组合作的形式。个人能力的展现和小组合作完全不同，而设计竞赛通常是小组合作完成。不同的思维碰撞在一起，不融洽的合作会削弱彼此的能力，若良性互助，则会迸发出更强大的力量。

4.1.2 有概念和无概念的区别

因为知识积累不足，或是设计思维的缺乏，低年级学生完成课程作业时，往往会受条条框框的限制。刚开始完成课程作业时，会较多考虑做一个好看的建筑、舒服的房子，十分关注不要超过红线范围，要达到容积率、建筑面积、层高和图形比例等要求。提到设计概念，会思考做一个日式建筑或地中海风格设计。进一步学习后，开始了解退台式建筑、屋顶花园、垂直绿化、海绵城市和节能环保等理念。

每一个设计专业的学生在刚开始接触这个专业时，脑海中会逐渐注入各类专业信息。但前文所提到的概念，都只是在重复前人的工作，这些概念是其他人提出来，并且被反复试验的，并没有体现出学生独立的思维。这些设计在现实中都已经被做出来，学生只是重复和搬运。现实中的专业公司、专业的设计师比学生做得更好，更具有创意。那么在学校，学生应该学习的是对设计的思考能力。

学习专业知识、基础知识是必备的，在此之外，竞赛是在引导学生跳出舒适圈，去除拿来主义，学会创造性思考。在设计竞赛中做一些有意思的东西，完成表达自己思考的设计，而不是做重复画图的工作。

4.1.3 常见的设计概念

无论是在国内还是国外，设计竞赛都有多年的发展历史，众多竞赛作品中也慢慢出现一些热度较高的设计概念。

设计概念的热点问题主要集中于对弱势群体的关爱。思考设计竞赛的问题时，我们更容易思考孤寡老人、留守儿童，战争难民和农民工问题等，关注弱势群体，以及想要改善他们的物质生活和精神生活。

在“人文”方面，常见概念有传统生活的缺失、里份或胡同这类特定时空居住群的保护与改造、历史遗迹的保护与修复、工业遗址的修复、灾后重建、城中村改造和边境问题等（图 4.2、图 4.3）。摒弃现实中许多开发商和政府一刀切的做法，竞赛中更要思考历史文脉与文化建设在城市中的作用。保留这些具有特色的场地，改善已经落后于现实的部分，做到新与旧的融合，使它们焕发新生。

在“自然生态”方面，常见概念有矿坑修复、反思城市过度开发、鸟类及各种珍稀动物生存环境的改善、都市田园和城市绿化等问题，坚持遵循生态自然的可持续发展道路。

图 4.2　历史遗迹保护问题

图 4.3　城中村改造问题

上述概念已经成为历年常见的竞赛主题，都是涵盖范围较大的命题。近年共享经济、共享生活和大数据等概念成为新的热点话题（图 4.4）。2017 年中央发布关于居住区开放的文件，引发开放街区的热议，许多设计竞赛开始思考街区尺度、居住区开放以及城市绿地碎片化的问题（图 4.5）。

思考设计概念时，选择规避年度竞赛热点，还是从热点问题之中寻找独特的思路，取决于参赛者自身。在竞赛官方不给出限定时，参赛者需要如海底捞针一般，从无限的思绪中选择一个值得深入的关键问题。当竞赛官方给出限定时，需要从中挖掘不一样的关键点，提出更具有针对性或者更新颖的思路。

在“Venus 启明”这一作品中，以概念为突出亮点，结合现实问题，提出具有未来意识的思路。

图 4.4　城市共享单车问题

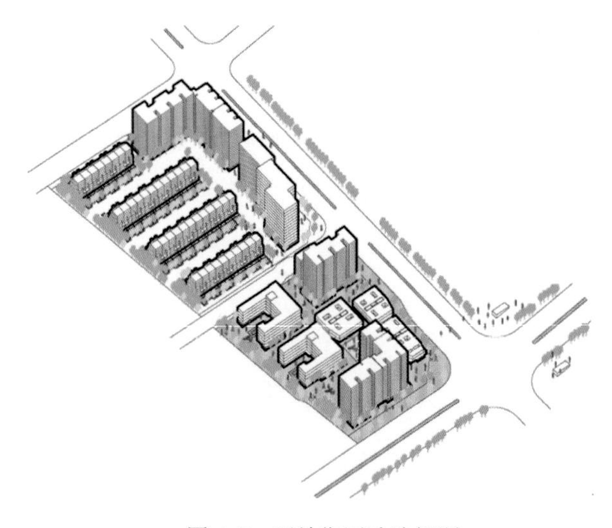

图 4.5　开放街区改造问题

4.1.4 案例研究——Venus 启明

2015 年艾景奖第五届国际园林景观规划设计大赛优秀奖（图 4.6 ～图 4.18）

设计成员：毕阳、胡萌、肖璐瑶、钟青、米东阳

1. 设计背景

随着社会的不断发展，我国城市高密度化的趋势不断加强。在对现有土地高强度的利用下，人口、资源和环境承载能力也越来越差。大量的建筑工地环绕在人们的生活之中，“超高层”建筑应运而生。城市规划是一把“双刃剑”，它可以在短期内促进城市飞速发展，也可以盲目超前规划，越过城市建设的警戒门槛线。城市承载力是有限的，超强负荷的建设导致了一系列安全问题。因此人们意识到，城市环境的可持续发展才是重中之重。

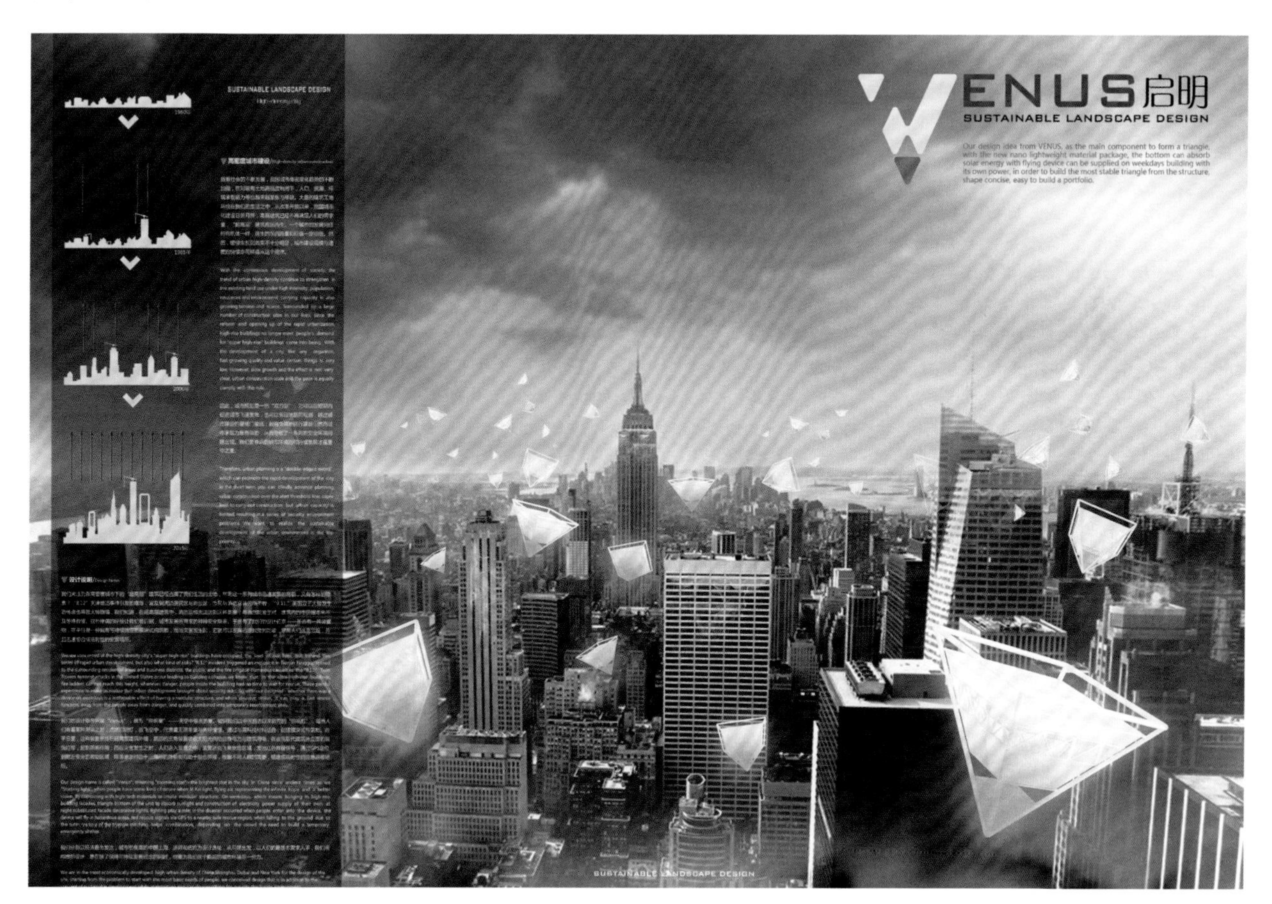

图 4.6 “Venus 启明”设计背景

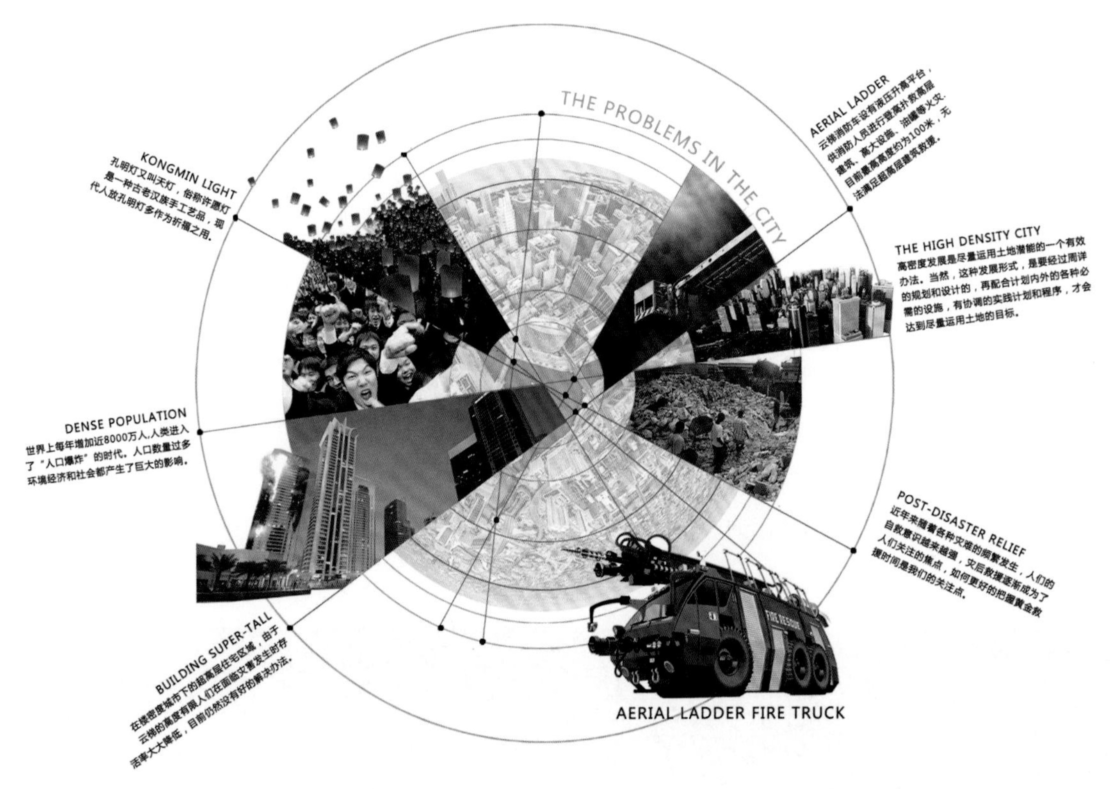

图 4.7 “Venus 启明”设计初衷

2. 设计初衷

该设计关注到高密度城市下的“超高层”建筑已经占据了人们生活的土地，这些带来了什么隐患呢？“8.12”天津塘沽事件引发的爆炸波及周边居住区与商业区，造成市民与消防官兵的大量伤亡；“9·11”事件中美国双子大楼遭受恐怖袭击，导致大楼倒塌。在超高层建筑中，消防云梯无法到达较高楼层，建筑内的人们来不及被救援。

于是该设计有了设计的初衷——是否有一种装置物，在平时是一种具有可持续效应的模块式构筑物，而当灾难发生时，它就可以发挥迅速救援的功能，带人们远离危险，并且迅速组合成临时性安置场所。

图 4.8 设计灵感来源

图 4.9　效果图

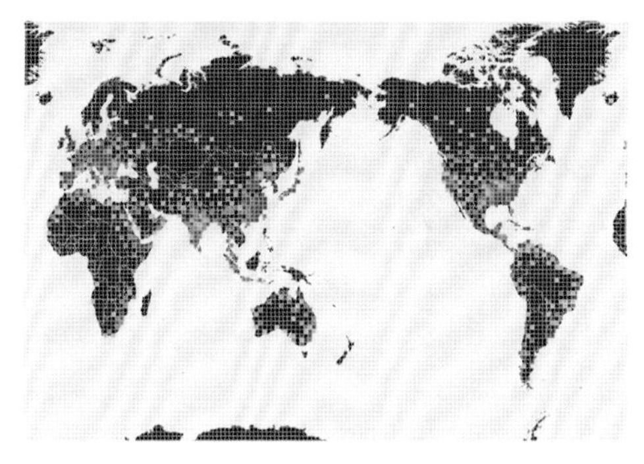

图 4.10 城市密度分析

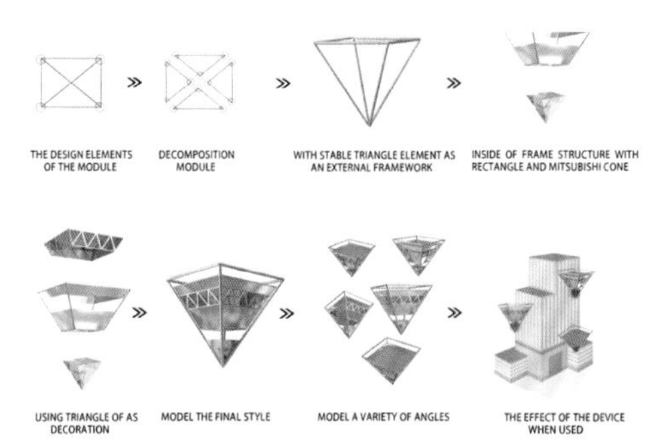

图 4.11 结构分析

3. 设计概念

这个设计取名为“Venus”，意为“启明星”——天空中最亮的星，如同中国自古以来就有的“启明灯”。每当人们有着某种渴求之时，点燃启明灯，放飞空中，代表着无限希望与美好憧憬。

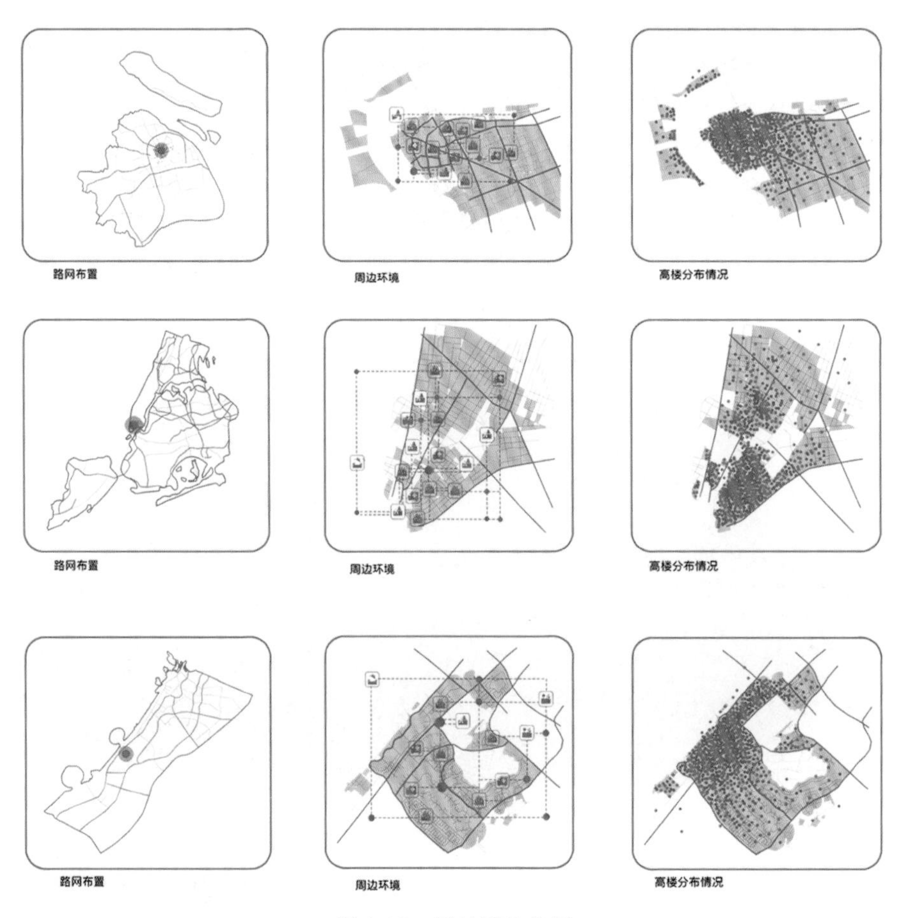

图 4.12　设计区位分析

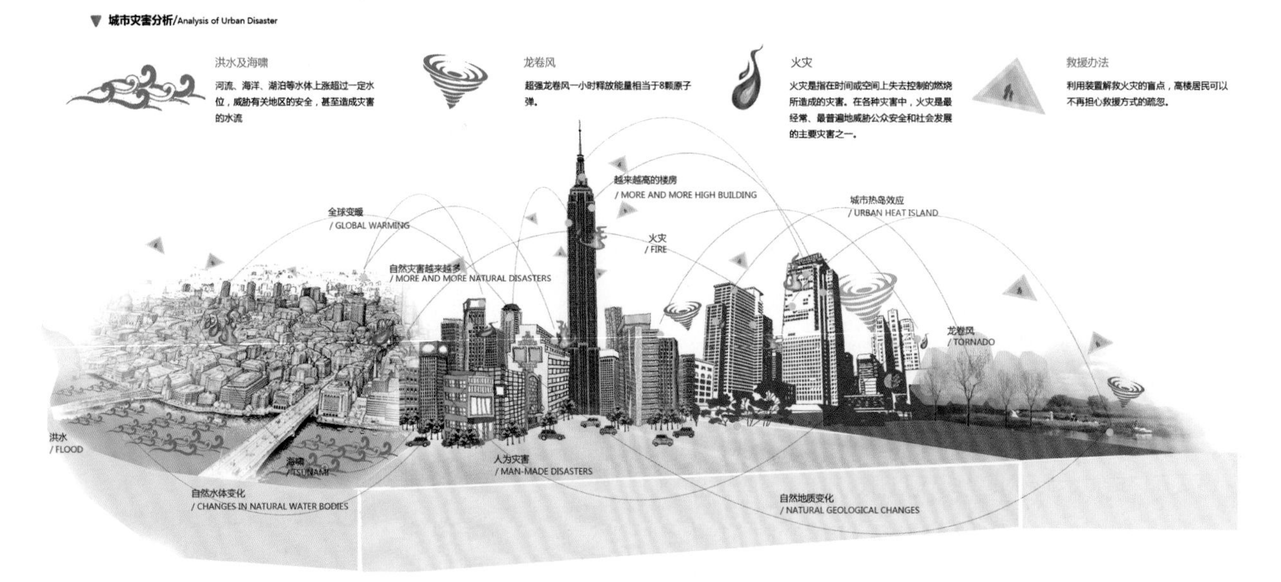

图 4.13　城市灾害分析

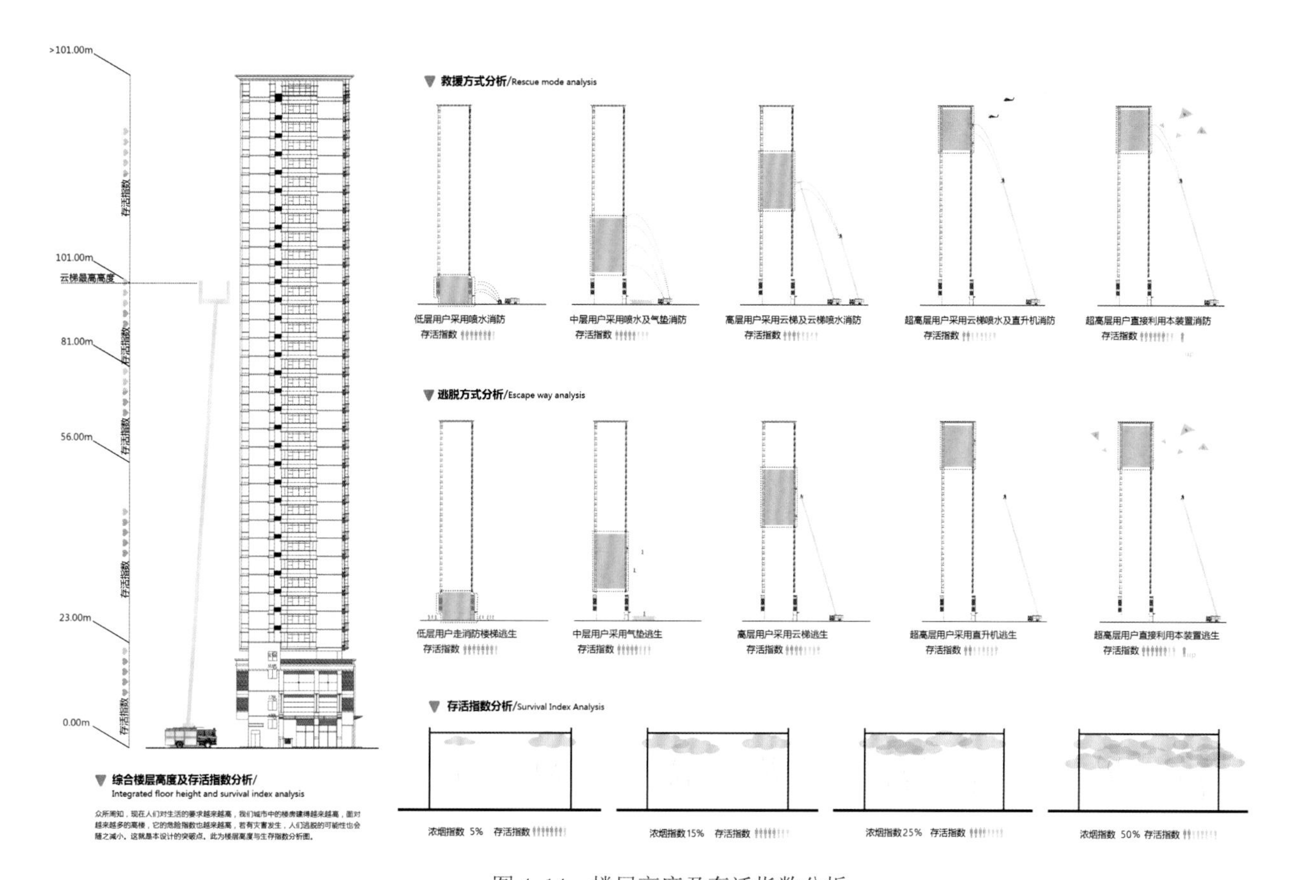

图 4.14　楼层高度及存活指数分析

4. 灾害分析

已知的消防云梯是远远不够到达超高层建筑的高度的，于是，每当危害发生时，超高层人员的安全也无法得到保障。随着社会和经济的发展，消防工作的重要性越来越突出，然而有限的施救条件使人们的安全无法得到保障，人们在灾害面前显得无比脆弱。

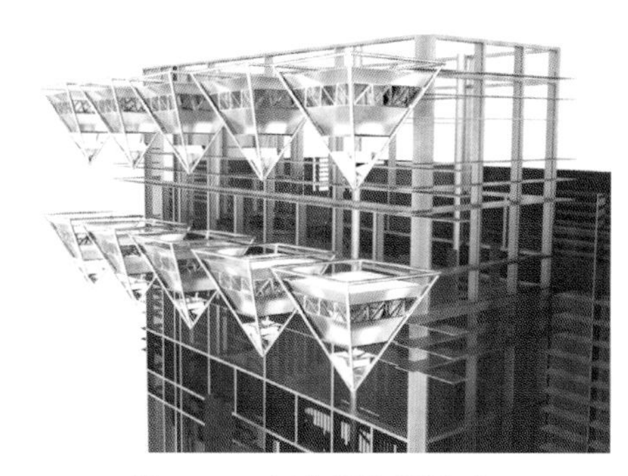

图 4.15　超高层救援展示

图 4.16 城市发展进程

图 4.17　构筑物常态效果图

5. 设计方案

通过与高科技材料结合，创建模块式构筑物。在平日里，这种装饰悬挂在超高层建筑外墙，底部的三角装置吸收太阳光供给自身电力与建筑用电，在夜晚取代建筑外立面的装饰灯带，起到照明作用。而在灾害发生之时，人们进入装置之中，装置就会飞离危险区域，发出红色救援信号，通过 GPS 定位到附近安全的救助区域。降落地面时，三角形的外轮廓有助于组合拼接，根据不同人群的需要，搭建成临时性的应急避难场所。

该设计以经济发达、城市密度高的上海、迪拜和纽约为设计选址。从问题出发，以人们的最基本需求入手，该设计所作的构想，除了保持可持续发展理念，也能为脆弱的城市环境尽一份力。

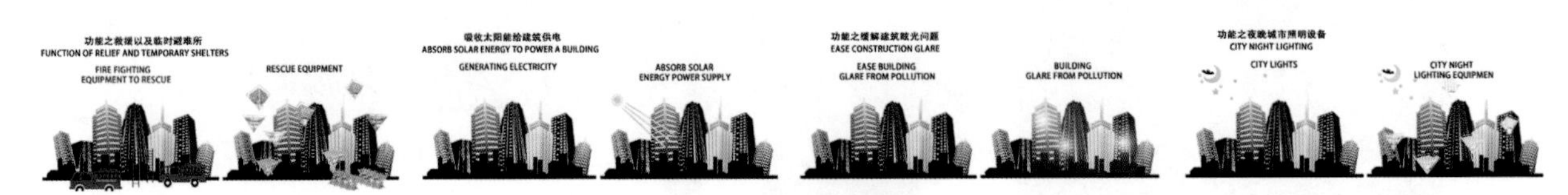

图 4.18　构筑物功能分析

4.2 选择概念

选择设计概念需要从独特的视角出发。第一种类型的竞赛会给出详细的主题或者地点，思考的范围由此缩小，但也限制了一部分思维，容易与同年许多作品重复，体现不出个人特色。第二种类型的竞赛，会抛出一个思考的出发点，参赛者自己决定是否需要一个真实场地。若不出现真实场地，设计可以相对天马行空。第三种类型的竞赛，是以一个问题为出发点，作品具有广泛的普世性，模块化的设计可以运用于世界各地。

无论是哪一种竞赛，都需要在设计之初从无限的思绪和头脑风暴中，选择一个值得深入、独特且有意义的视角，进而确定整个设计的概念。

经过不断地收集资料、整合资料、思考和讨论，确定最终概念，这个步骤应占整个设计过程三分之一的时间。作品的成败在此已经决定了一半，完成方案及图纸也十分重要，但没有一个良好的设计切入点，后面的努力也只是在重复画图的工作，无法挽救思考的不足。

4.2.1 主题类

在竞赛未给出主题，或主题范围太过宽泛时，需要参赛者从主题开始思考。给出特定主题的设计竞赛，则需要参赛者进行概念的选择。如 EVOLO 摩天楼建筑设计大赛，每一年的设计都以摩天大楼为出发点，那么每一幢摩天大楼有什么特点？参赛者可以选择从生态绿色、改善环境或复兴建筑文化等角度出发。

如“艾景奖”国际景观规划设计大赛，考验着风景园林及相关专业的学生对自然、生活以及社会的思考。干旱贫瘠、暴雨洪涝、工业棕地等生态问题等待着设计者去思考，从中选择一个切入点十分重要。

例如，2017 年，一个环保组织向联合国提交申请，请求在太平洋建立一个新国家，名叫“垃圾群岛共和国”。人们每天产生大量垃圾，这些垃圾不会凭空消失，其中许多垃圾顺着洋流聚集在太平洋，形成一个垃圾群岛。其面积相当于 5 个英国、200 个上海。垃圾处理和海洋治理就是一个很好的设计切入点，也有许多参赛者对此进行讨论。现实生活中已经出现一些解决方案，例如荷兰一名 20 岁的学生发明了一个巨大的海洋塑料垃圾回收器。这是一个不小的进步，但回收器对垃圾的清理能力有限，远不能解决庞大的海洋垃圾群问题，回收器中的漏斗也可能会对海洋生物带来危害，误捕海中的动物。虽然这一发明存在较大争议，但这样的思考以及实验是改变环境的开端，这些现实中尚未解决的问题都是值得设计者思考的。

“阿勒颇的新生”“人生七年”和“城市混音”三个作品展示出三种完全不同的竞赛主题思考：对战乱的思考、对社会分层的讨论以及对城市声环境的打造。三个概念都具有创新性和前瞻性。

（一）阿勒颇的新生

2016 年第六届“艾景奖”国际园林景观设计大赛银奖（图 4.19 ～图 4.29）

设计成员：陈艺旋、刘啸、米东阳、唐慧、张钰

1. 设计背景

阿勒颇曾经是叙利亚第一大城市，人们在这里安居乐业。在整个叙利亚内战中，阿勒颇城市中的建筑遭到破坏，人们纷纷远离城市，举家迁徙，成为漂流的族群，沦为难民。

饱经战乱的叙利亚人民，平静的生活被打破，孩子离开了学校，成年人失去了工作，他们被迫远离家乡。在逃亡欧洲的过程中，他们不仅仅需要物质上的支柱，也需要精神上的慰藉。

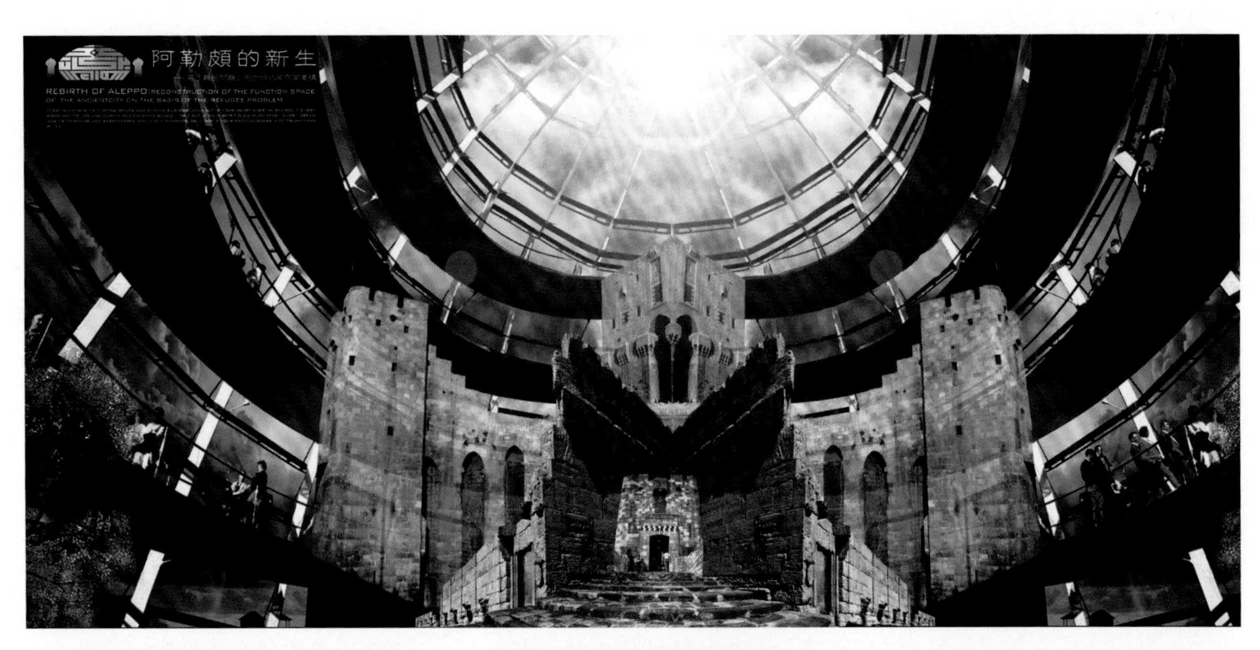

图 4.19　设计效果图展示

图 4.20　设计背景分析

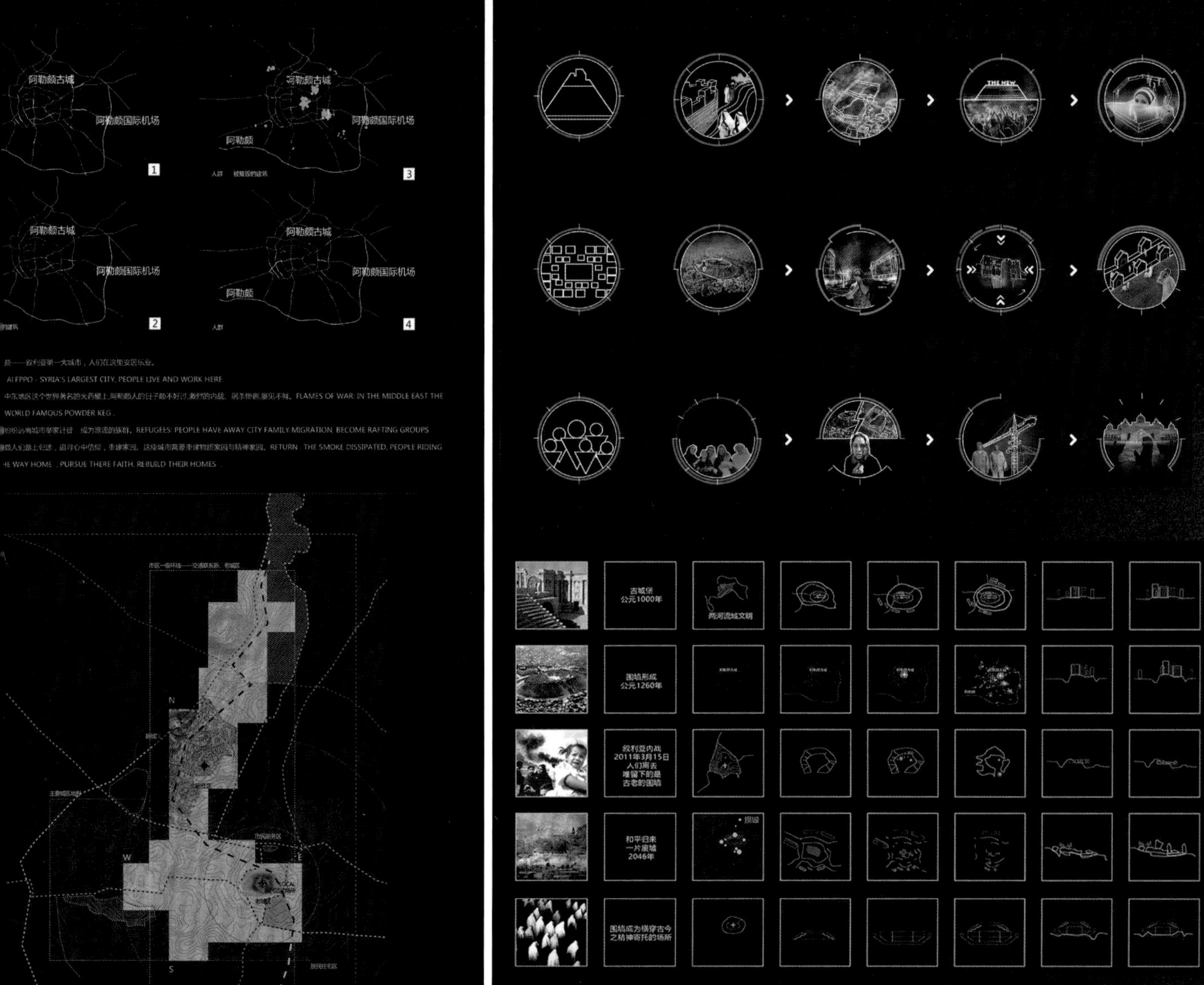

图 4.21　周边场地分析

图 4.22　战争场地环境演变

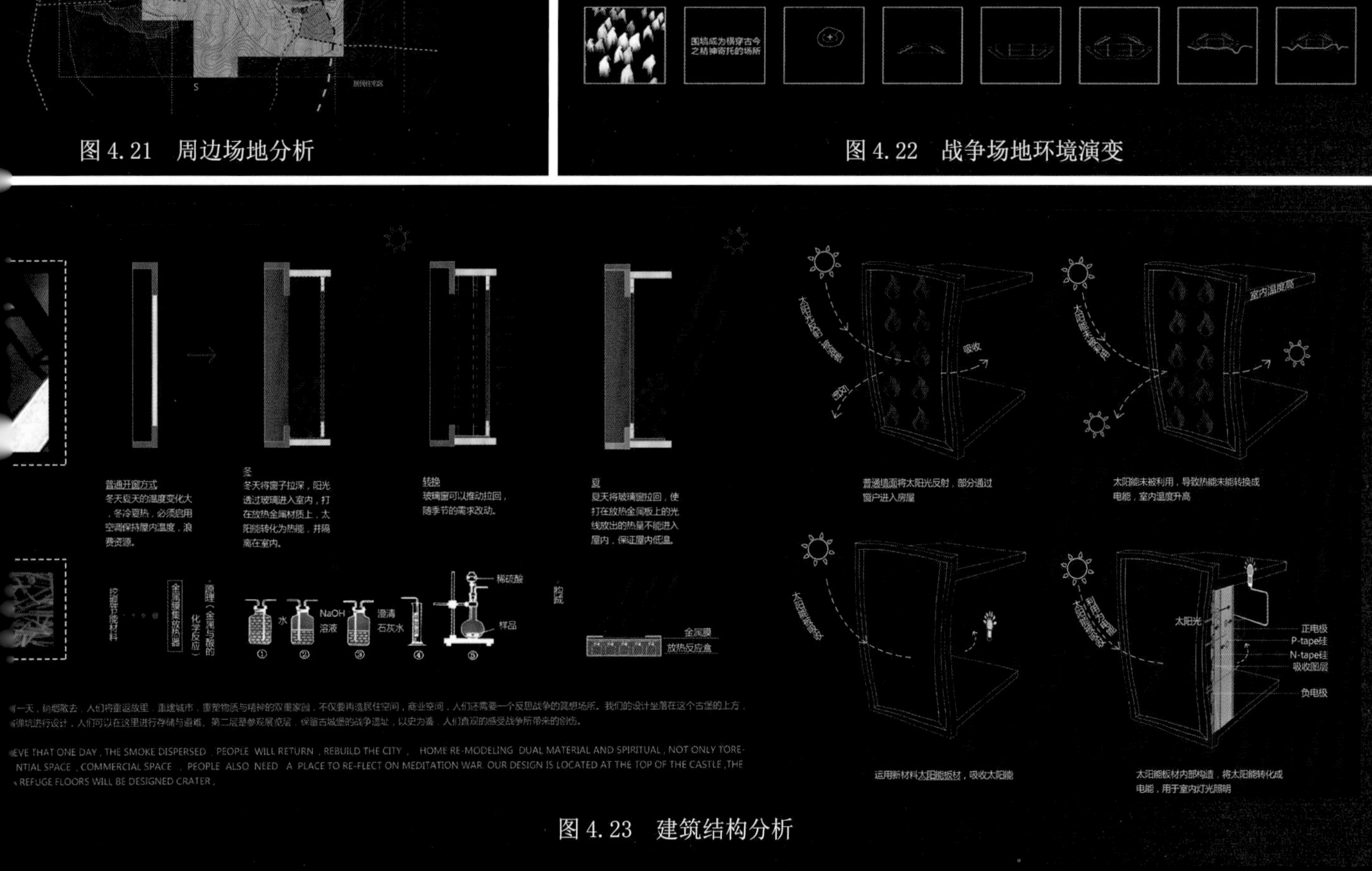

图 4.23　建筑结构分析

阿勒頗的新生
——基于難民問題上的古城功能空間重構
REBIRTH OF ALEPPO:RECONSTRUCTION OF THE FUNCTION SPACE OF THE ANCIENTCITY ON THE BASIS OF THE REFUGEE PROBLEM
EVERY ROAD HAS ITS TURNING POINTS AND ENDING SILENCES, ONLY NOT IF YOUR HEART GOES ON BEYOND IT;EVERY SONG HAS ITS UPS AND DOWNS AND FINISHING ECHOS , ONLY NOT IF YOUR SPIRIT FLIES MUCH AFAR ; EVERY DREAM HAS ITS TWISTINGS AND SWEETNESSES AND WAKIN' MOMENTS, ONLY NOT IF YOUR EMOTION SOARS INTO ITSUNKNOWN BLUES.
阿勒颇位于叙利亚西北部,是阿勒颇省的首府,享有“古代文明之都”美熠熠生辉的明珠,镶嵌在这几乎是一马一平川的沃野土。
ALEPPO IS LOCATED IN NORTHWESTERN SYRIA SECTOR , IT IS THE CAPITAL OF THE PROVINCE OF ALEPPO. ENJOY " ALL THE ANCIENT CIVILI OF THE" BEAUTY SHINING PEARL INLAID IN THESE CHUAN MAYIPING ALMOST A FERTILE SOIL.
硝烟四起，阿勒颇的人们离开故土，远离家乡，沦为难民，人们四处漂流。战火使得这座美丽古城沦为废墟，这传奇的古城堡也饱受战争之苦，恐怖分子的炮弹将古城的中间炸成了一个弹坑。
SMOKE EVERYWHERE , ALEPPO PEOPLE TOLEAVE THEIR HOME-LAND, AWAY FROM HOME REFUGEES, PEOPLE ARE DRIFTING AROUND.WAR MAKES THIS BEAUTIFUL ANCIENT CITY.REDUCED TO RUINS .
我们坚信总有一天，硝烟散去，人们将重返故里，重建城市，重塑物质与精神的双重家园，不仅要再造居住空间，商业空间，人们还需要一个反思战争的冥想场所。我们的设计坐落在这个古堡的上方，第一层是避难层将弹坑进行设计，人们可以在这里进行存储与避难。第二层是参观展览层，保留古城堡的战争遗址，以史为鉴，人们直观的感受战争所带来的创伤。第三层是自由贸易的场所，人们重拾商业活动。阿勒颇本就是古代丝绸之路的重要关隘，以商业发达为其标志。第四层是冥思的场所，人们在这里仰望星空感受天光，感受真主。
WE FIRMLY BELIEVE THAT ONE DAY , THE SMOKE DISPERSED , PEOPLE WILL RETURN , REBUILD THE CITY , HOME RE-MODELING DUAL MATERIAL AND SPIRITUAL , NOT ONLY TORECYCLING RESIDENTIAL SPACE , COMMERCIAL SPACE , PEOPLE ALSO NEED A PLACE TO RE-FLECT ON MEDITATION WAR. OUR DESIGN IS LOCATED AT THE TOP OF THE CASTLE ,THE FIRST LAYER IS A REFUGE FLOORS WILL BE DESIGNED CRATER , THE SECOND LAYER IS TO VISIT THE EXHIBITION FLOOR.THE FOURTH LAYER IS A MEDITATIO PLACE,PEOPLE HERE FEEL THE SKY LOOKING AT THE STARSAND FEEL ALLAH.
地理区位分析 GEOGRAPHICAL LOCATION ANALYSIS
古堡，阿勒颇
阿勒颇，叙利亚
Aleppo,Syria
阿勒颇古城堡

图 4.24 建筑效果图展示

TO MAKE A BETTER WORLD FOR REFUGEES
THE REBIRTH OF ALEPPO

2. 设计概念

从对围墙的深思到对难民问题的持续关注，该设计将叙利亚阿勒颇的城市古围墙进行重新设计，依据城市历史风格，符合时代审美要求，切合难民的物质精神需求，提升难民回归后的生活条件。通过创新设计，坚持生态优先的原则，让生活更便捷、生态、安全、节能。

3. 设计方案

建筑功能包括地下永久性储藏水箱、急救供水点、循环水利用系统、空中绿植供水系统、空中景观电梯、宗教冥想构筑物、古迹遗址保留区、人造发光体、内部空气循环系统、生态景观瀑布、环保太阳能板、空中参观栈道、自由商业活动区、垂直交通电梯、地下防空洞避难层等。在建筑上空设立独特的冥想空间，给当地居民的精神生活提供场所与寄托。利用原有的古城遗址开发旅游业，增添相关的展览吸引游客，使整个空间具有变化和观赏性。剩下的空间采用曲线分割出大小不一的商业空间，重塑当地人民的贸易生活。在原有土壤下面新建防空洞，起到保护古城居民和储存物资的作用。

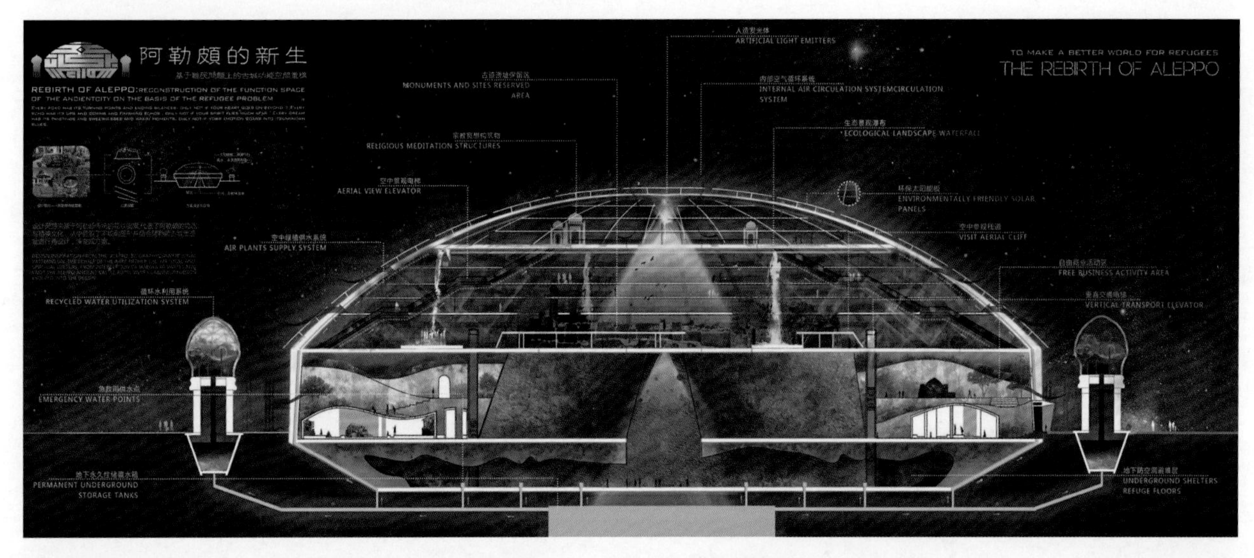

图 4.25　建筑内部结构展示

图 4.26　建筑室内效果展示

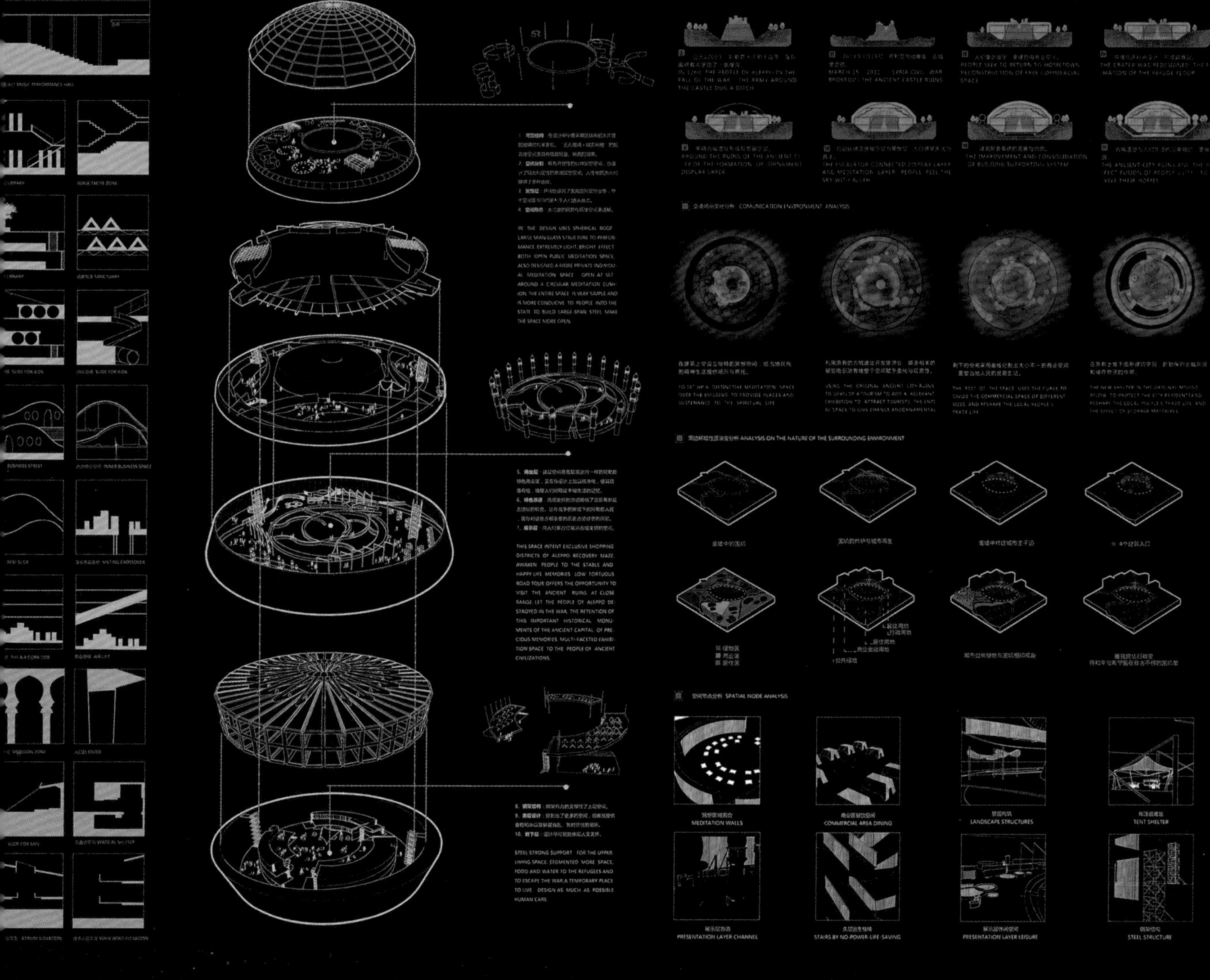

图 4.27　空间结构分析　　　　图 4.28　基地历史环境演化分析

4. 设计愿景

人们将重返故里，重建城市、重塑物质与精神的双重家园。不仅要再造居住空间、商业空间，人们还需要一个反思战争的冥想场所。我们的设计坐落在这个古围墙之上，设计中的景观循环系统突出园林绿化的生态效应，坚持以难民为本的原则，提升空间的人文内涵，坚持公益性原则，提升园林景观在不同功能空间中的公共服务能力。

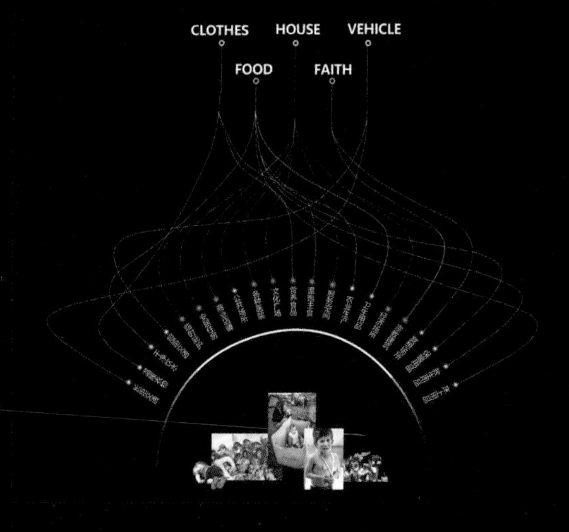

图 4.29　受众需求分析

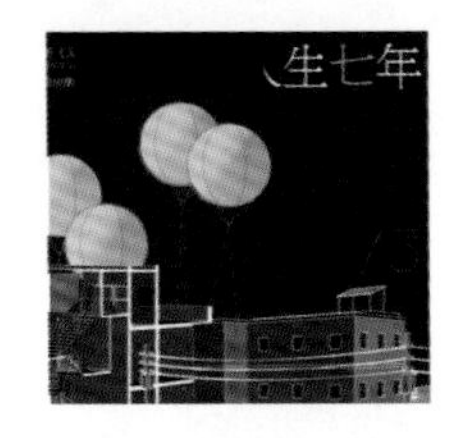

（二）人生七年

2016 年全国研究生智慧城市技术与创意设计大赛优秀奖（图 4.30 ～图 4.38）

设计成员：肖璐瑶、刘啸、唐慧、米东阳、李泳霖

1. 设计思考

在多元社会分层理论研究上的一个重要特征是将社会成员的社会差别解释为个人特征方面的差别，主要与职业地位、收入和教育水平有密切的联系。社会分层体现的是一种不平等，这种不平等来自于社会结构，而且社会分层只能以大规模制度化的不平等因素为基础。社会分层最主要是不同群体之间结构性的不平等，而非个人之间的不平等。因此，生产资料是否占有及占有多少，决定了人们在经济生活中的地位。同时也影响了他们的生活方式和教育程度，决定了他们的政治地位和社会地位，是形成阶级对立的根源。

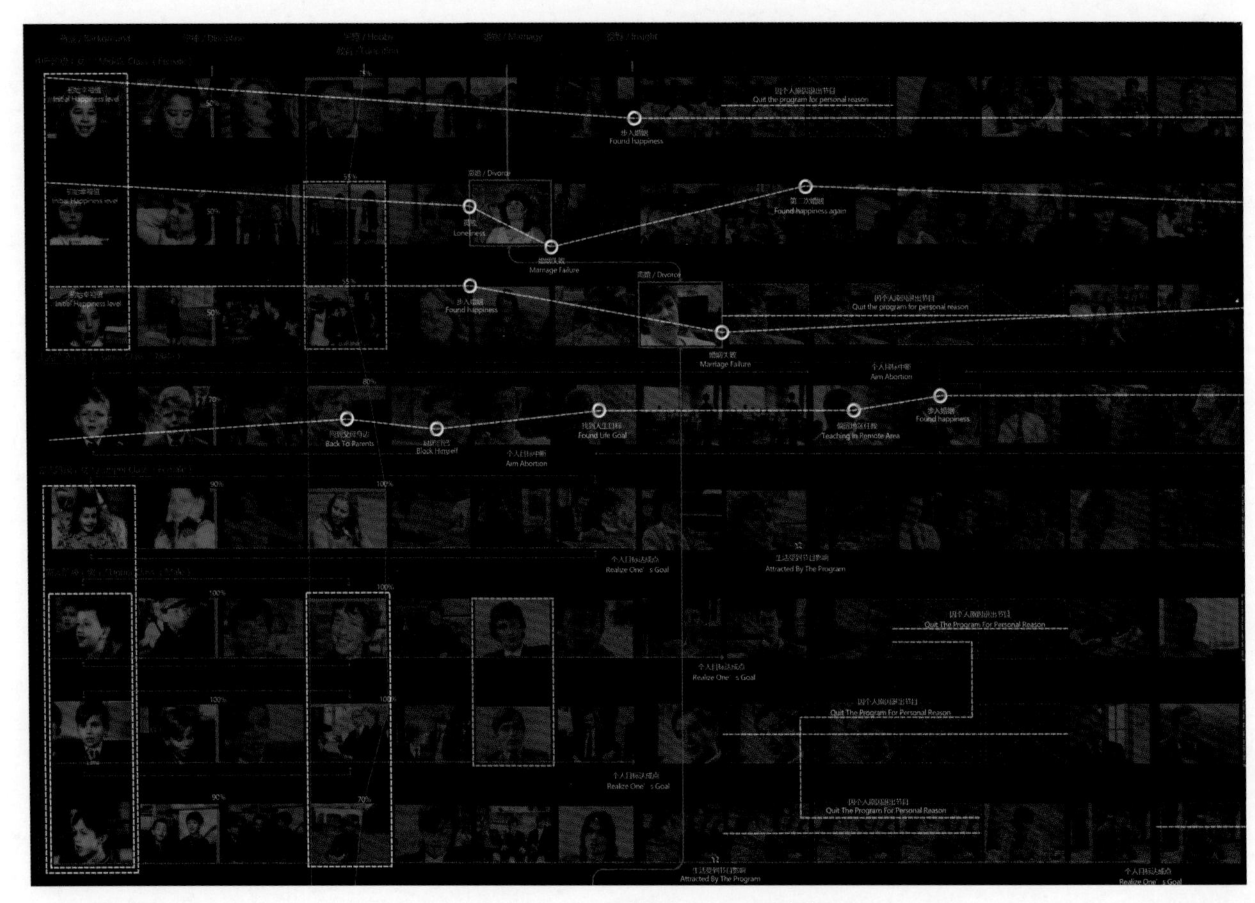

图 4.30 “人生七年”记录片剖析

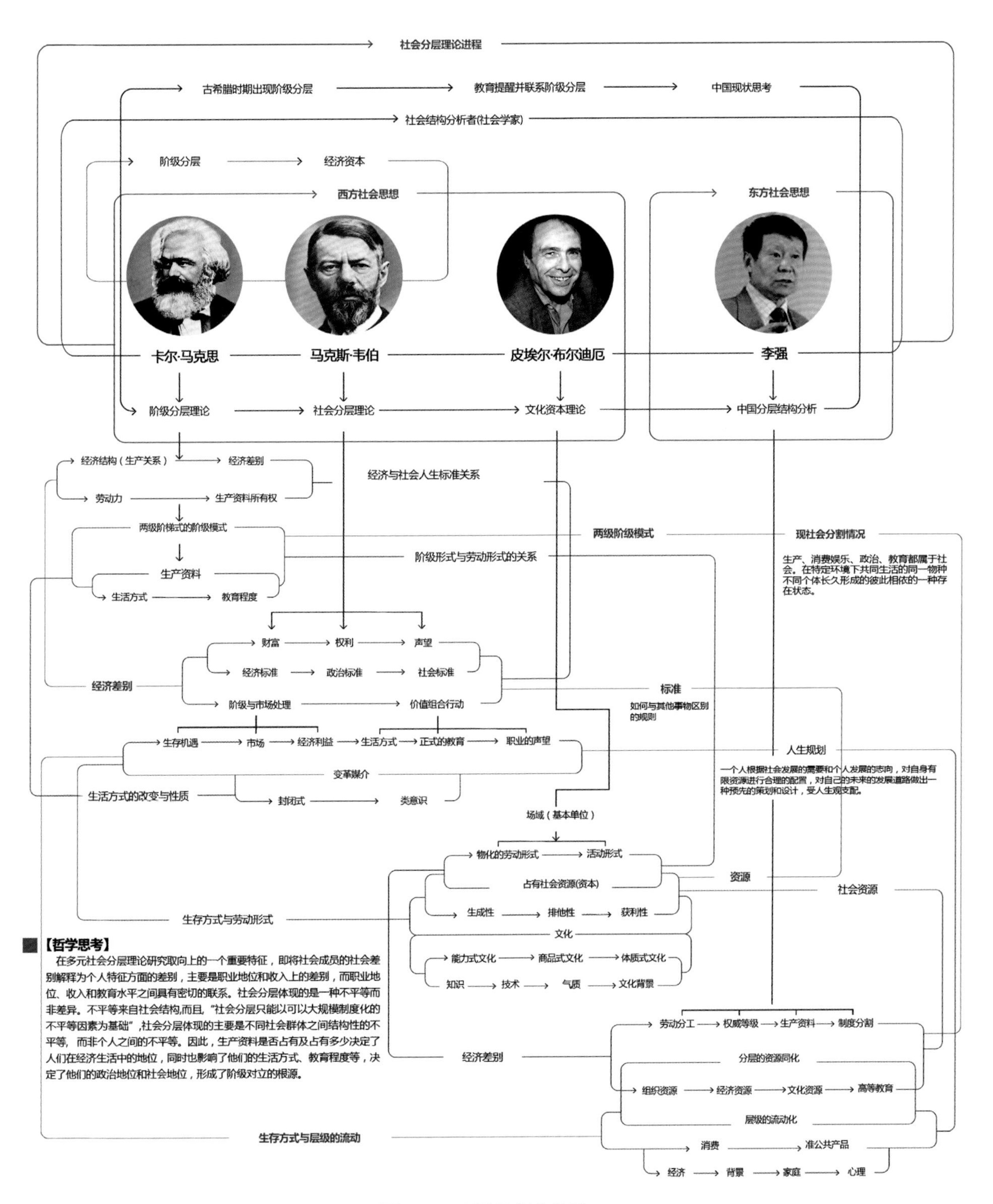

【哲学思考】

在多元社会分层理论研究取向上的一个重要特征，即将社会成员的社会差别解释为个人特征方面的差别，主要是职业地位和收入上的差别，而职业地位、收入和教育水平之间具有密切的联系。社会分层体现的是一种不平等而非差异。不平等来自社会结构,而且,“社会分层只能以可以大规模制度化的不平等因素为基础”,社会分层体现的主要是不同社会群体之间结构性的不平等，而非个人之间的不平等。因此，生产资料是否占有及占有多少决定了人们在经济生活中的地位，同时也影响了他们的生活方式、教育程度等，决定了他们的政治地位和社会地位，形成了阶级对立的根源。

图 4.31　理论及概念分析

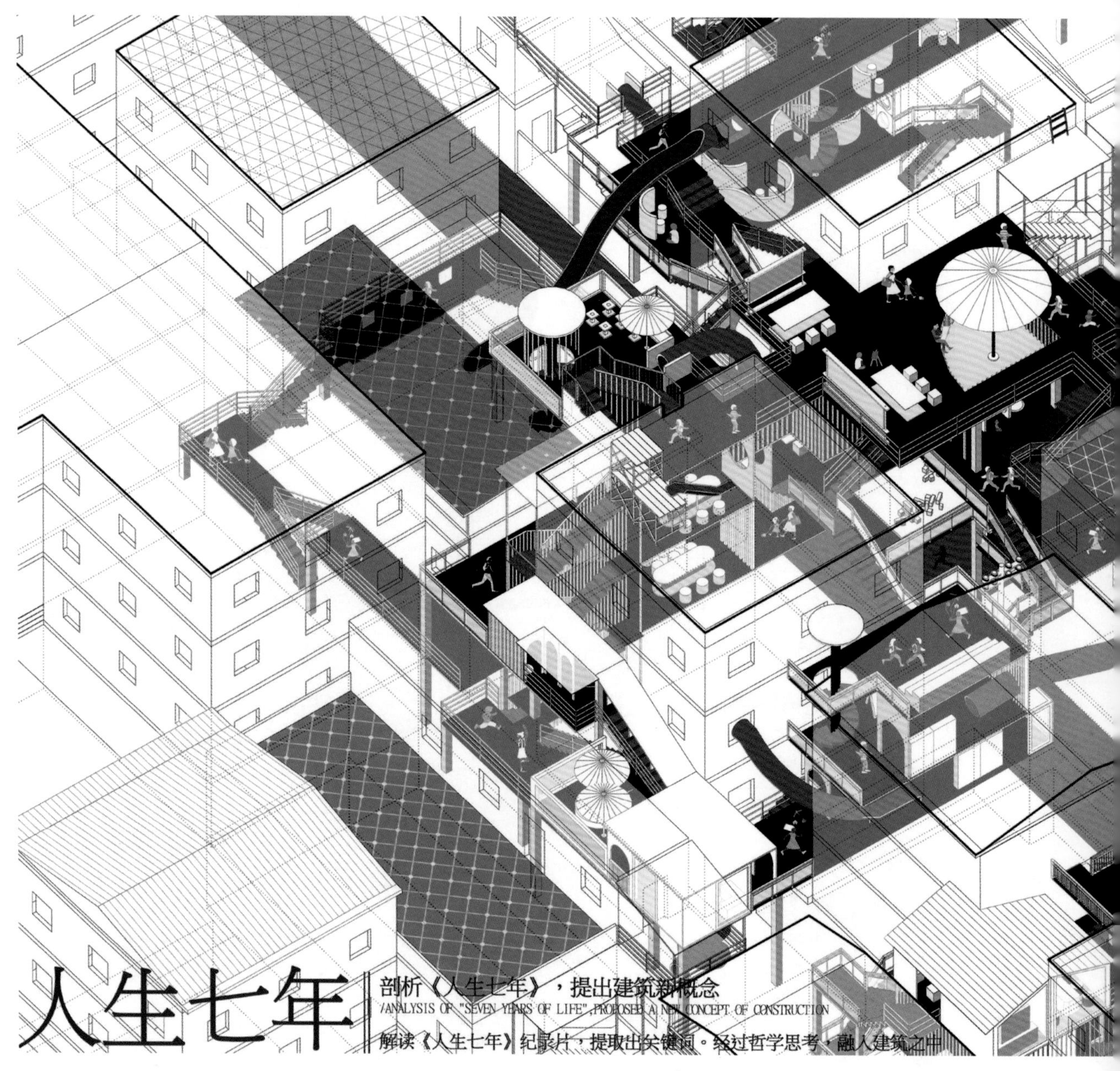
人生七年
剖析《人生七年》，提出建筑新概念
/ANALYSIS OF "SEVEN YEARS OF LIFE",PROPOSED A NEW CONCEPT OF CONSTRUCTION
解读《人生七年》纪录片，提取出关键词。经过哲学思考，融入建筑之中

图 4.32　建筑效果图展示

这不仅仅是建筑的宣言，更是人类的宣言。通过观看纪录片《人生七年》，剖析其中的人物成长经历，了解到人生的几大关键词。在这一概念下，将建筑抛向了现今务工子女的生存环境上，将概念实体化。

首先，将“融合”的概念重新定义。人类用自己的理性构建起整个社会文明，然而随着人类文明的不断发展，历程中也遭遇了各种挑战和颠覆。剖析纪录片，经过哲学性思考之后，明确建筑的目的是给务工

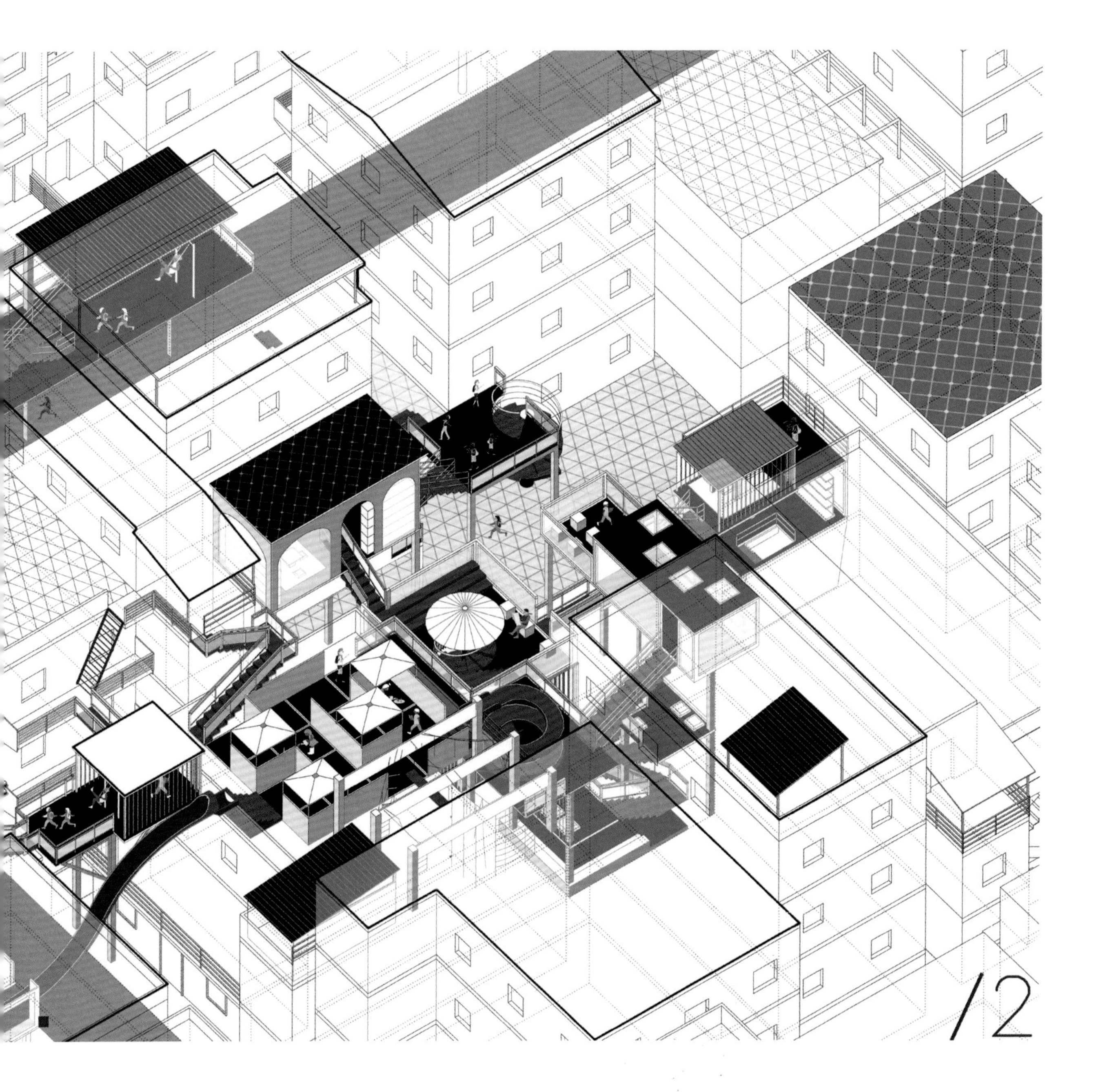

子女提供与普通家庭子女一样的成长环境，提升自身的砝码，使其长大之后有更多的选择空间。

从纪录片中，该设计提取到“教育”“背景”“纪律”“心理”“视野”“兴趣”六个关键词，并将其在务工子女的生活中提取出来，对比他们与其他小孩的不同，提出他们之间的差异性与特殊性。这也是该设计建筑构造的六个重要关键节点，并将其作为重点联系起来，融入建筑中，使务工子女在儿时就能与其他孩子一样有更好的选择空间，融入社会。

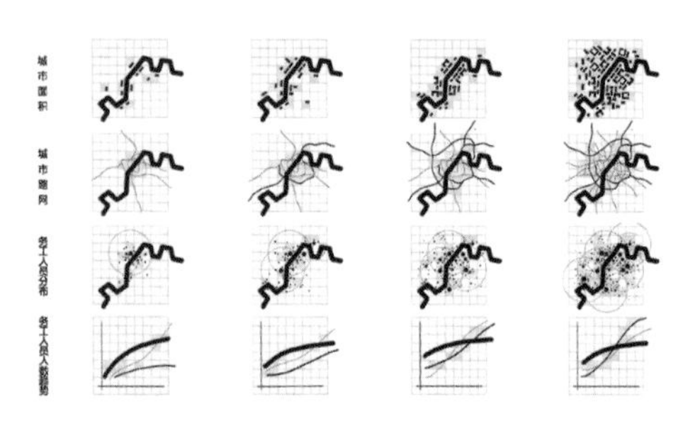

图 4.33　务工人员发展分析

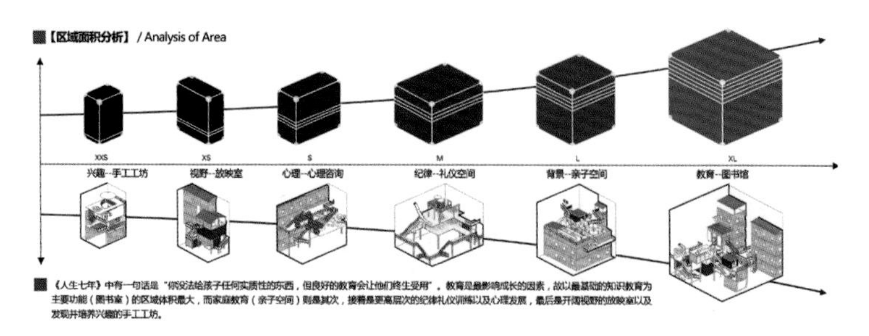

图 4.34　区域面积分析

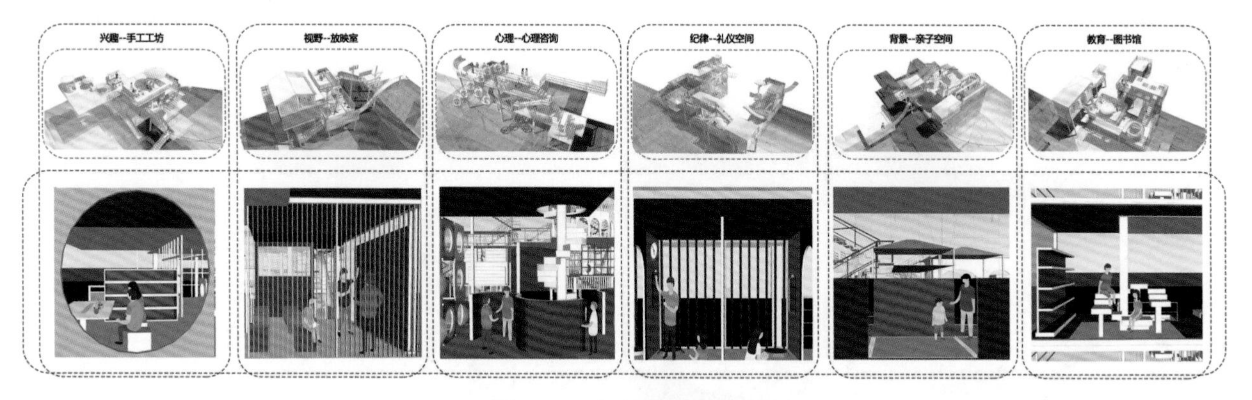

图 4.35　六大功能区域分析

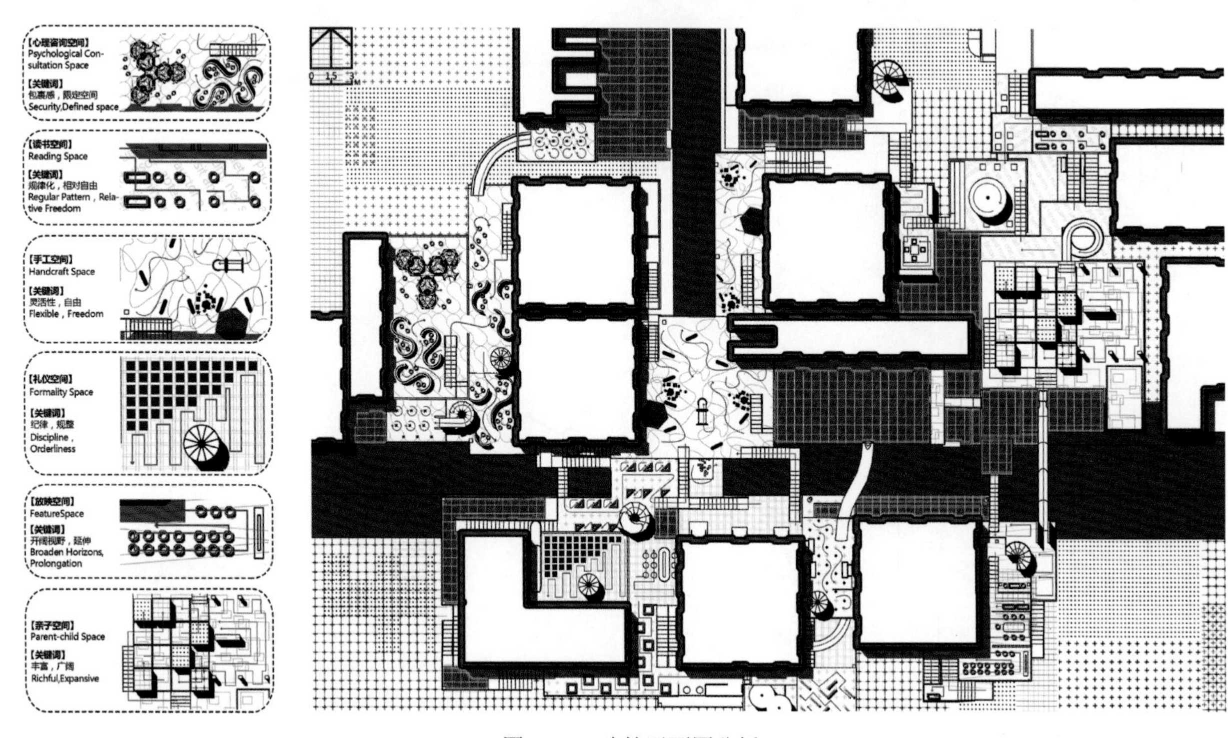

图 4.36　建筑平面图分析

2. 区域面积分析

利用建筑之间的“缝”，将六个功能区灵活地安插进住宅区中，也因此产生了许多新鲜的空间和生活方式。纵向上最基本的交通方式是楼梯及滑梯，可节约空间和材料，也能增强交通的趣味性。除基本功能外，在零散的小角落里，分布着一些有趣的小构筑物，而它们的遭遇则取决于住宅区的这群孩子们。同时还留有一些余地，待今后继续开发。随着时间的变迁，孩子们在这里成长，到最后融入社会。而这些楼梯与滑梯，这些小房间，最后也会成为居民生活的一部分。

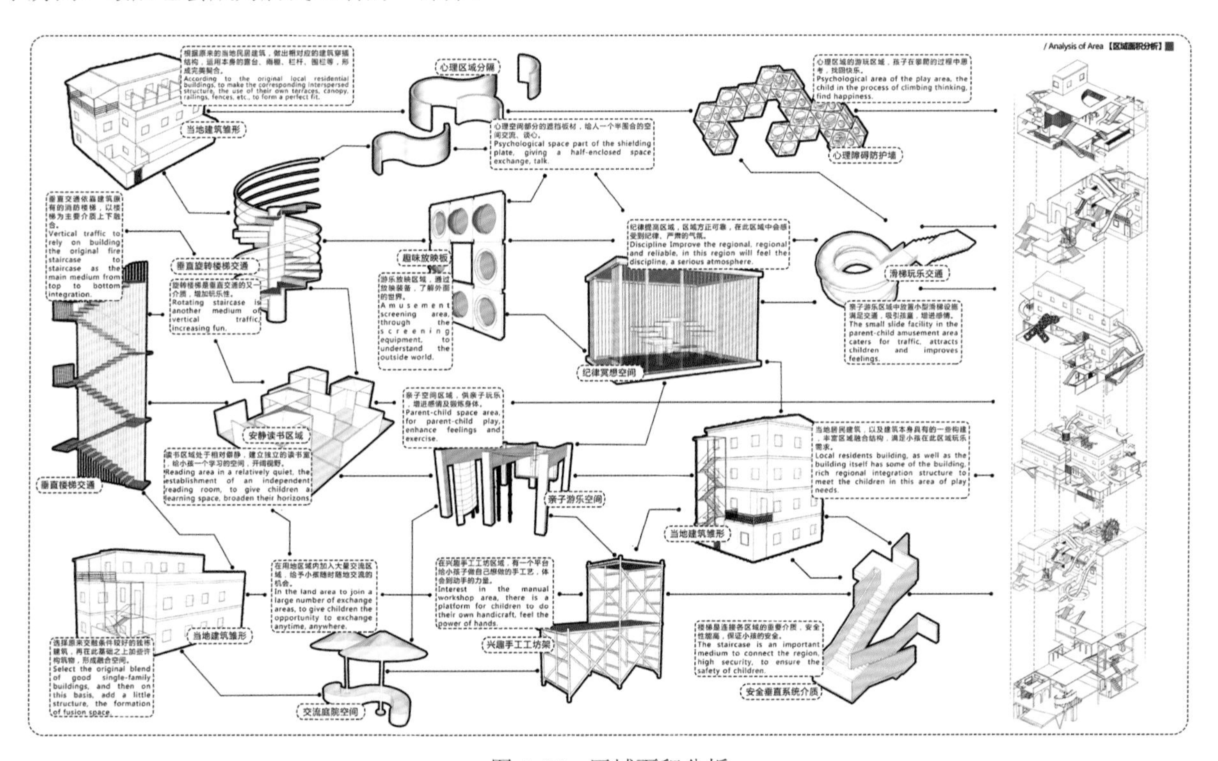

图 4.37　区域面积分析

图 4.38　建筑整体效果图展示

（三） 城市混音

中日景观设计大赛入围奖（图 4.39、图 4.40）

设计成员：甘伟、董文思

1. 设计背景

当设计者在城市中倾听车水马龙、人声鼎沸，设计者在思考现代城市中多数景观，往往强调了视觉环境，在对自然环境和人工环境的审美体验上，并没有考虑到听觉环境中的景观效应。这是一个“无声”的视觉审美，是一个“寂静”的景观。由于设计者喜欢倾听各种各样的声音，让它带设计者离开身处的环境，进入另一个场景。于是，设计者开始记录城市中的各种声音。

2. 设计设想

设计者试着将城市 A 地的声音记录下来，同时在 B 地播放；将一个地点 C 时间的声音记录下来，在同一地点的 D 时间播放。设计者会在嘈杂的市场听到海浪声、在晴天听到下雨声、在历史遗迹前听到它当年的繁华。无数的组合或许会产生更加奇异的效果，也许能从这个过程中得到一些城市需要的声音、可以给人丰富的联想和感受，时间和空间也许会发生转移。

图 4.39 城市混音展示

城市的发现

当我走在城市中，倾听车水马龙，人声鼎沸的时候我在想，现代城市里多数景观往往强调了视线环境，在对自然环境和人工环境的审美体验上，没有考虑到听觉环境中的景观效应。这是一个“无声”的视觉审美，是一个“寂静”的景观，一张风景照片和一部无声电影。我喜欢倾听各种各样不同的声音，让它带我离开身处的环境，进入另一个场景中，让眼前浮现那一个场景中的故事。于是，我开始记录城市中的各种声音……

设 想

我试想将城市 A 地的声音记录下来，同时在 B 地播放；把一个地方 C 时间的声音记录下来，在 D 时间播放。我会在嘈杂的市场听到海浪声，会在晴天时听到下雨声，会在历史遗迹前听到它当年的繁华……无数的组合，或许会产生更加奇异的效果，也许能从这个过程里得到一些城市需要的声音，可以给人丰富的联想和感受，时间和空间也许会发生转移。

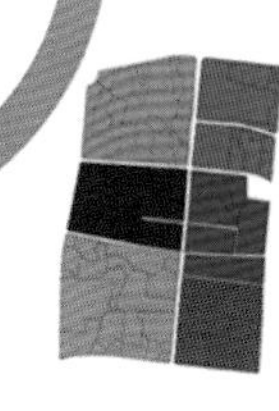

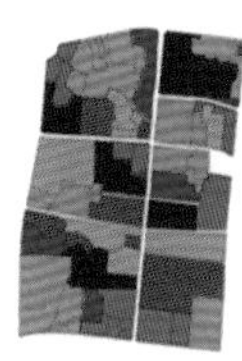

城市混音

城市混音就是在声音的层面上将城市进行混合，在声音上进行空间和时间的置换。在带来奇异的感官、感受的同事，让“别的地点”和“别的时间”通过声音介入当下的环境中，并且选择适当的声音去满足社会活动的特定场合。将声音景观混入视觉景观，使景观更加生动。

记录 RECORD

甘伟 董文思 黄昊

4.2.2 地点类

设计竞赛可以立足于真实场地，也可以不选择实际场地。通常设计更偏向于有一个实际的场地作为设计背景，场地可以给予设计更多信息、更多故事和更多魅力。

有一部分设计竞赛未指定地点，作者可自行选择真实场地。部分设计竞赛会提供一个确定的地点，如“衲田杯”可持续设计国际竞赛主办地点为宿迁、“趣城”秦皇岛国际大学生设计竞赛主办地点为秦皇岛，2016年中日韩大学生风景园林设计竞赛给出主题为“后奥运场地设计”，则需要选择举办过奥运会的城市。2017年“义龙未来城市设计国际竞赛”以贵州义龙的秋水湖作为设计区域，2016年首届梁思成杯侨乡文化建筑大赛以侨乡为设计区域。

若选择地点作为设计切入点，场所的自然环境、历史环境、社会环境和文化环境都可以为设计提供灵感与支柱，真实的场地还可以为设计提供地域性材料、装饰纹样和建筑形式，增强他人对设计作品的认同感。

梁思成杯侨乡文化建筑大赛与奉贤南桥镇口袋公园更新设计国际竞赛皆规定参赛作品以实际场地为设计基地，“蘖磐生华”“空白－留白－留白”以及“趋渠曲趣”三个作品是基于竞赛要求进行创作的。

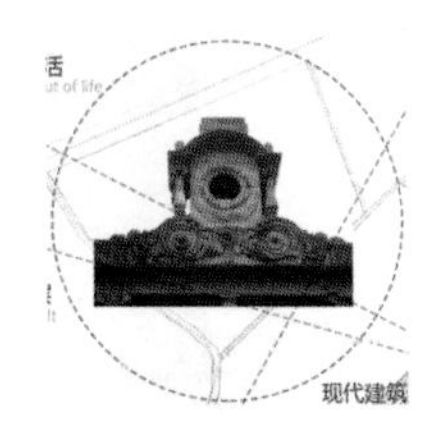

（一） 蘖磐生华——活性重生 续写侨乡建筑空间的演变

首届梁思成杯侨乡文化建筑大赛优秀奖（图 4.41 ～图 4.51）

设计成员：向然、王晟、陈甸甸、胡萌、刘锦豪

图 4.41 区域总平面图

华侨文化分析 Cultural analysis of overseas Chinese

华侨，亦被称作“海外华侨”，华侨属于尚未加入外籍的中国公民，但长期居于国外；包括已取得居住国永久居民身份者，称之为“华侨”，仍保留本国公民身份，仍然受到本国法律保护。华侨不包括因公在外工作者等其他职业的人，留学生，对外援建工作人员。华侨文化是岭南文化结构的独特形态，它形成于异国他乡，反哺于祖国家乡，集中体现为敢为人先、爱国爱乡、团结奉献、追求民主富强的文化特质。华侨反哺家乡的过程同时也是输入异质文化的过程，这就构成了岭南文化现代化的重要基础。

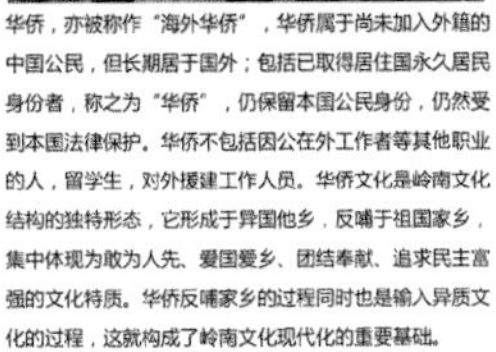

侨乡分布分析 Analysis of the distribution of overseas Chinese

侨乡分布密度Overseas distribution density

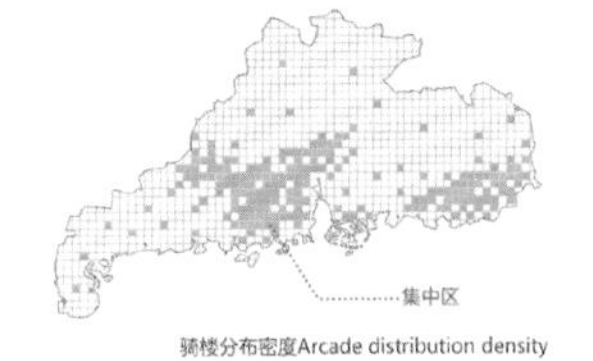

骑楼分布密度Arcade distribution density

侨乡，主要是指国内某些华侨较多而侨眷较集中的地方。一般没有以省级地区来划“侨乡”的。广东和福建有很多县历史上旅居海外的华侨较多被称为侨乡。广东省较多的有梅州市、江门市、汕头市、揭阳市等等。其他省市包括福建省、浙江省、江苏省、河北保定、山东济南等等。有“中国第一侨乡”之称的江门市，移居海外的华侨、港澳台同胞现已达四百多万人，散布在世界五大洲一百零七个国家和地区。

Overseas Chinese, mainly refers to some domestic and overseas more than the concentration of family members. No to the provincial area to draw "overseas Chinese". Guangdong and Fujian have many county history of overseas Chinese living abroad are known as the hometown of overseas chinese. Guangdong Province, Meizhou City, Jiangmen City, Shantou,, Jieyang and so on. Other provinces and cities including Fujian Province, Zhejiang Province, Jiangsu Province, Baoding Hebei, Ji'nan Shandong and so on. "China's first overseas Chinese," said the Jiangmen City, emigrated overseas Chinese, compatriots from Hong Kong, Macao, Taiwan has been of more than 4 million people, scattered around the world five continents 107 countries and regions.

区位分析 Location analysis

中国 China
广州 Guang Zhou
江门 Jiang Men
直冲村 village
河流 Rivers
池塘 pond
直冲村 village

图 4.42　侨民区位分析

侨民与侨建发展历史 Nationals and overseas construction history

1860
1890
1924
近代

社会地位
不被认可，遭到歧视。
吸引华侨兴办实业，保护侨民利益。
招募赴欧华人，引导回国旅游。
侨民社会地位不断提高。

侨民文化
未知
出国便利，侨民身份常态化
安居乐业
引导回国
促进了东西方文化的交流，成为家乡发展的重要力量。

建筑风格
岭南建筑
中西结合
骑楼
碉楼
现代楼房

空间形态
棋盘式
梳式
中央街道式
点式

问题 Question

缺乏必须功能
建筑脱离生活
侨民文化缺失
精神与文化断层
现代建筑失去特色
缺乏活动场所

图 4.43　侨民历史分析

1. 设计背景

侨乡，主要是指国内华侨较多且侨眷集中的地方。有“中国第一侨乡”之称的江门市，包括移居海外的华侨以及港澳台同胞四百多万人。随着国际化的发展、出国的便利，使侨民身份常态化。在近代，侨民的社会地位不断提高，回国后兴办实业，成为家乡发展的重要力量。但现代侨乡的文化建设与基础建设出现了问题，如岭南建筑脱离现代生活、精神与文化出现断层、侨民文化逐渐缺失、传统习俗缺乏活动场所、现代建筑缺少地域特色等，亟待设计者解决。

2. 设计概念

设计取蘖磐之名（同音涅槃；蘖，即树木去枝后发出的新芽；磐，寓意格局，也可译为石头），象征着设计者对侨乡重生的祝福。以两岸“墟市”的形态呈现出来，寓意华侨们“相思落地，两岸生花”的归乡之情。基于此，设计者期望侨乡与岭南建筑能在“蘖磐”中活性重生，续写侨乡建筑艺术空间的演变，加深华侨与祖国的精神与文化的交流。

3. 设计方案

在该设计中，设计者以侨乡建筑与岭南建筑的聚落形式、路网形态、建筑布局和装饰纹样为设计基础。将这些元素拆分，再进行参数化分析和理性选择，加入现代环保和智能技术，打造一个集生活、娱乐、展示和纪念的多功能空间。

"蘖磐生华"—活性重生
THE EVOLUTION OF OVERSEAS CHINESE
ARCHITECTURAL SPACE WRITING ACTIVITY REBIRTH
山水之气—以水而运
悠悠烟水、潺潺云山、
泛泛渔舟、闲闲鸥鸟
房廊蜿蜒、楼阁崔巍、
动“江流天地外”之情
合“山色有无中”之句

侨乡建筑空间的演变
"夜，为你所看到妩媚地睡着的夜，那是受天点化过的一块活的石头；她
睡着，但她具有生命的火焰，只要你叫她醒来，——她将与你说话。
"——米开朗基罗《夜》。
对多数人而言，侨乡建筑是个特定时期的历史名词，资本驱使下的城市化
进程和几十年华侨与祖国往来的中断，促使地域性的消亡，记忆与技艺的
与文化的断层，侨乡建筑与传统岭南建筑一样，永远被时间包
围和凝固从而成为了"建筑化石"。
我们以侨乡建筑与岭南建筑的聚落形式、路网形态、建筑布局
墙体、门窗、门楣，以及文化心态入手，将其拆分开来，再
元素进行参数化的分析、调试与理性选择，注入现代低碳建筑
筑技术手段，打造出一个集生活、娱乐、展示、纪念多种功能形
空间，取以蘖磐之名（同音涅盘；蘖，即树木去枝后发出的新芽；磐
"盘"，寓意格局，且可释义为石头。），象征着我们对它重生的祝
以两岸"墟市"的形态呈现出来，寓意华桥们"相思落地，两岸生花
归乡之情。基于这些，我们期望侨乡与岭南建筑能在"蘖磐"中活性
续写侨乡建筑艺术空间的演变，加深华侨与祖国的精神与文化的交
流。

图 4.44　建筑效果图展示

剖面图 Profile

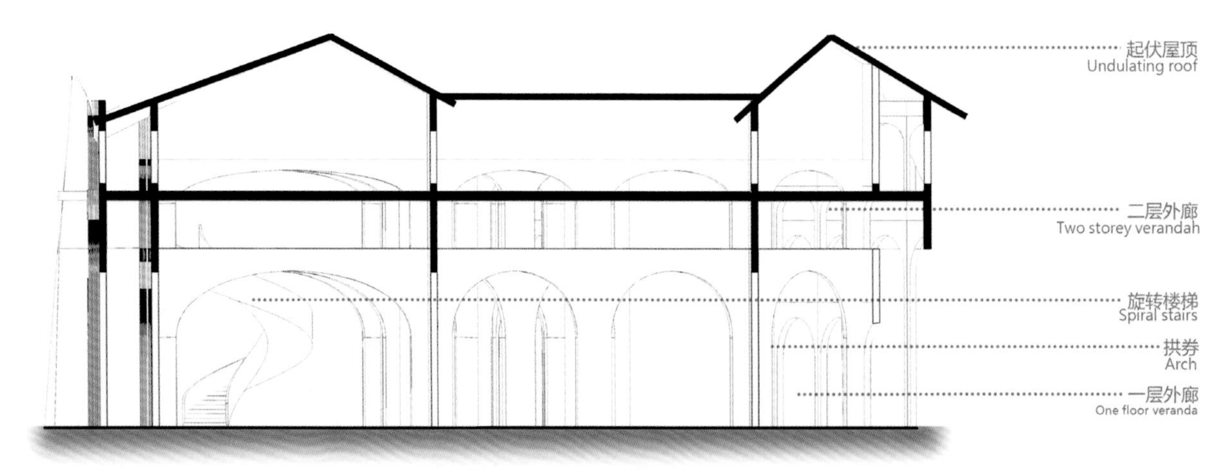

图 4.45　建筑剖面图展示

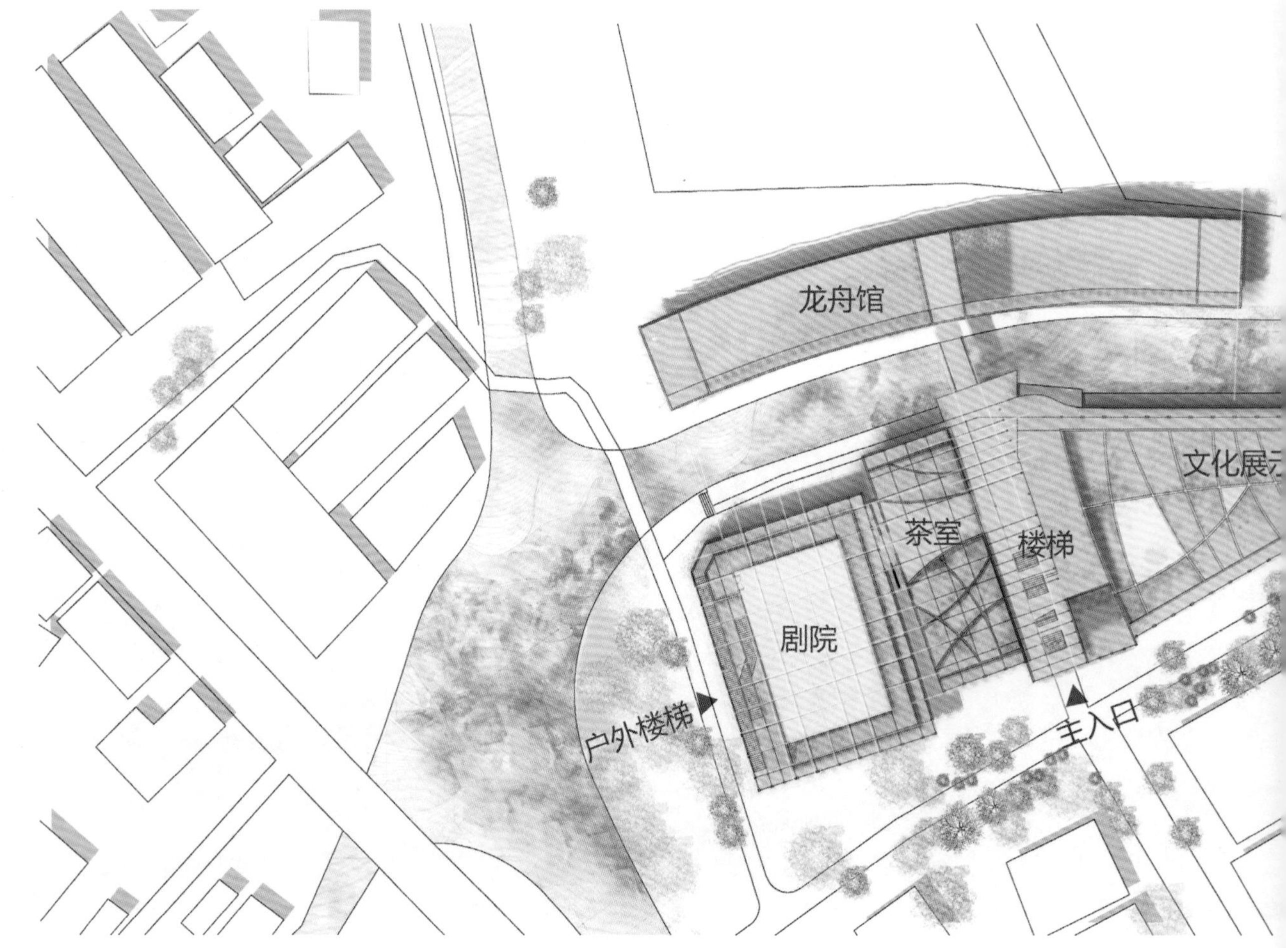

图 4.46　建筑总平面图

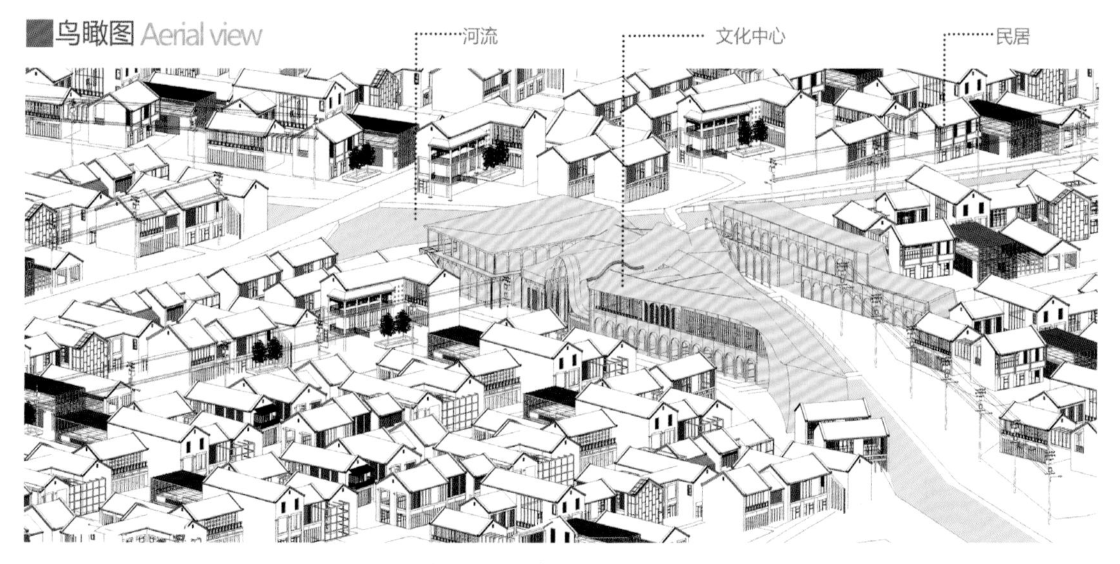
鸟瞰图 Aerial view
河流
文化中心
民居

图 4.47　鸟瞰图展示

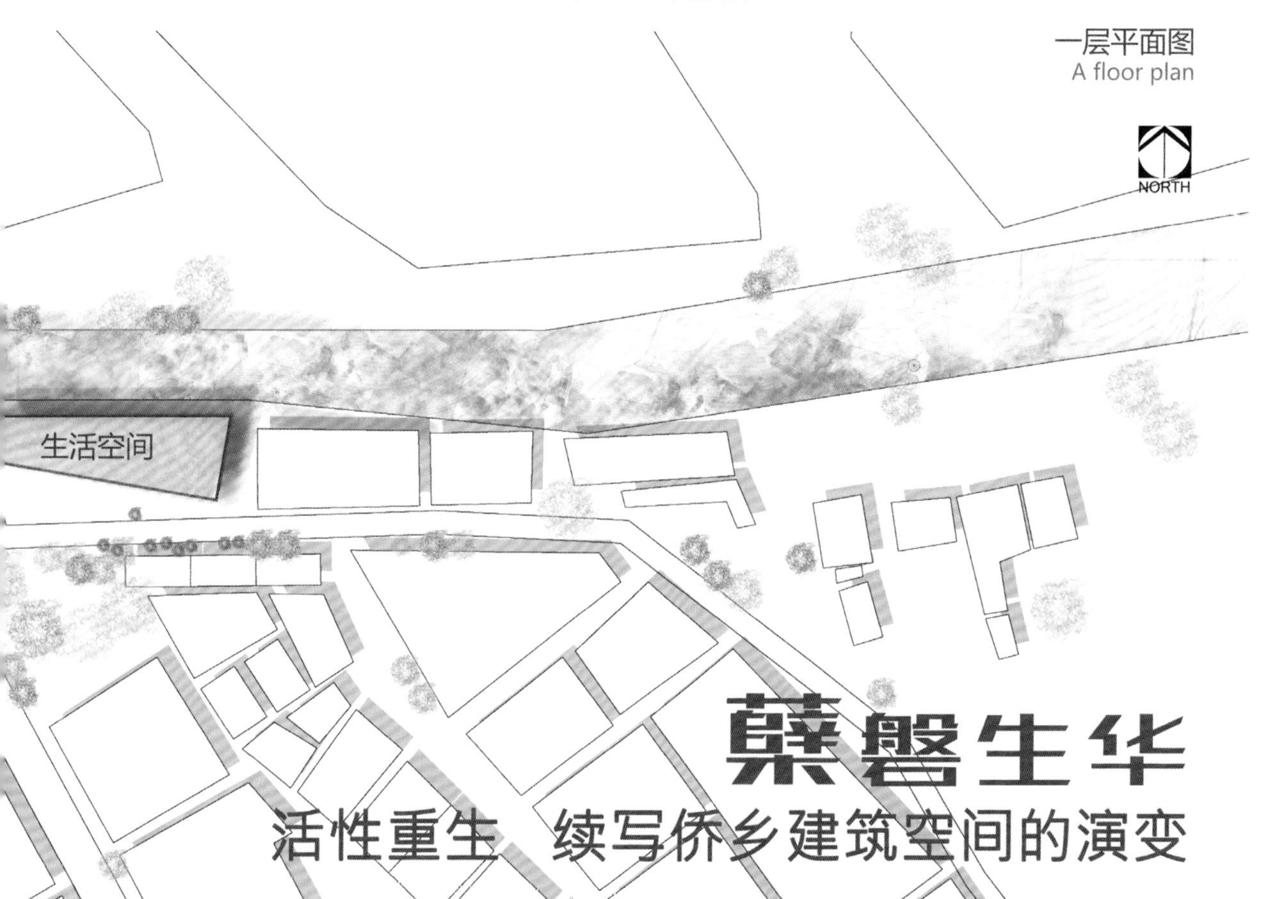
一层平面图
A floor plan
NORTH
生活空间
蘖磐生华
活性重生　续写侨乡建筑空间的演变

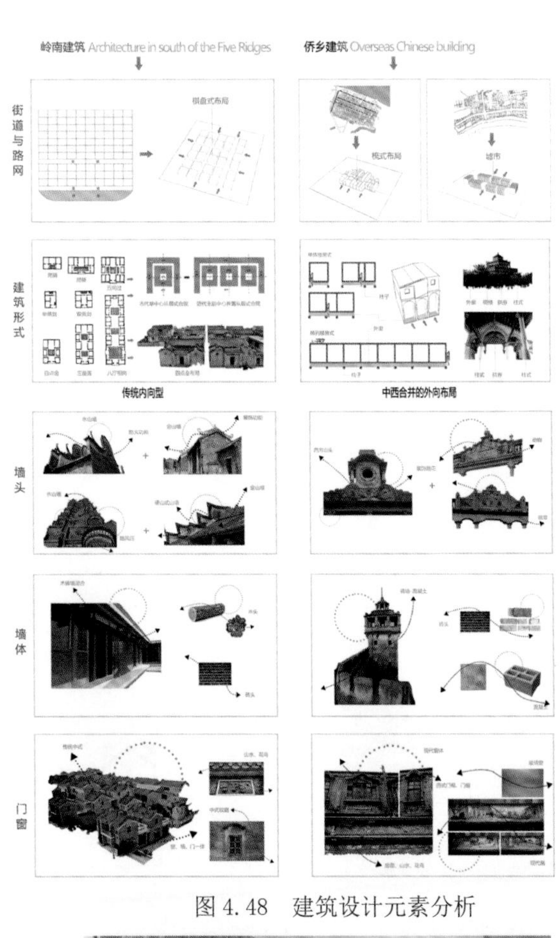

图 4.48　建筑设计元素分析

图 4.49　室内效果图展示

功能分析 Functional analysis

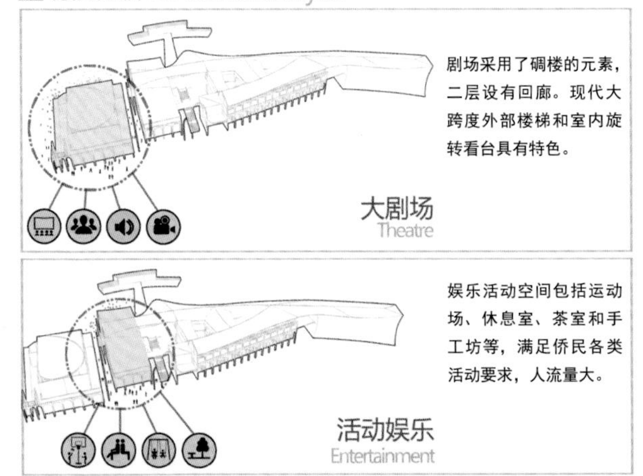

剧场采用了碉楼的元素，二层设有回廊。现代大跨度外部楼梯和室内旋转看台具有特色。
大剧场
Theatre
娱乐活动空间包括运动场、休息室、茶室和手工坊等，满足侨民各类活动要求，人流量大。
活动娱乐
Entertainment

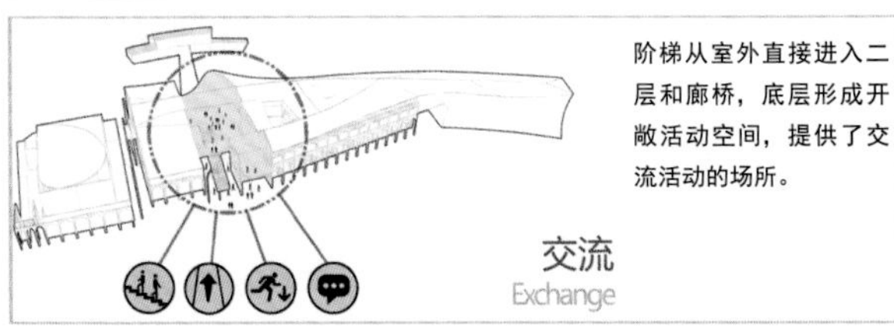

阶梯从室外直接进入二层和廊桥，底层形成开敞活动空间，提供了交流活动的场所。
交流
Exchange

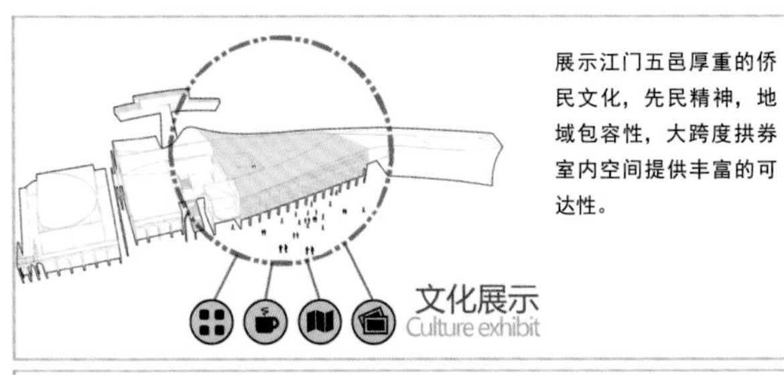

展示江门五邑厚重的侨民文化，先民精神，地域包容性，大跨度拱券室内空间提供丰富的可达性。
文化展示
Culture exhibit

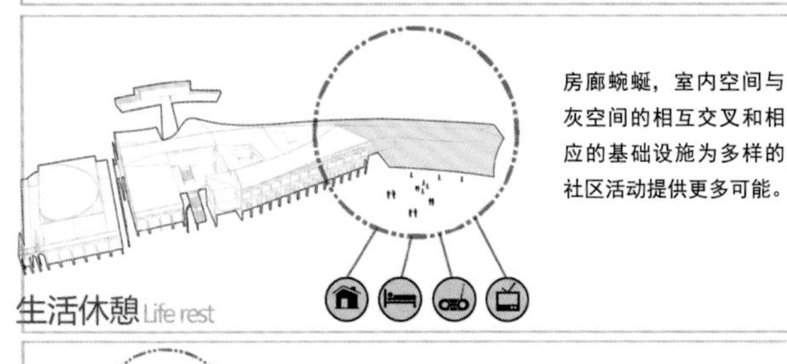

房廊蜿蜒，室内空间与灰空间的相互交叉和相应的基础设施为多样的社区活动提供更多可能。
生活休憩 Life rest

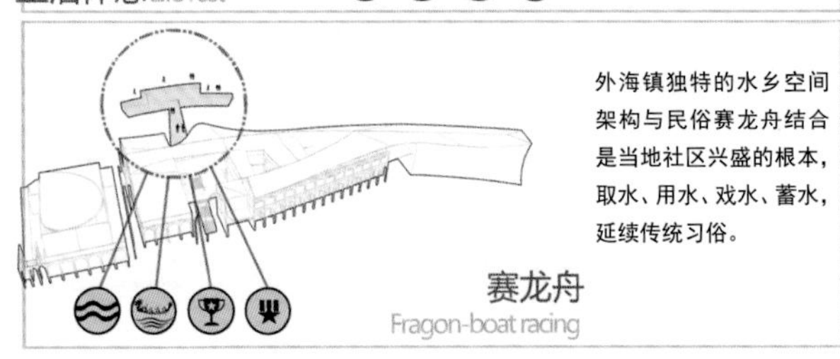

外海镇独特的水乡空间架构与民俗赛龙舟结合是当地社区兴盛的根本，取水、用水、戏水、蓄水，延续传统习俗。
赛龙舟
Fragon-boat racing

图 4.50　建筑功能分析

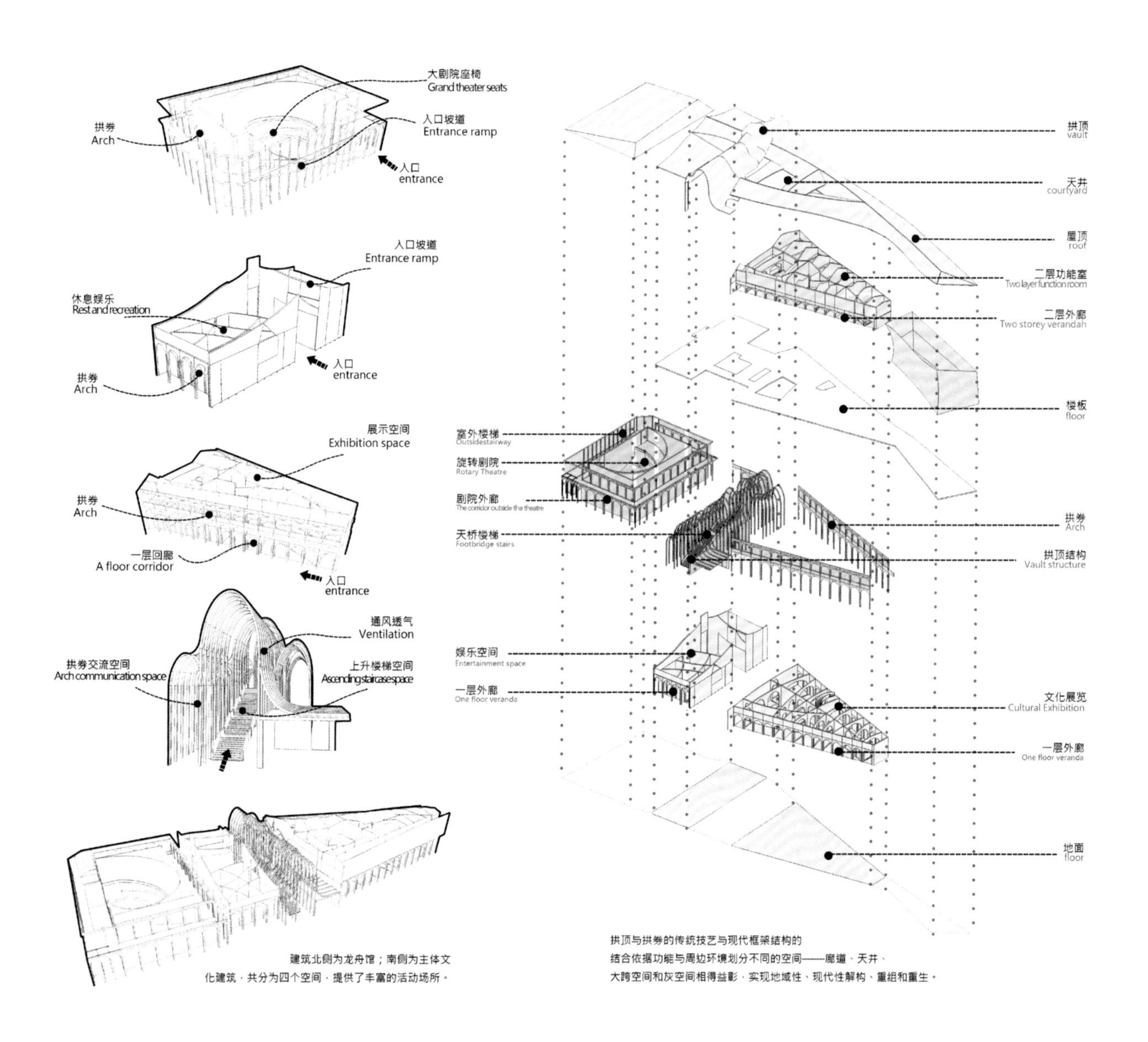

图 4.51 建筑空间结构分析

（二）空白—留白—流白

奉贤区南桥镇口袋公园国际竞赛优秀奖（图 4.52 ～图 4.56）

设计成员：胡萌、陈甸甸、李泳霖

图 4.52　效果图展示 -1

将漫流于城
1.1区位分析
LOCATION ANALYSIS
上海奉贤区
Shanghai Fengxian
南桥老城
Nanqiao City
上海奉贤区南桥镇
Shanghai Fengxian District South Town
奉贤区位于上海南翼，南临杭州湾、北濒黄浦江、东眺深水港、西连化学城，拥有良好的区位条件。丰富多元的滨水文化底蕴推动历史文化城市再生。
南桥老城
Nanqiao City
基地区位
南桥镇区域定位
Nanqiao Town Regional Location
南桥镇同时，作为奉贤区政治、经济、文化中心及区委、区政府所在地，是辐射带动整个奉贤区的核心，也是杭州湾北岸滨海城市群的重要组成部分。
南桥运河
Nanqiao river
环城西路
环城东路
南奉公路
Nanfeng Road
南桥镇基地分析
Analysis of Nanqiao Town Base
位于南桥老城，北至南桥运河、南近南奉公路、东起环城东路、西至环城西路。地块有古迹：古华园，自然环境优良,众多公园绿地辐射周边居住区。
南桥运河
Nanqiao river
南桥路
Nanqiao Road
公园分布
Park Distribution
设计区块分析
Design block analys
南桥运河联系着南桥镇的命脉。南桥路则是老城最重要的交通干道，沿线七个口袋公园分布服务商业和居住区，是打造景观城市绿色系统的核心。
Nanqiao Canal links the lifeblood of Nanqiao Town. South Bridge Road is the old city's most important traffic arteries, along the seven pockets park distribution services business and residential areas, is to build the green city of landscape city center.
南桥运河
Nanqiao river
南桥路
Nanqiao Road
公共建筑
Public Buildings
公共建筑分析
Public building analysis
作为主干道，南桥路沿线商业丰富，车流量人流量密集。南桥中学、南桥小学、房地大厦和电影院等等公共建筑被串联，亟需建设市民休闲场所。
As the main road, Nanqiao Road along the commercial rich, traffic flow of people intensive. South Bridge Middle School, South Bridge Elementary School, premises building and new development apartments and so on public buildings are in series, the urgent need to build public leisure places.
南桥运河
Nanqiao river
南桥路
Nanqiao Road
居住建筑
Residential Building
居住建筑分析
Analysis of residential buildings
设计地块以居住区为主，主要有化工小区、亿阳公寓、中心公馆、新发展公馆等等。公园需为广大市民的生活、娱乐、交往需求提供完善场所。
The design of the block to residential areas, mainly chemical district, Yiyang apartment, the central mansion, the new development of the mansion and so on. Park for the general public's life, entertainment, communication needs to provide a perfect place.

图 4.53　效果图展示 -2

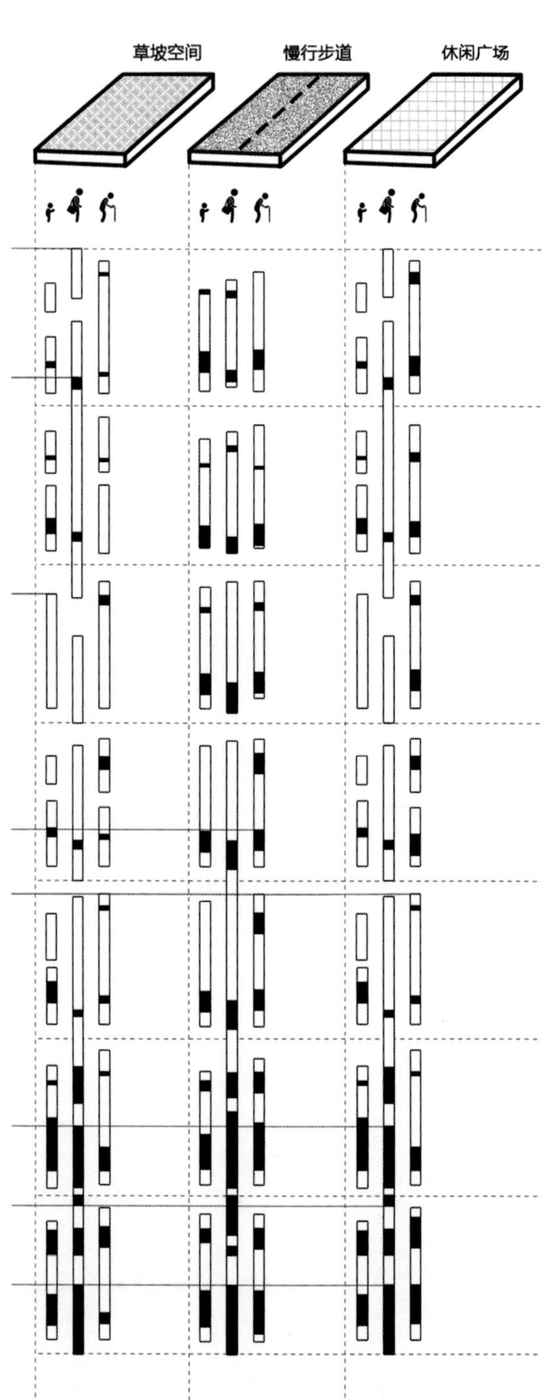

图 4.54　景观组成要素分析

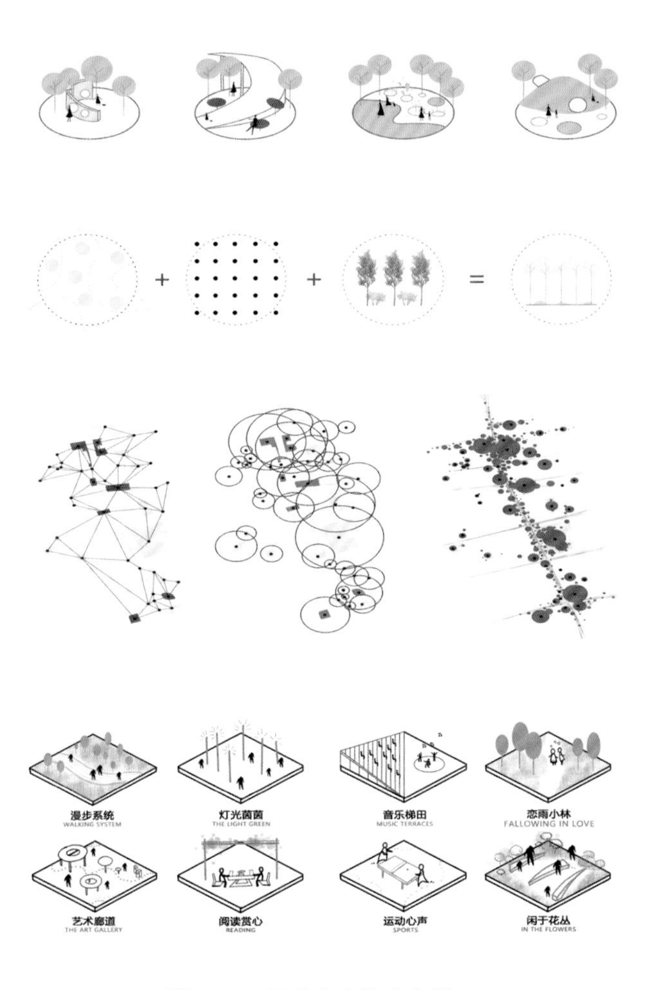

图 4.55　景观节点构成分析

城市发展至今，原本的街头绿地成为被动的空白，难以聚集人气。本设计旨在构建一个由点向面、拥有无限可能的空间，能够让产生的问题与困惑以及留白的场所得以解决。生命是流动的，城市是流动的，时间是流动的，万物都在流动。周遭的环境存在太多诱惑，学会放下刻板、过于忙碌、孤独的生活态度，将人生留白，丈量城市的土地，感受人与人之间的亲近。

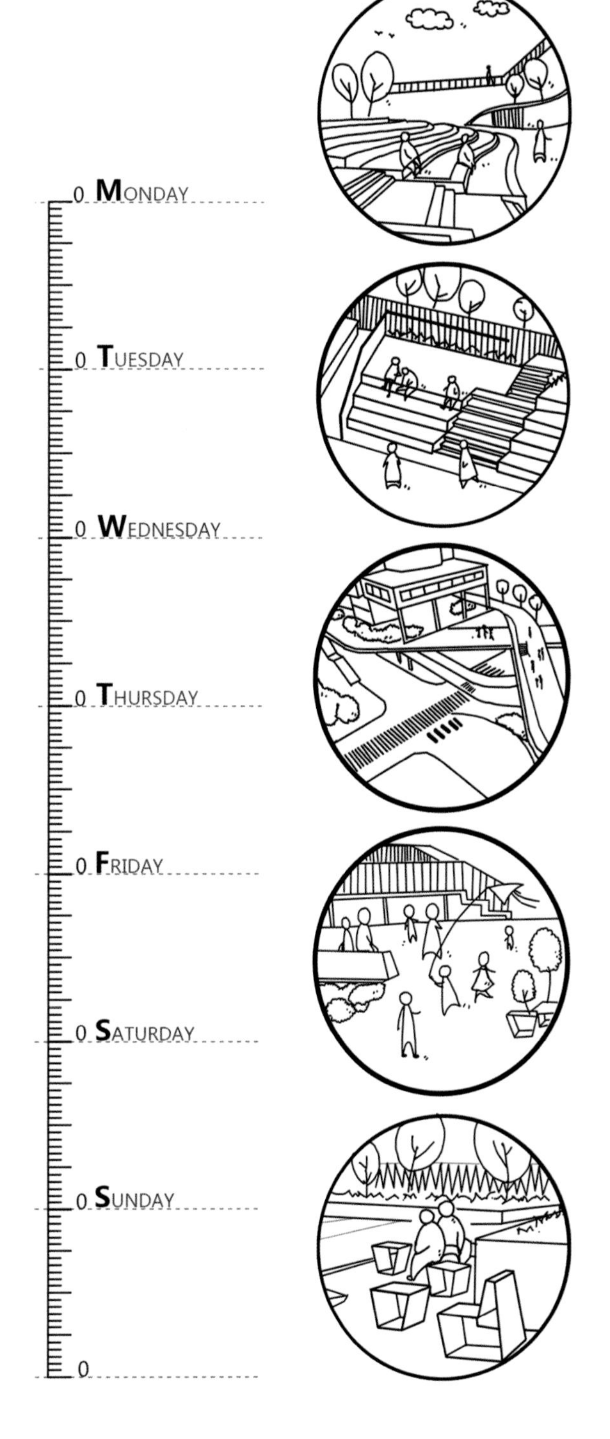

图 4.56　景观节点活动分析

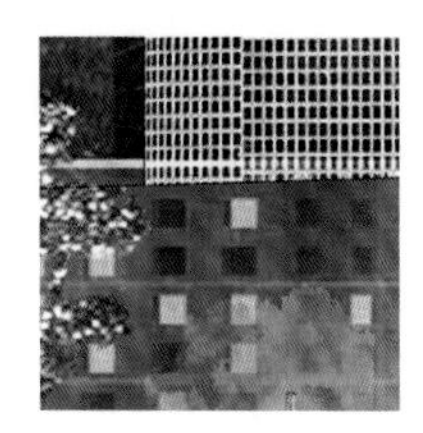

（三）趋渠曲趣

奉贤区南桥镇口袋公园国际竞赛优秀奖（图 4.57 ~图 4.67）

设计成员：肖璐瑶、胡雯、卢思奇

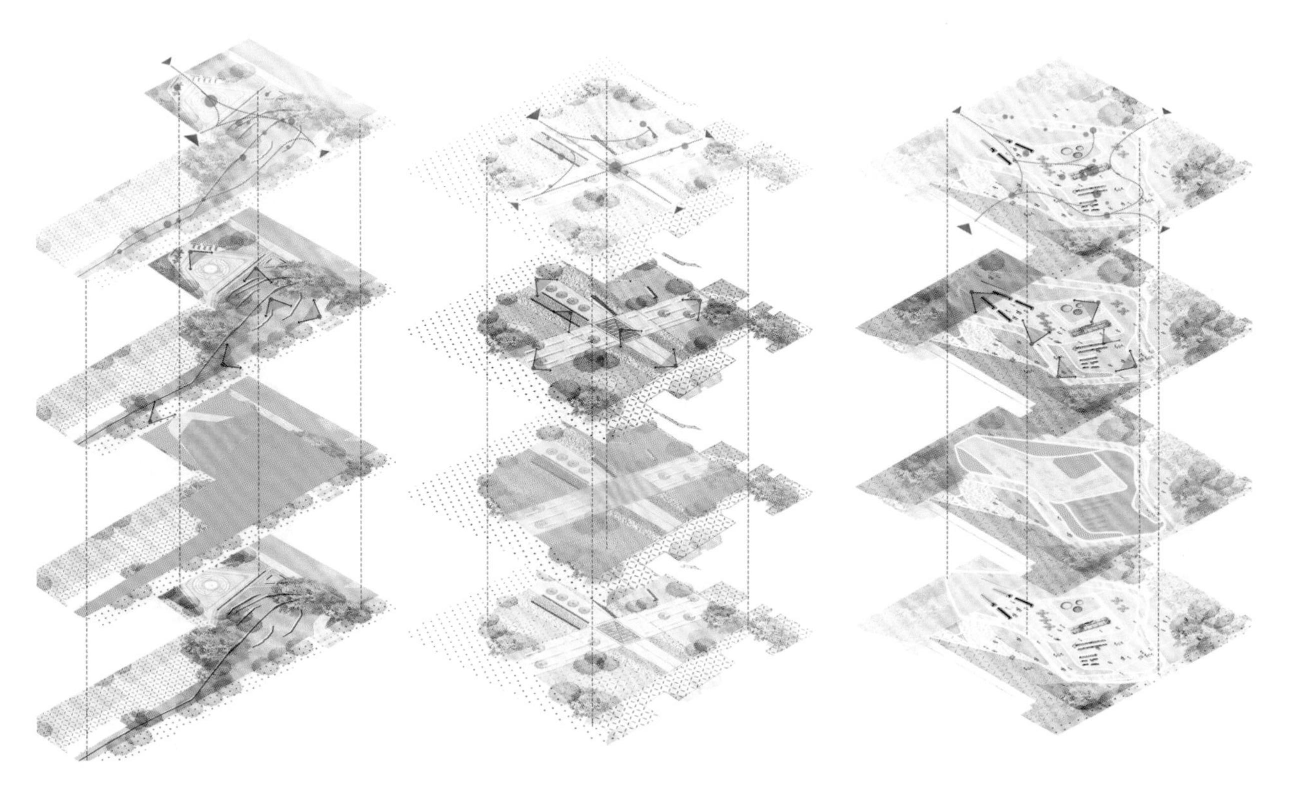

图 4.57　景观节点层次分析

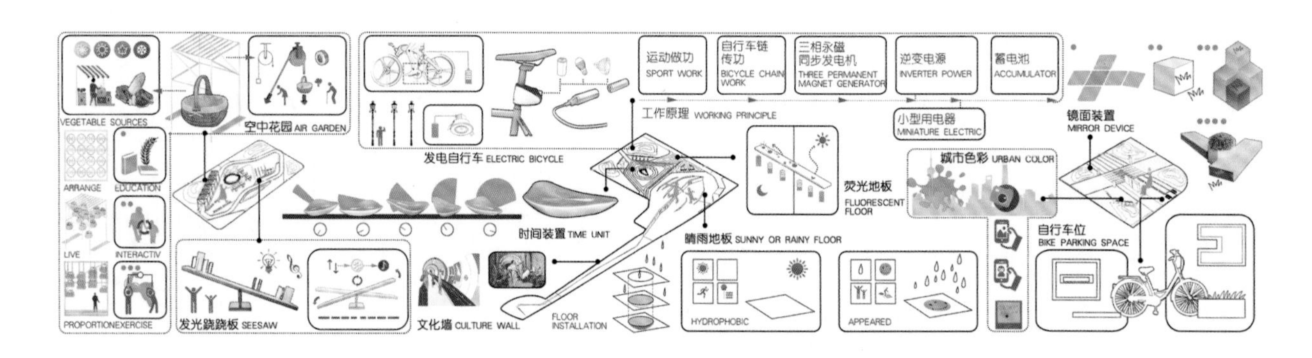

图 4.58　场地活动分析

图 4.59　场地问题分析

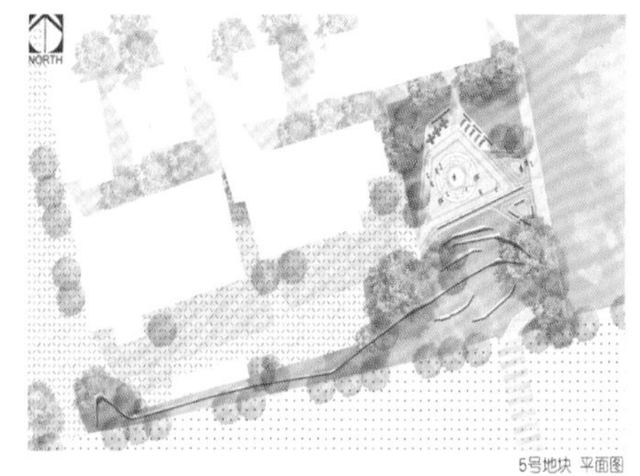

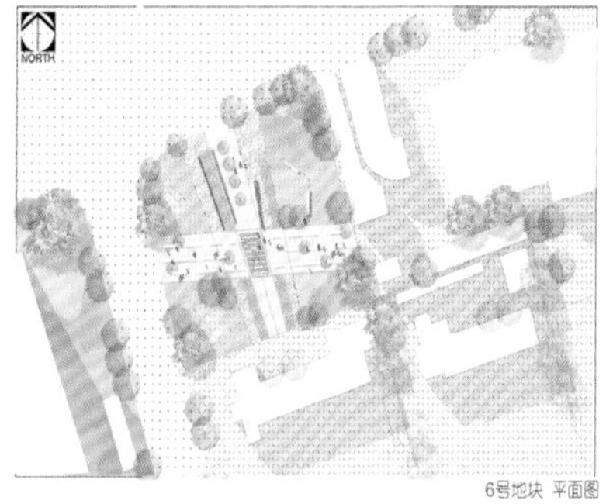

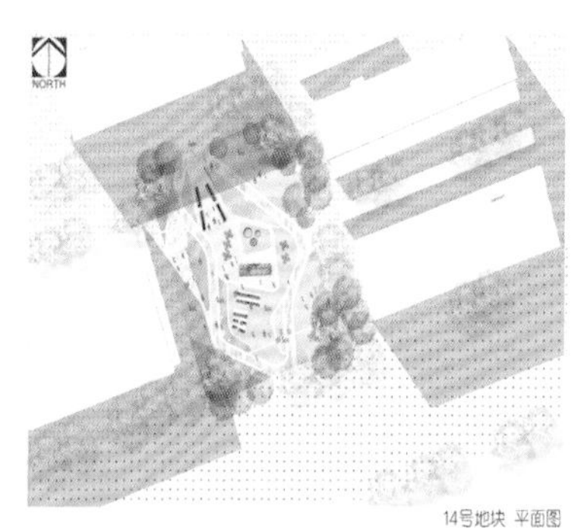

图 4.60　景观节点平面图

图 4.61　效果图展示 -1

图 4.62　效果图展示 -2

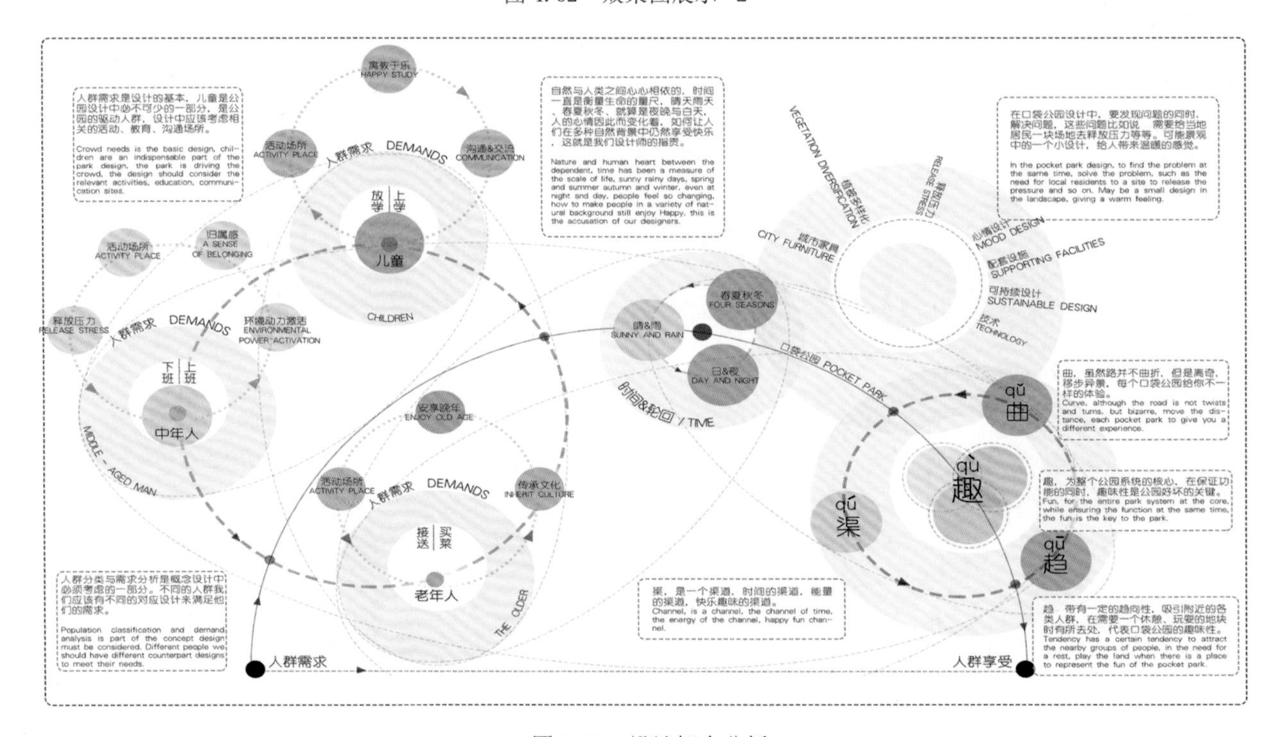

图 4.63　设计概念分析

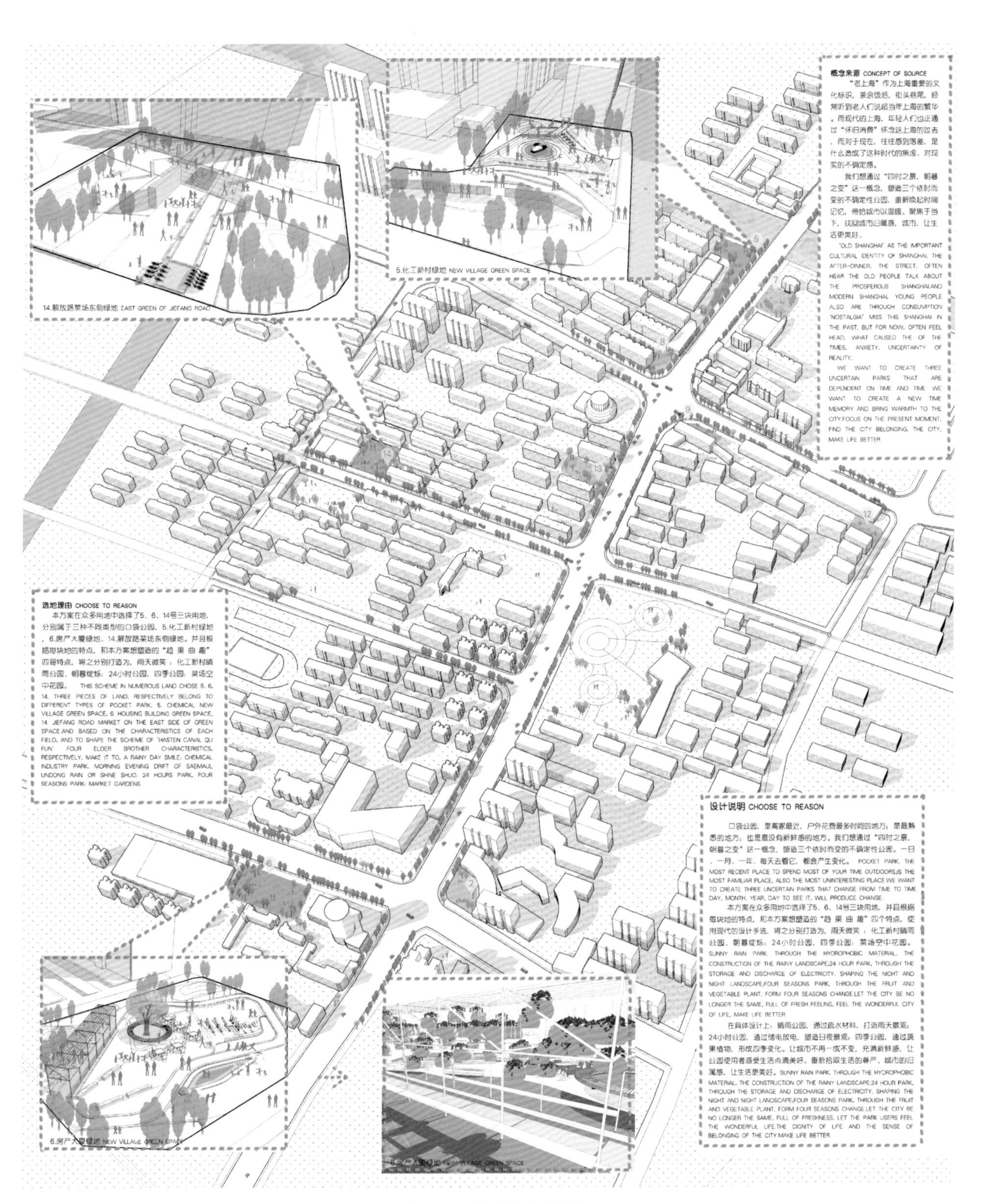
14.解放路菜场东侧绿地 EAST GREEN OF JIEFANG ROAD
5.化工新村绿地 NEW VILLAGE GREEN SPACE
概念来源 CONCEPT OF SOURCE
“老上海”作为上海重要的文化标识，茶余饭后，街头巷尾，经常听到老人们说起当年上海的繁华。而现代的上海，年轻人们也正通过“怀旧消费”怀念这上海的过去，而对于现在，往往感到落差，是什么造成了这种时代的焦虑、对现实的不确定感。
我们想通过“四时之景，朝暮之变”这一概念，塑造三个依时而变的不确定性公园，重新唤起时间记忆，带给城市以温暖。聚焦于当下，找回城市归属感，城市，让生活更美好。
'OLD SHANGHAI' AS THE IMPORTANT CULTURAL IDENTITY OF SHANGHAI, THE AFTER-DINNER, THE STREET, OFTEN HEAR THE OLD PEOPLE TALK ABOUT THE PROSPEROUS SHANGHAI.AND MODERN SHANGHAI, YOUNG PEOPLE ALSO ARE THROUGH CONSUMPTION 'NOSTALGIA' MISS THIS SHANGHAI IN THE PAST. BUT FOR NOW, OFTEN FEEL HEAD, WHAT CAUSED THE OF THE TIMES, ANXIETY, UNCERTAINTY OF REALITY.
WE WANT TO CREATE THREE UNCERTAIN PARKS THAT ARE DEPENDENT ON TIME AND TIME WE WANT TO CREATE A NEW TIME MEMORY AND BRING WARMTH TO THE CITY.FOCUS ON THE PRESENT MOMENT, FIND THE CITY BELONGING, THE CITY, MAKE LIFE BETTER
选地理由 CHOOSE TO REASON
本方案在众多用地中选择了5、6、14号三块用地，分别属于三种不同类型的口袋公园，5.化工新村绿地，6.房产大厦绿地、14.解放路菜场东侧绿地。并且根据每块地的特点，和本方案想塑造的“趋 渠 曲 趣”四哥特点，将之分别打造为，雨天微笑：化工新村晴雨公园、朝暮绽烁：24小时公园，四季公园：菜场空中花园。 THIS SCHEME IN NUMEROUS LAND CHOSE 5, 6, 14, THREE PIECES OF LAND, RESPECTIVELY BELONG TO DIFFERENT TYPES OF POCKET PARK, 5. CHEMICAL NEW VILLAGE GREEN SPACE, 6. HOUSING BUILDING GREEN SPACE, 14. JIEFANG ROAD MARKET ON THE EAST SIDE OF GREEN SPACE.AND BASED ON THE CHARACTERISTICS OF EACH FIELD, AND TO SHAPE THE SCHEME OF 'HASTEN CANAL QU FUN' FOUR ELDER BROTHER CHARACTERISTICS, RESPECTIVELY, MAKE IT TO, A RAINY DAY SMILE: CHEMICAL INDUSTRY PARK, MORNING EVENING DRIFT OF SAEMAUL UNDONG RAIN OR SHINE SHUO: 24 HOURS PARK, FOUR SEASONS PARK: MARKET GARDENS
设计说明 CHOOSE TO REASON
口袋公园，是离家最近，户外花费最多时间的地方；是最熟悉的地方；也是最没有新鲜感的地方。我们想通过“四时之景，朝暮之变”这一概念，塑造三个依时而变的不确定性公园。一日、一月、一年、每天去看它，都会产生变化。 POCKET PARK, THE MOST RECENT PLACE TO SPEND MOST OF YOUR TIME OUTDOORS;IS THE MOST FAMILIAR PLACE, ALSO THE MOST UNINTERESTING PLACE.WE WANT TO CREATE THREE UNCERTAIN PARKS THAT CHANGE FROM TIME TO TIME DAY, MONTH, YEAR, DAY TO SEE IT, WILL PRODUCE CHANGE.
本方案在众多用地中选择了5、6、14号三块用地，并且根据每块地的特点，和本方案想塑造的“趋 渠 曲 趣”四个特点，使用现代的设计手法，将之分别打造为，雨天微笑：化工新村晴雨公园、朝暮绽烁：24小时公园，四季公园：菜场空中花园。 SUNNY RAIN PARK, THROUGH THE HYDROPHOBIC MATERIAL, THE CONSTRUCTION OF THE RAINY LANDSCAPE;24 HOUR PARK, THROUGH THE STORAGE AND DISCHARGE OF ELECTRICITY. SHAPING THE NIGHT AND NIGHT LANDSCAPE;FOUR SEASONS PARK, THROUGH THE FRUIT AND VEGETABLE PLANT, FORM FOUR SEASONS CHANGE.LET THE CITY BE NO LONGER THE SAME, FULL OF FRESH FEELING, FEEL THE WONDERFUL CITY OF LIFE, MAKE LIFE BETTER
在具体设计上：晴雨公园，通过疏水材料，打造雨天景观；24小时公园，通过储电放电，塑造日夜景观；四季公园，通过蔬果植物，形成四季变化。让城市不再一成不变，充满新鲜感，让公园使用者感受生活点滴美好。重新拾取生活的尊严、城市的归属感，让生活更美好。 SUNNY RAIN PARK, THROUGH THE HYDROPHOBIC MATERIAL, THE CONSTRUCTION OF THE RAINY LANDSCAPE;24 HOUR PARK, THROUGH THE STORAGE AND DISCHARGE OF ELECTRICITY, SHAPING THE NIGHT AND NIGHT LANDSCAPE;FOUR SEASONS PARK, THROUGH THE FRUIT AND VEGETABLE PLANT, FORM FOUR SEASONS CHANGE.LET THE CITY BE NO LONGER THE SAME, FULL OF FRESHNESS, LET THE PARK USERS FEEL THE WONDERFUL LIFE.THE DIGNITY OF LIFE AND THE SENSE OF BELONGING OF THE CITY.MAKE LIFE BETTER
6.房产大厦绿地 NEW VILLAGE GREEN SPACE

图 4.64　景观总鸟瞰图

图 4.65　四季效果图展示

图 4.66　效果图展示 -3

图 4.67　智能街道设施分析

四时之景，朝暮之变
剖析当代休憩现状，欣享生态口袋场所模式
趋渠曲趣/3

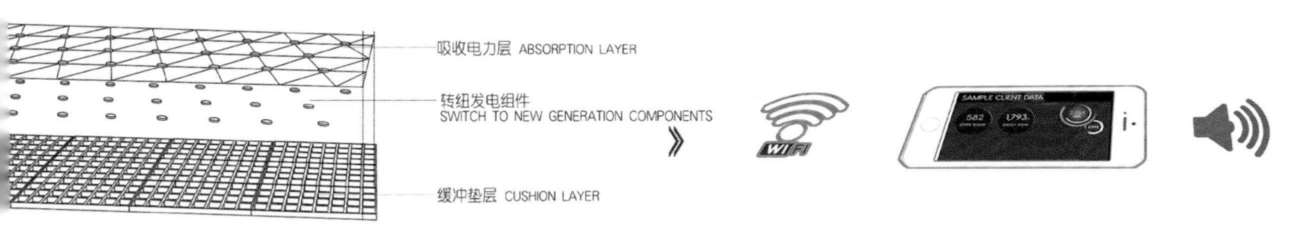

地下发电组件：由行人动能转化发电,供给周边用电设施
ENERATING COMPONENTS: PEDESTRIAN KINETIC ENERGY,SUPPLY THE SURROUNDING ELECTRICITY FACILITIES

连接WIFI下载APP实时可见发电量及用处，实现智能街道理念
CONNECT WIFI AND APP REAL-TIME POWER GENERATION TO REALIZE SMART STREET CONCEPT

4.3 规整概念

在概念确定之后，列一个图纸目录，将思维过程、设计推理和图纸数量罗列出来（图 4.68）。为什么需要列一个图纸目录？因为设计竞赛与实际项目不一样，设计不会直接做出实物给他人欣赏，设计者更不能站在评委和观众面前讲述自身的思考过程。仅仅凭借几张二维图纸，就要表达出所有的想法，那么图纸就需要有清晰的目录和逻辑，将想法娓娓道来。这样做可以使思维更加清晰、分工更加明确、图纸展示更有条理，让其他人更易读懂设计者的概念。

通常一个系统且普遍的设计目录如下：竞赛解题—前期背景分析（包括区位信息、历史背景和现状问题）—提出关注点或关键问题—提出设计概念—落实解决方案—设计呈现（包括草图、平面图、立面图、剖面图、分析图和效果图等）—设计后的结果和愿景。

和学习写作文一样，竞赛图纸的结构和作文的结构意义一致。普遍的结构为总—分—总，列出相似的思维结构大纲，然后往里面添加具体内容，内容决定设计作品的优劣。部分学生可以突破所有的结构框架，以不同常人的思维方式展示，但前提是先学会具有系统性和逻辑性的做法，再尝试突破。

0. 封面
1.0 设计概念
1.1 分析当代矛盾
1.2 当地文化分析
1.3 场地现状分析
1.4 灵感来源
2.0 总体设计方案
2.1 解析概念
2.2 空间划分
2.3 流线分析
2.4 总平面图
2.5 平面图（一层、二层）
2.6 鸟瞰图
2.7 立面图
2.8 功能分区、空间分析
2.9 节能环保专题分析
3.0 节点设计
3.1 建筑设计
3.2 其他节点设计
4.0 景观场地设计
5.0 专项设计
6.0 总结与展望

图 4.68 设计竞赛图纸目录示意

4.3.1 简单与深入的区别

通过学习和积累经验，掌握竞赛思路后，会有许多同学陷入无法深入思考的怪圈。其中部分同学能意识到自己的缺陷，在不断的思考和自我充实中获得进步。但还有部分同学并不能意识到这个问题，如果仅仅罗列场地背景与解决方案，浅谈场地的表面现象，不深入思考背后的机制，则无法发掘关键问题。这与每个人的思考深度、知识积累和思维广度有关系，很多人到达这个瓶颈就难以突破，需要靠努力提升自我以及掌握正确的方法来指导设计。

4.3.2 是否需要面面俱到

在完成图纸目录时，是否需要面面俱到？例如对场地进行分析时，如果讨论工业棕地修复问题，那么需要研究如下内容：工业遗址物理信息、化学信息、人口信息和场地污染的原因，解决如何修复污染、如何激活场所这些关键问题。场地的其他信息，如道路宽度、气温变化、高峰期通车率、历史风貌、人文风俗等信息，与主题没有必然的相关性，就不需要出现在竞赛观念的研究和论证之中。

学会删繁就简，把关联度高的因素留下，把无关因素去除。若整个设计讲述的过程太过冗杂，面面俱到，则会显得设计思路不够清晰和严谨。观看图纸的人也会被无关信息迷惑，反而不容易突出主题。这种做法增加了工作量，且对设计作品具有不良影响。出现做图过程不明确的根源问题在于规整思路这一步骤没有完成。组内成员没有及时讨论，或者未达成共识，最后导致事倍功半，这是不可取的方法。竞赛过程中要求组长与组员密切联系，把握整个设计的思路，形成完整的图纸目录，并了解每一个人在做什么，将效率达到最高。

4.3.3 概念的逻辑性

设计概念需要具有逻辑性，图纸的表达也需要逻辑性。这要求设计者不仅要有艺术性思维，同时也要有理性思维。在设计概念的表达上要层次清晰、准确、具有条理。在设计者认识客观事物、找出关键问题、改造世界的过程中，遵循具有逻辑的方法和规律，而不是胡乱拼凑的结果。提升概念思考的逻辑性，综合分析背景要素，概括事物的本质，整合设计资源，最终才能完成一个严谨的设计作品。

例如，“边缘之城”和“对立启示录”两个作品都体现出完整且严谨的设计概念。从沿海疍民和新疆高台居民的生活现状出发，探讨历史、现实与未来对两个不同地区的影响，作品中呈现出强烈的地域性特色与人文关怀。

（一）边缘之城

2016 园冶杯国际竞赛一等奖（图 4.69 ～图 4.78）

设计成员：郝心田、胡栋、陈甸甸、张翔

6 A.单体模数分析 MONOMER MODULUS ANALYSIS

客厅
养殖
甲板
厨房
卧室
泊船

■ 居住单元 ESIDENTIAL UNIT

疍家人传统居住单元较为简陋、面积狭小、难以抵抗台风等灾难、活动性差。菱形结构有一定活动性，居住单元一分为四，分区明确的居住单元，屋外供休息和行走的甲板，每家拥有的养殖网箱和渔船停泊的水湾。

图 4.69　单体模数分析

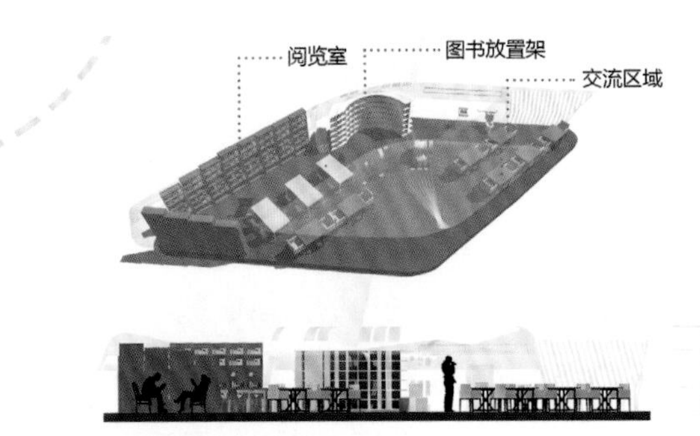

■ 文化单元 CULTURAL ELEMENTS

疍家人素来不重视文化教育，致使文化与陆上居民脱节，无法融入其中。设置文化单元，让先进的文化科技与疍家文化相互影响渗透，让疍家渔民的小孩可以有场所更好的学习，改进疍家人的文化氛围。

图 4.70　文化单元分析

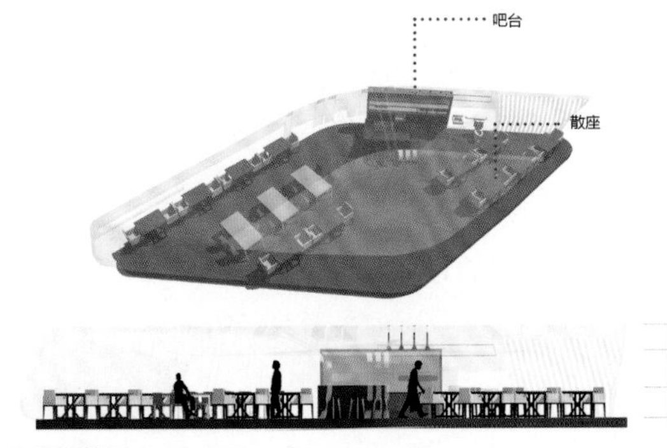

■ 服务单元 SERVICE UNITS

疍家人喜爱喝茶，出海回来后下午总爱与朋友聚在一起喝茶，在居住单元旁设置服务单元，是渔民休闲娱乐的好去处，增加了疍家人收入方式的多样性。同时因其独特的风景和体验，可以吸引陆地上的居民或游客，增进相互之间的联系。

图 4.71　服务单元分析

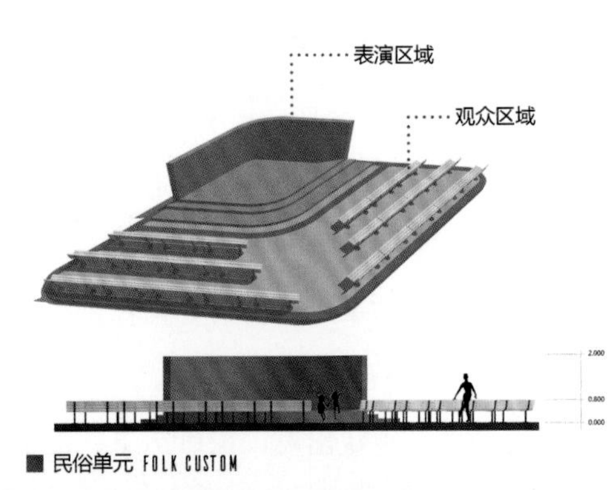

■ 民俗单元 FOLK CUSTOM

咸水歌、疍家舞蹈、疍家民俗都具有浓厚的海上风情，疍家人有着海派的豪放与浪漫，千百年来素与歌为伴。疍家人捕鱼归来闲暇时聚集在民俗单元集会、游戏载歌载舞，为疍家渔民的生活带来了欢乐，也使疍家名俗文化这一非物质文化遗产得以保留和发展。

图 4.72　民俗单元分析

PART 7 技术

A. 居住单元材料与结构

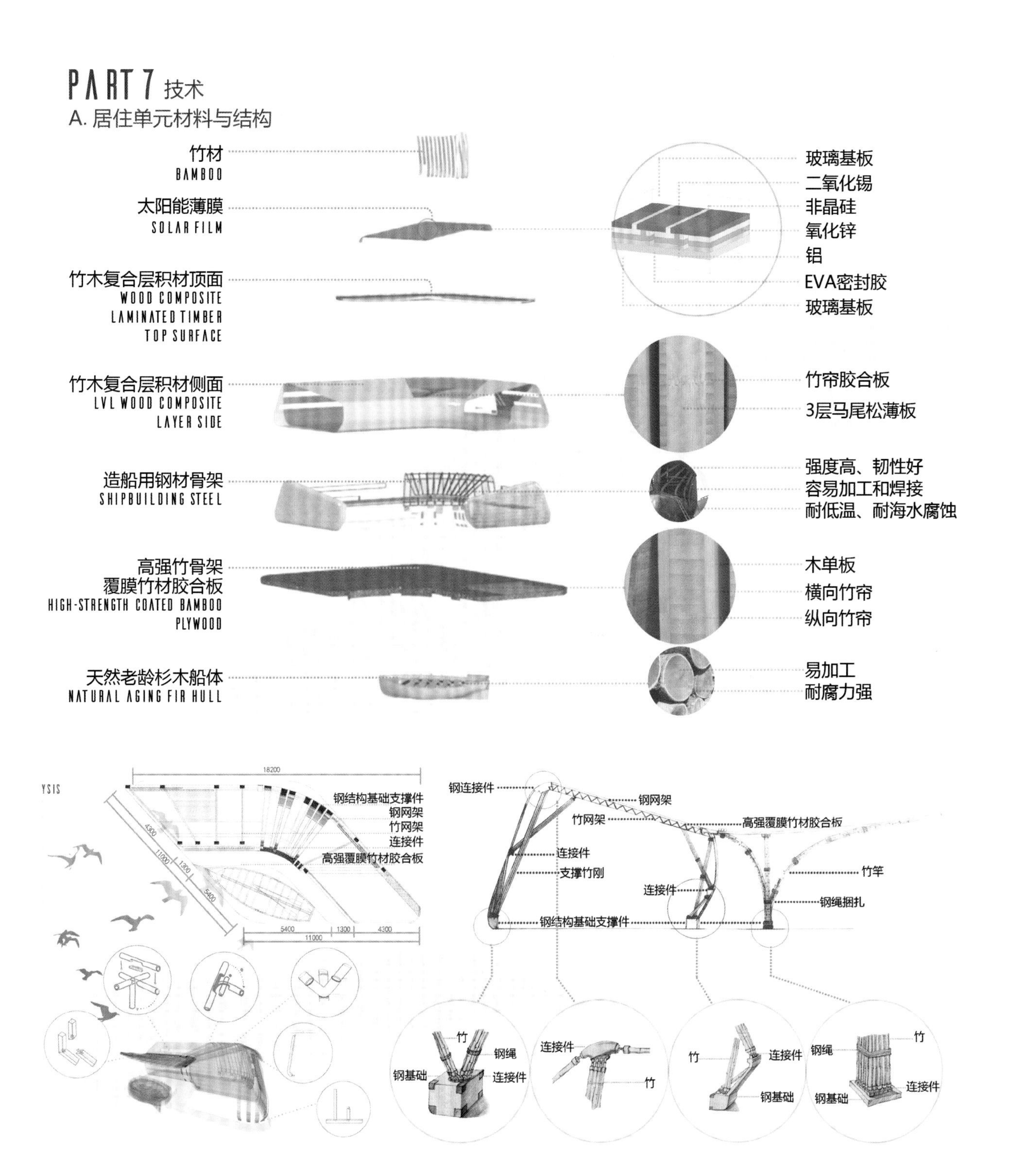
竹材
BAMBOO
太阳能薄膜
SOLAR FILM
竹木复合层积材顶面
WOOD COMPOSITE
LAMINATED TIMBER
TOP SURFACE
竹木复合层积材侧面
LVL WOOD COMPOSITE
LAYER SIDE
造船用钢材骨架
SHIPBUILDING STEEL
高强竹骨架
覆膜竹材胶合板
HIGH-STRENGTH COATED BAMBOO
PLYWOOD
天然老龄杉木船体
NATURAL AGING FIR HULL
玻璃基板
二氧化锡
非晶硅
氧化锌
铝
EVA密封胶
玻璃基板
竹帘胶合板
3层马尾松薄板
强度高、韧性好
容易加工和焊接
耐低温、耐海水腐蚀
木单板
横向竹帘
纵向竹帘
易加工
耐腐力强
18200
钢结构基础支撑件
钢网架
竹网架
连接件
高强覆膜竹材胶合板
4300
11000
1300
5400
钢连接件
钢网架
竹网架
高强覆膜竹材胶合板
连接件
支撑竹刚
竹竿
连接件
钢绳捆扎
钢结构基础支撑件
竹
钢绳
钢基础
连接件
连接件
竹
竹
连接件
钢基础
钢绳
竹
连接件
钢基础

图 4.73　居住单元结构与材料分析

1. 设计初衷

边缘之城，它们既是城市的边缘，又是海洋的边缘，既是社会的边缘，又处在文化的边缘。该设计表达了一种强烈的社会关怀，但又不会破坏当地的原始文化与居民习惯，希望找到一个平衡点，创造出来自他们脚下“土壤”的设计。尊重他们哪怕是最卑微的记忆，并运用社会中最底层的人听得懂的语言来解释它、定义它。

C.历史风貌 HISTORICAL STYLE AND FEATURES
独特水乡风情 咸水歌

咸水歌没有固定的歌谱，基本上就一个调。咸水歌的流传方式非常原始，歌曲没有固定的歌谱，也没有专人去教，都是老一辈人口口传唱。
宗教信仰 妈祖 家神 祭海

敬仰妈祖，祈愿妈祖的保护；家神乃自家神位，祖宗传下，每日祭拜；祭海活动，祈祷丰收。
礼与唱结合 疍家婚俗

婚礼在船上举行，张灯结彩，场面热闹，有时联舟成排，男女对歌，讲究“唱”婚，古时称疍家“婚时以蛮歌相迎”。
根据有关“桐栖港”的资料推断，“新村”约在清咸丰元年（1851 年）以后形成。它随着毗邻港口桐栖港地形地物的变迁和沿海地区经济的发展应运而兴，约在清末形成新村港。海南疍家人主要分布在三个地区，其中新村港是海南疍家人分布较多的一块区域，疍家人自古以来在各个朝代都是一个受压迫的对象，被迫流亡海上，逐渐形成了自己的文化，但是随着生存环境的恶化等原因，疍家人的人口急剧减少，现在疍家人逐渐趋于消亡，随着疍家人而兴起的民俗文化也逐渐消失或者被同化。
以船为家的历史，让疍家人有一种特殊的心理需求，即他们对船、对海的依附。当他们上岸定居，这种稳固的土地，给予他们的并不是安定，反而是不确定性。地理上不确定的“水”和恒定的“土”，在以水为生的疍家人那里，恰恰相反，水是衣食父母，是某种程度上可以掌控的、熟悉的，而“土”因为是陌生的、不熟悉的、不能依靠生存的，所以是多变而不确定的。所以只有在“船上”他们才会有安全感，才会得到慰藉。
PART 3 现状 SITUATION
A.生存现状 LIVING SITUATION 生存环境简陋拥挤，生活空间和生产空间没有分开，生存环境恶劣。生产方式单一，上岸贩售混乱，销售模式没有系统的管理，食品安全也存在着隐患。

图 4.74 历史及现状分析

图 4.75 效果图展示 -1

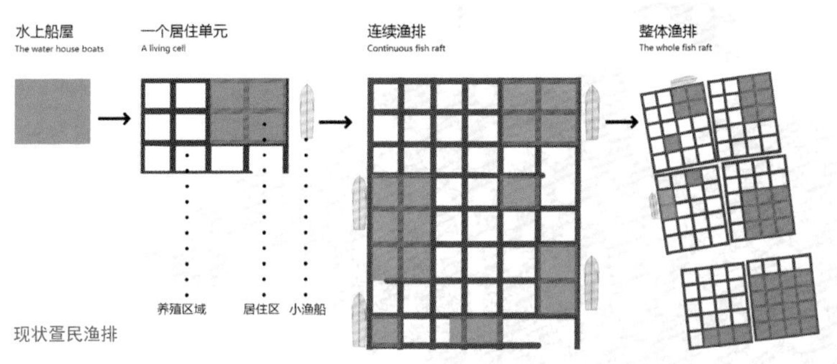

超强台风频发,直接或间接影响陵水区域

年份	台风名称	最大风力	登陆地点
1973	"7314"	18级	琼海博鳌
2004	"威马逊"	17级	文昌翁田镇
2013	"海燕"	14级	乐东莺歌海镇
2011	"纳沙"	14级	文昌翁田镇
2010	"康森"	12级	三亚
2010	"悟空"	12级	陵水黎安镇
2005	"达维"	16级	万宁市北部沿海
2003	"科罗旺"	12级	文昌翁田镇
1992	"9204"	12级	陵水沿海地区
1992	"9205"	12级	琼海长坡镇
1991	"9106"	12级	万宁沿海
1989	"8926"	12级	三亚育才镇

疍家人在海上生活和劳动的场所称为“渔排”，修建“渔排”的主要材料为木板和浮泡。屋子面积从几平方米到几十平方米，大小不等。屋子由薄木板搭成，屋内不设床。门由厚重结实的木料制成，上下开门。渔排靠 30 多厘米宽的木板组成的网络拼成一体，增加浮力。现存渔排居住船屋面积狭小、造型简单、环境简陋。每家渔民的居住单元由若干矩形木架组成，自建船屋、框起的养殖区域和渔船停泊的水域，这是疍家人生活的全部。整体渔排由渔民自发搭建组成，缺乏秩序和管理。相互之间联系不够紧密，渔排组合本身缺乏灵活性，无法抗拒海面的狂风巨浪。

设计单元抗风性能

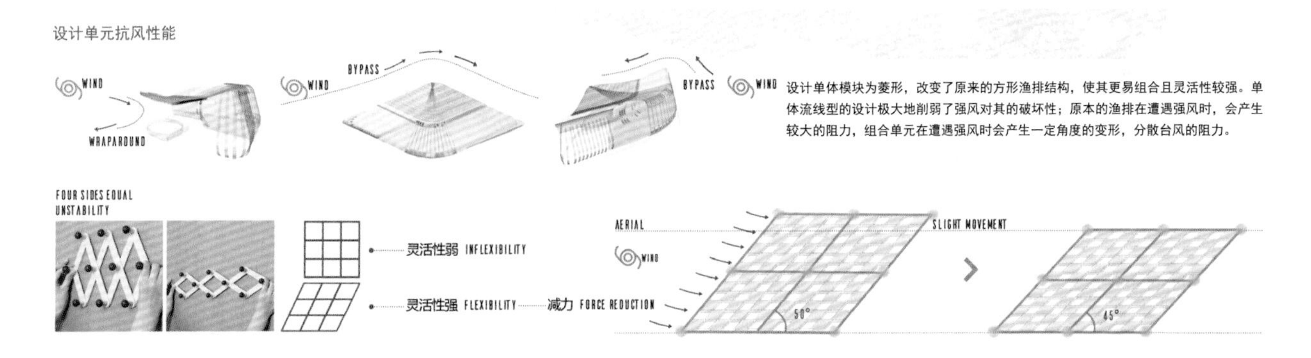

设计单体模块为菱形，改变了原来的方形渔排结构，使其更易组合且灵活性较强。单体流线型的设计极大地削弱了强风对其的破坏性；原本的渔排在遭遇强风时，会产生较大的阻力，组合单元在遭遇强风时会产生一定角度的变形，分散台风的阻力。

图 4.76　架构技术分析

图 4.77　效果图展示 -2

2.　设计愿景

建筑模块选取了能够体现中华气节与疍家人不屈精神的竹作为基本材质，通过生产方式与生活方式相对分离的方式来改变居住条件，让渔民有更多活动空间。在生产活动上，进行合理的区域划分，设置固定的贩售地点，集中管理。在生活上，划分大的公共服务场所，譬如书馆、茶馆、集会单元、祭祀、博物馆和文化场所等，让疍家文化得以传承和发展，让世界更加了解这种独特的文化。

图 4.78　效果图 -3

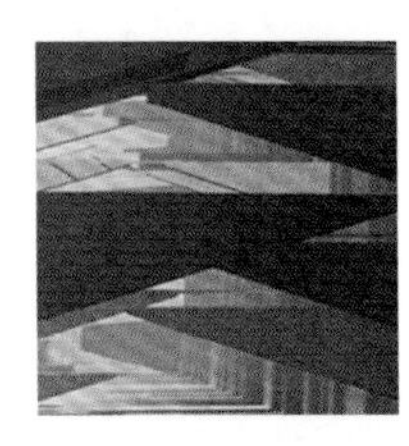

（二）对立启示录

2017年霍普杯国际大学生建筑设计竞赛入围奖（图4.79～图4.82）

设计成员：郝心田、杨博浪、罗振鸿、黄敬知

图4.79　效果图展示

1. 设计背景

强烈的故土情节与家族的维系感，使高台的居民不愿离开自己脚下的土地。但基础设施的匮乏以及生活需求的增加，使得这里的居民困难重重。政府搬迁的塔楼并不是高台居民想要的空间形式与生活方式。历史与宗教所导致的防御机制建设模式使得内在空间具有封闭性和独立性，对外交流形成障碍。高台居民以其独立的形态伫立在吐曼河畔，周围看似无墙，实则有墙，是一面精神上与外界隔绝的墙。

图 4.80　节点效果图展示

2. 设计初衷

本设计旨在打破新疆高台居民因地理因素无法与外界交流的壁垒，跳出独立的区位，与周边城市形态结合。重塑居民的居住空间，以围合的形式向周围四散重塑，以归纳—提取—打散—重构的方式延伸高台聚落，按其防御性的建设机制建立起一圈聚落的延续体。改进居住条件、改良生产环境、完善公共服务、复兴民俗文化，并形成向外的沟通渠道。

图 4.81　设计现状分析

图 4.82　剖面图展示

4.4 深入概念

在参加设计竞赛时，较高年级学生学会了选择竞赛概念、提出问题和思路规整，但作品仍然不尽如人意，这是为什么呢？优秀的设计作品各不相同，但普通的设计作品，问题却有所相似。完成前几个步骤，但最终呈现的图纸仍然不够好，主要是因为在竞赛过程中，概念思考不够深入、对关键问题的提取不够彻底，浅尝辄止，没有发现问题和事物关系的本质。

这是大部分同学的问题，造成这一问题的原因有很多：意识不到自己思维不够深入；对设计竞赛的理解不足；能意识到思维的不足，仍无法深入，则是因为知识储备量不足，对生活的感受不够丰富；或者对待竞赛不够认真。

学会进一步思考概念，完善解决方案，则需要认真学习本书第一章“创新思维的培养与训练”。深入思考竞赛概念，使其更具内涵，是对学生提出的更高要求。大学是培养学生自主学习能力的场所，设计竞赛同样考验的是自主学习能力和思考能力。

深入概念思考时，需要做到从文史哲的书籍中获取知识和灵感，学会寻找理论支撑；从解读大师思想和大师作品开始，先模仿再创造。模仿当然不是抄袭，需要学习的是大师的思想以及思路的生成过程。

完善方案和解决问题时不能太过理想化、简单化，需要从实际出发，结合技术、场地、人文等诸多因素。同时也不能受思维的局限。设计需要融会贯通，不同的视角和其他领域的知识，都可以为设计方案提供支撑。

4.4.1 建筑类竞赛

建筑类竞赛以“芥子纳须弥”、蓝星杯国际建筑大奖赛系列作品和“互惠生长”为例。

（一）芥子纳须弥

2016 年“联创杯”ART&TECH 全国大学生建筑设计大赛一等奖（图 4.83 ～图 4.94）

设计成员：向然、胡萌、陈甸甸、王诗旭、张钰

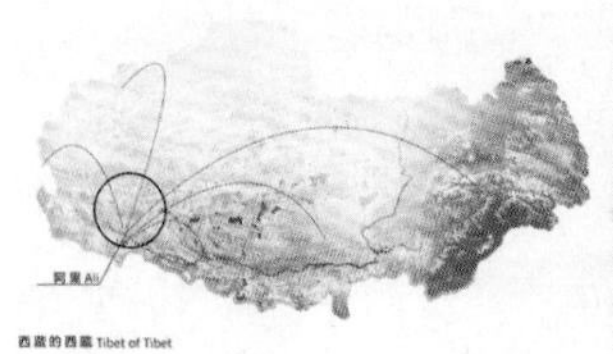

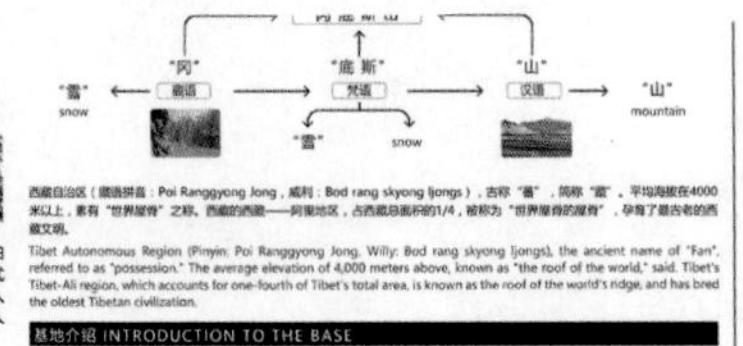

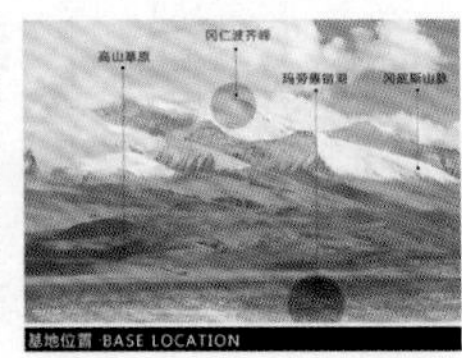

图 4.83　设计背景分析 -1

芥子纳须弥
——基于融合主题上的藏地文化与人生意义
《维摩经.不可思议品》云：芥子纳须弥，须弥至大至高，芥子至微至小，岂可芥子之内入得须弥山乎？
我们所设计的小微建筑就如同芥子，依附在有”天地圣山“之称的须弥山（即冈仁波齐山）上。大和小
，是人的知见，知见是人心，物质是环境。此心与境，不即不离，究竟不可思议。本来无始终，无内外
、无先后、无生灭、无一异之别、无空有之分。心外无境，境外无心，人的分别心产生了分别境，以至
于忘记了自己的本来面目。
建筑体量虽小，但依旧充分展示了空间形式与功能，更蕴藏着人生的意义。在我们团队所希望的是构筑
一个流浪者的庇护之所，朝圣者的信仰之所，在人们走过曲曲绕绕的消极空间到达积极空间的过程中更
能体会到”生如芥子有须弥，心似微尘藏大千“的意义。

图 4.84　效果图展示 -1

1. 设计背景

西藏——一个一生必须去一次的地方。每一年都有世界各地的信徒来此虔诚朝拜，叩拜冈仁波齐峰和玛旁雍错湖，长磕头、转山、敬山是一种功德。然而大多数现代人已经丧失了长远的眼光，他们肆无忌惮地为着自己的眼前利益而掠夺地球，自私得足以毁灭未来。现代人正在透支子孙后代无法偿付的支票，现代人的作为，好像自己是地球上的最后一代。

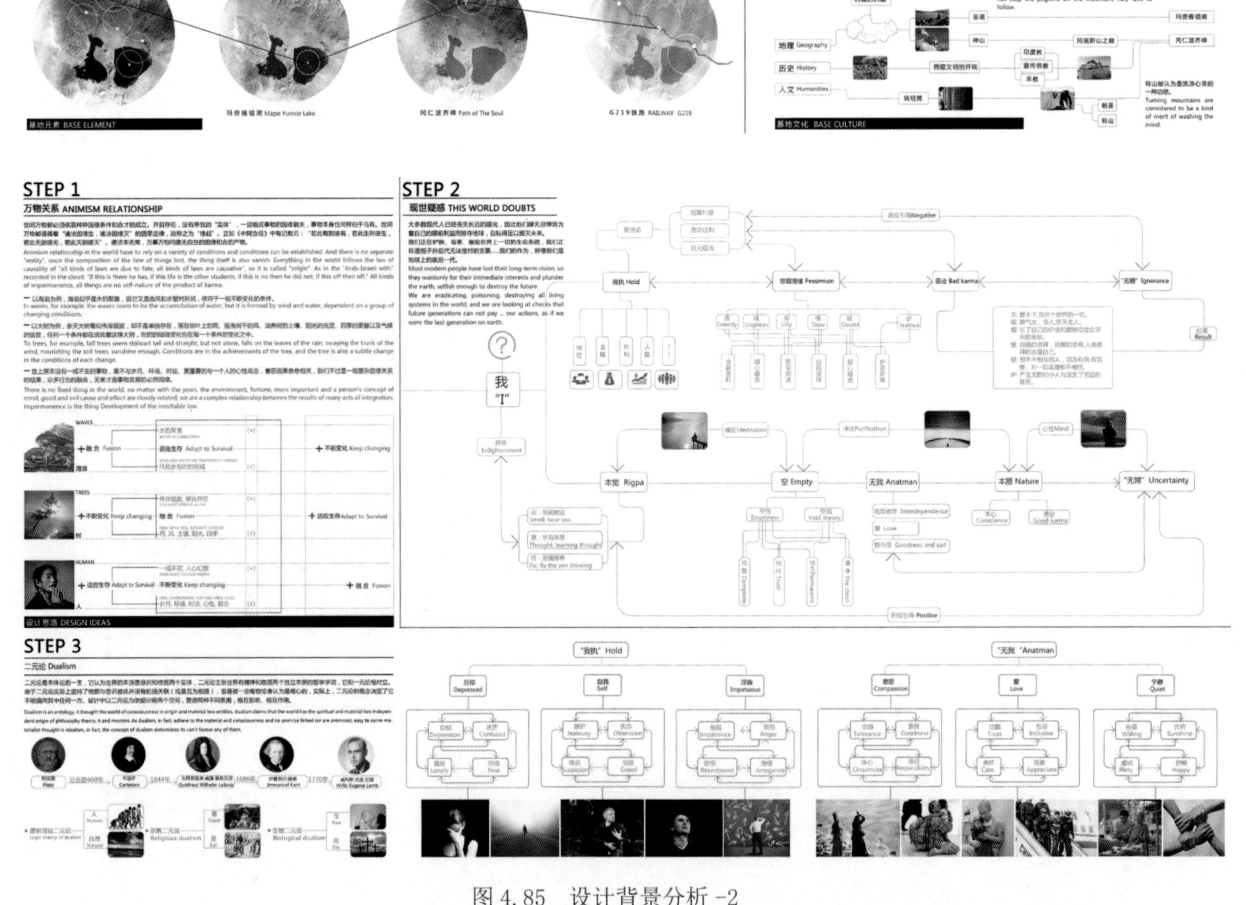

图 4.85　设计背景分析 -2

2. 设计概念

该设计立足于冈仁波齐峰，建筑体量虽小，依旧充分展示了空间形式与功能，更蕴藏着人生的意义。设计团队希望构筑一个流浪者的庇护之所、朝圣者的信仰之所，在人们走过曲曲绕绕的消极空间，到达豁达空间的过程中，能体会到“生如芥子有须弥，心似微尘藏大千”的意义。

3. 设计方案

西藏多年形成了特征明确的藏式建筑风格，影响着西藏人民生产生活的每一个领域。该设计提取西藏传统建筑的七个方面，分别是平面、立面、空间、柱网、造型、装饰和材料，并以现代化的手段呈现。藏族唐卡绘画蕴含深厚的文化内涵，提取唐卡绘画的框架，运用到建筑的地面和天花设计中，结合天光光影效果，展现出空灵的心境。

建筑传统形态
Architectural tradition

西藏独特的地质条件、政教合一的历史文化、相对落后的经济状况和内涵丰富的建造技术，在多年沉淀下形成了特征明确的藏式建筑风格。宗教贯穿西藏历史现实大部分时光，影响着西藏人民生产生活的每一个领域。
Tibet's unique geological conditions, the history and culture of the integ ration of politics and religion, relatively backwa -rd economic conditions and rich construction technology, formed in many years of precipi tation characteristics of the Tibetan architectural style.Religion runs throu gh most of the historical realities of Tibet, affecting every area of the Tibetan people's production and life.

Design
设计时提取了西藏传统建筑的七个方面，运用到平面、立面、空间、柱网、造型、装饰各个方面。了解西藏传统建筑的特色，并加以设计概念以现代化手段呈现。
Designed to extract the seven aspects of traditional Tibetan architecture, applied to the plane, facade, space, column network, shape, decoration in all its aspects. Understand the characteristics of traditional Tibetan architecture, and to design concepts to modern means.

传统平面形态
Traditional Plane Morphology

西藏传统建筑多为"回"、"日"、"门"、"L"形平面。普通民居室内空间较低，多为平房，建筑整体具有较好刚度

Tibetan traditional architecture is mostly "回", "日", "门", "L" -shaped plane. Ordinary residential indoor space is low, mostly cottage, the overall building has good rigidity, not easy to collapse.

西藏"回"字型平面聚落
Tibet "回" font plane settlement

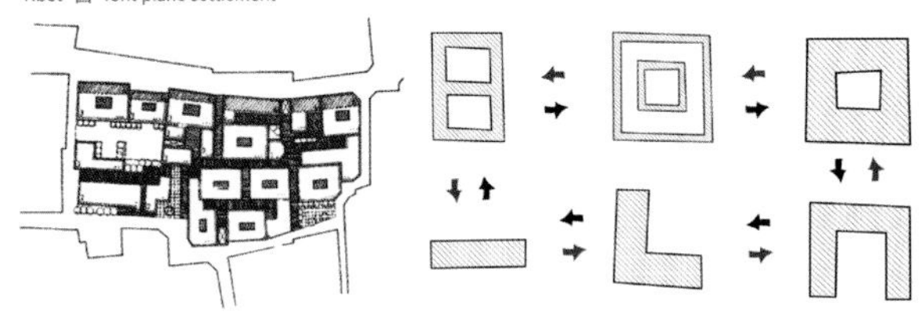

图 4.86 传统平面分析

传统立面结构
Traditional Facade Structure

西藏大部分地区平均海拔比较高，气候寒冷干燥，因此村寨几乎都是背山而建，"依山居止"，顺地势布局。荒原上的石堆成为人们建筑房屋的主材。藏族人用石块石片垒砌出三四层高的房子，因形似碉堡而得名碉房。
Most parts of Tibet, the average altitude is relatively high, cold and dry climate, so almost all of the village built the mountain, "mountain home only", along the terrain layout. The heap of rubble on the wilderness to become the main building materials. Tibetan people with stone blocks to build a three or four-storey house, due to the shape of bunker named after the towers.

藏式碉楼 -梯形断面
Tibetan Towers ·Trapezoidal Sectio

下部宽大，逐渐向上收分，可减少墙体自重。外收内不收，形成梯形断面。
The lower part of the large, gradually upward points, can reduce the wall weight.Foreign income does not receive, the formation of trapezoidal cross-section.

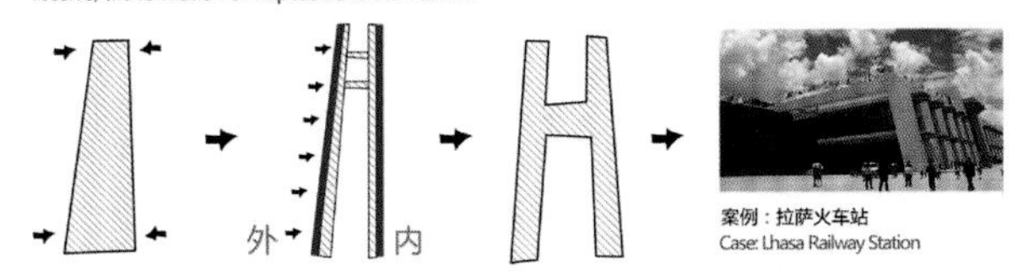

图 4.87 传统立面分析

建筑传统开窗
Traditional Building Windows

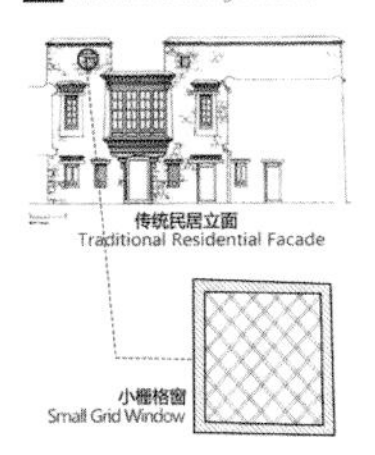

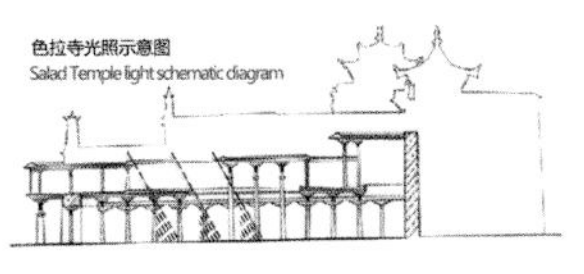

西藏传统宗教建筑的佛堂内窗扇极小，室内光线严重不足，烘托出神秘气氛。窗口大小也与西藏特殊的地理环境与气候有关。
Tibetan traditional religious architecture of the temple within the window sill is extremely small, a serious shortage of indoor light, express a mysterious atmosphere. The size of the window is also related to Tibet's special geographical environment and climate.

西藏建筑材料
Tibet Building Materials

西藏传统建筑大多采用石材，黏土、木材，依据当地盛产的建材资源。拉萨大部分平顶房屋为砌石所作，整体特点是外刚内柔，外简内繁。
Most of the traditional buildings in Tibet are made of stone, clay and wood, and they are built on the local resources. Lhasa, the majority of flat-roofed houses for the masonry made, the overall characteristics of the outer just inside the soft, simple within the complex fan.

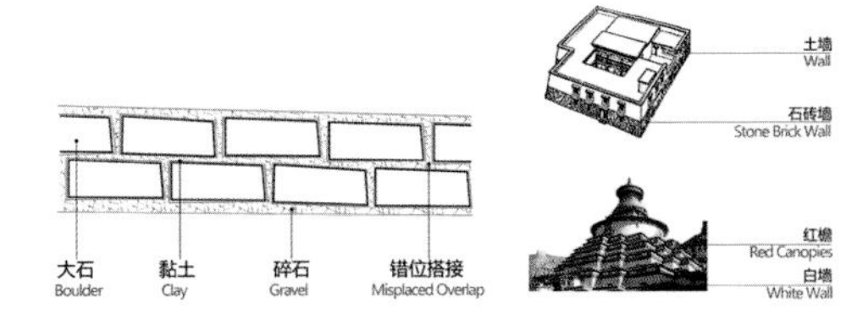

图 4.88 传统材料分析

建筑梯级上升
Building Steps Up

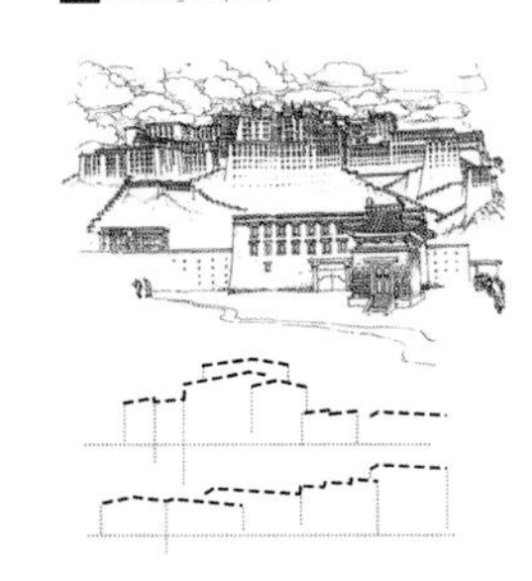

建筑沿山势梯级上升，越往上房间越重要。
Construction along the mountain cascade rise, the more up the room the more important.

建筑多柱结构
Construction of Multi - Column Structure

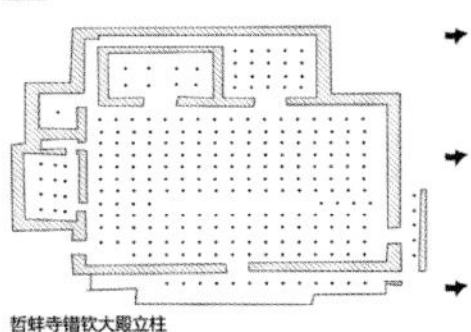

哲蚌寺错钦大殿立柱
Drepung Monastery Temple Column

西藏再小的房间也会在中间立柱，象征"顶天立地"，众柱林立与昏暗的光线一同烘托出宗教的神秘和森严。
Tibet's small room will also be in the middle column, a symbol of "indomitable spirit", all the columns and the darkness of light together to express the mystery of religion and strict.

多折角柱
Multi-Angle Column

单间立柱
Single Post

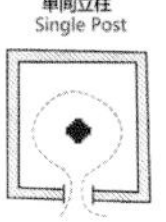

藏传佛教元素
Elements of Tibetan Buddhism

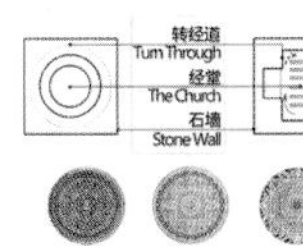

图 4.89 建筑构筑分析

图 4.90　效果图展示 -2

图 4.91　内部效果图展示 -1

图 4.92　内部效果图展示 -2

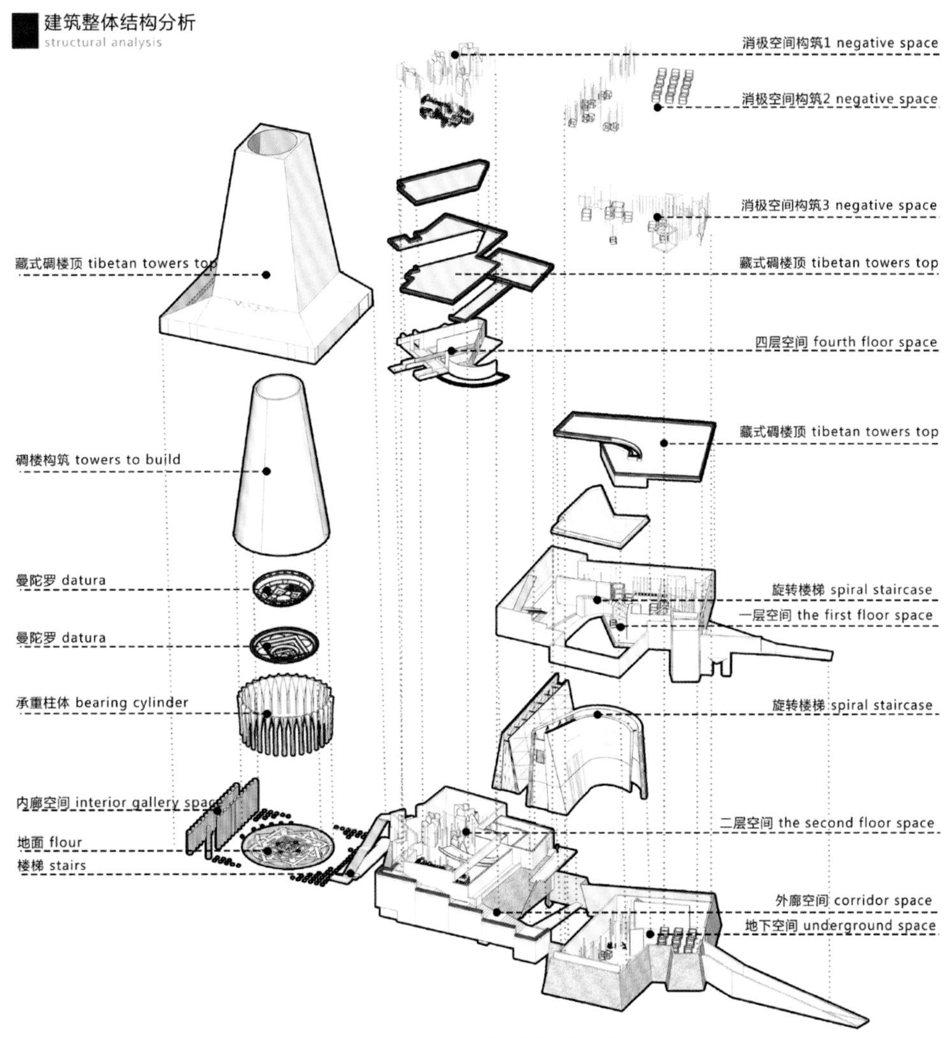

建筑整体结构分析
structural analysis
消极空间构筑1 negative space
消极空间构筑2 negative space
消极空间构筑3 negative space
藏式碉楼顶 tibetan towers top
藏式碉楼顶 tibetan towers top
四层空间 fourth floor space
藏式碉楼顶 tibetan towers top
碉楼构筑 towers to build
曼陀罗 datura
旋转楼梯 spiral staircase
一层空间 the first floor space
曼陀罗 datura
承重柱体 bearing cylinder
旋转楼梯 spiral staircase
内廊空间 interior gallery space
二层空间 the second floor space
地面 flour
楼梯 stairs
外廊空间 corridor space
地下空间 underground space

图 4.93　建筑整体结构分析

芥子纳须弥
——基于融合主题上的藏地文化与人生意义

图 4.94　效果图展示 -3

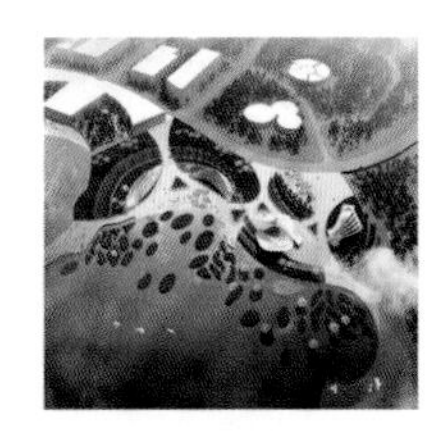

（二）未蓝

“蓝星杯”第六届国际建筑大奖赛优秀奖（图 4.95、图 4.96）

设计成员：王璐薇、刘晓华、王丹、李阳、龚道林

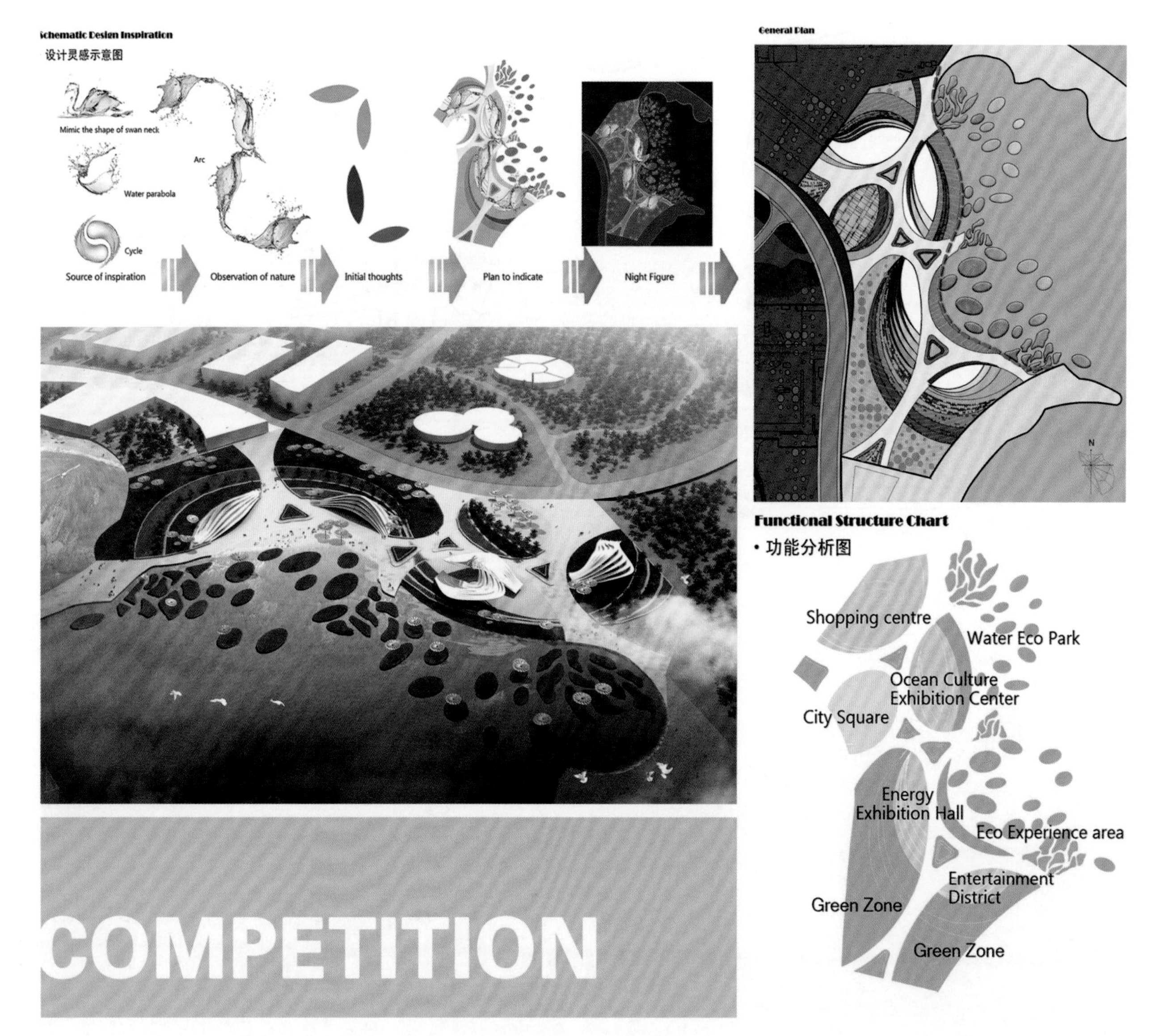

图 4.95　前期分析

图 4.96　整体效果图展示

（三）SEE SEA OCEAN PARK

“蓝星杯”第六届国际建筑大奖赛铜奖（图 4.97、图 4.98）

设计成员：邱岚、韩璐、张鹏飞

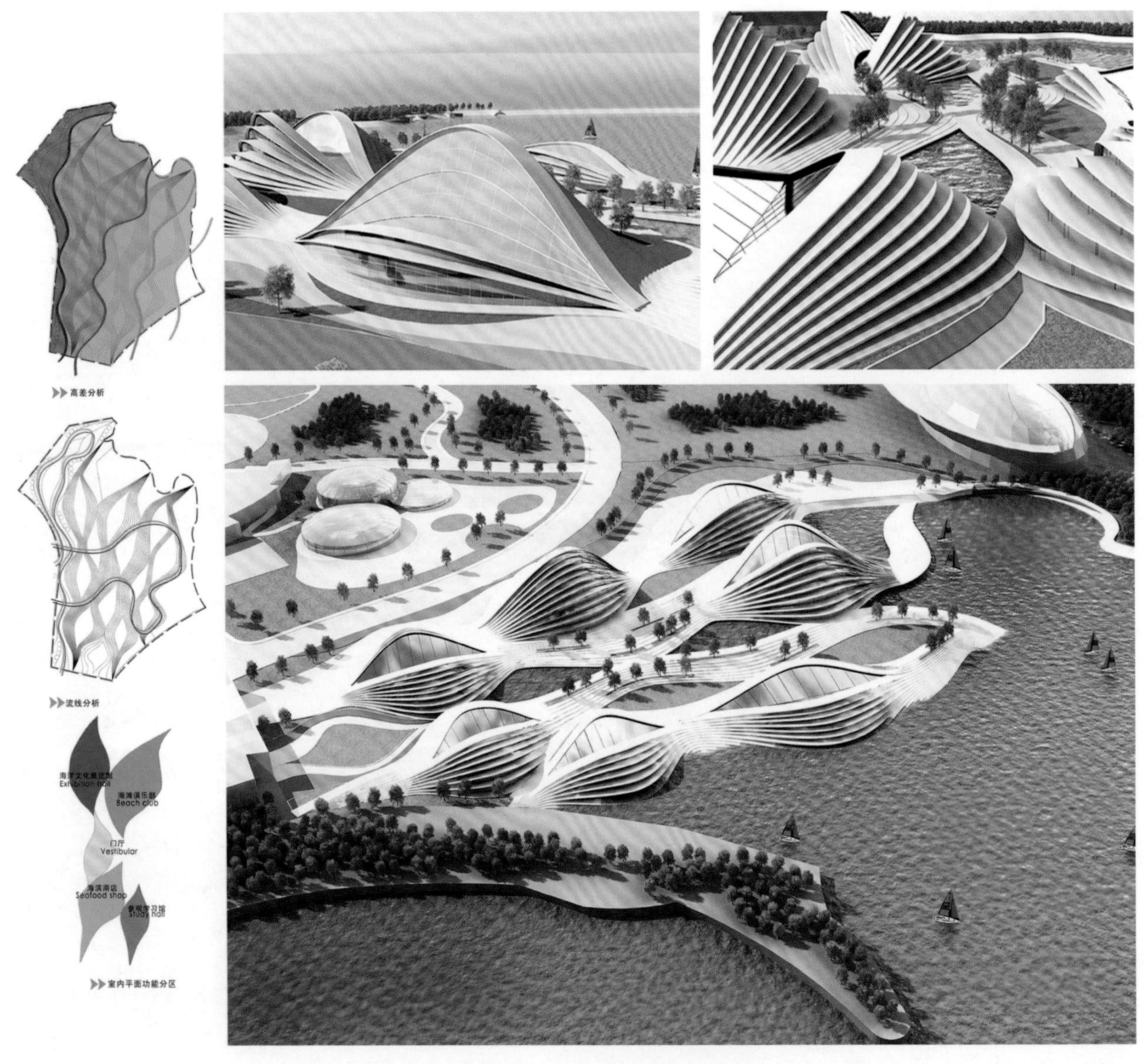

图 4.97　鸟瞰效果图展示

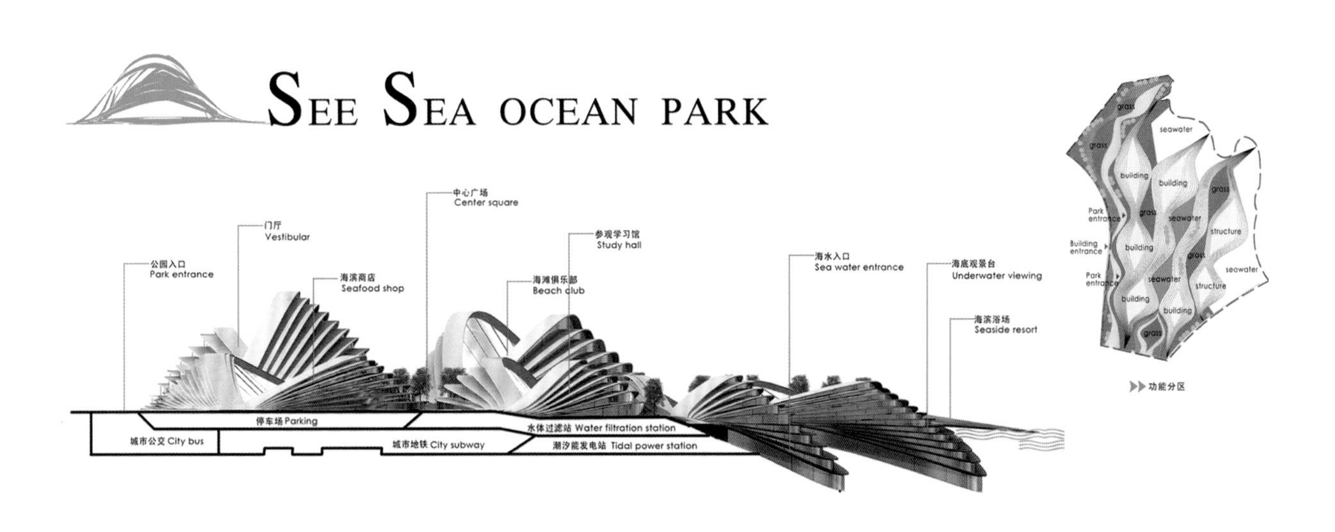
SEE SEA OCEAN PARK
中心广场
Center square
门厅
Vestibular
参观学习馆
Study hall
公园入口
Park entrance
海滨商店
Seafood shop
海滩俱乐部
Beach club
海水入口
Sea water entrance
海底观景台
Underwater viewing
海滨浴场
Seaside resort
停车场 Parking
城市公交 City bus
水体过滤站 Water filtration station
城市地铁 City subway
潮汐能发电站 Tidal power station
grass
seawater
building
structure
Park entrance
Building entrance
功能分区

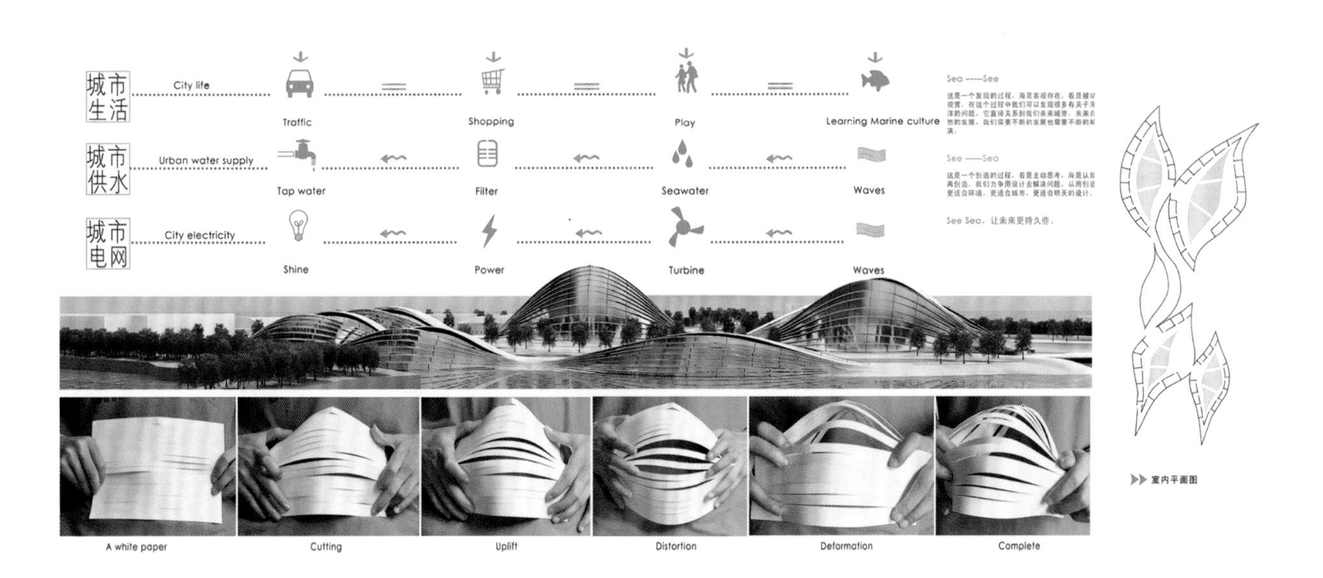
城市生活
City life
Traffic
Shopping
Play
Learning Marine culture
城市供水
Urban water supply
Tap water
Filter
Seawater
Waves
城市电网
City electricity
Shine
Power
Turbine
Waves
Sea ——See
这是一个发现的过程，海是客观存在，看是被
观赏，在这个过程中我们可以发现很多有关于
洋的问题，它直接关系到我们未来城市，未来
然的发展，我们需要不断的发展也需要不断的
决。
See ——Sea
这是一个创造的过程，看是主动思考，海是认
再创造，我们力争用设计去解决问题，从而创
更适合环境，更适合城市，更适合明天的设计。
See Sea，让未来更持久些。
A white paper
Cutting
Uplift
Distortion
Deformation
Complete
室内平面图

图 4.98　技术分析

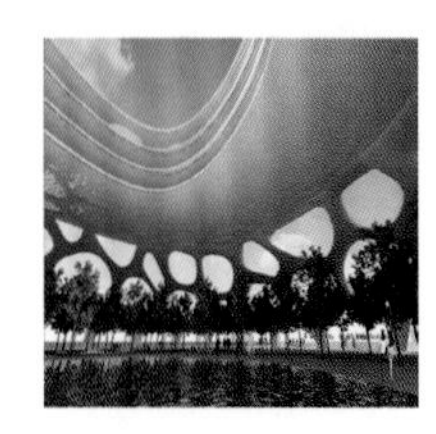

（四）天空之城

“蓝星杯”第六届国际建筑大奖赛参与奖（图 4.99 ~图 4.101）

设计成员：张超、李智、王雅慧

图 4.99 鸟瞰效果图展示

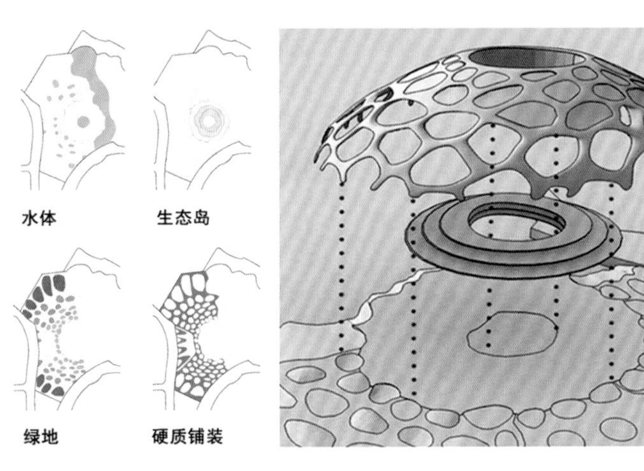

图 4.100　技术分析图

图 4.101　效果图展示

（五）互惠生长

2017CTBUH 国际学生高层建筑设计竞赛（图 4.102 ~图 4.111）

设计成员：肖璐瑶、李泳霖、 杨锦忆、白若珺

建筑概念是“互惠生长”，旨在解决城市在发展过程中面临的不可避免的挑战，同时重新定义城市与人类世界和天堂之间的桥梁。该设计的选址位于巴西的里约热内卢，是南美洲最大的现代都市及政治经济中心，多重的特点让这个城市充满了矛盾。场地为基督山旁边的一个交通枢纽建设基地。

图 4.102 节点效果图展示

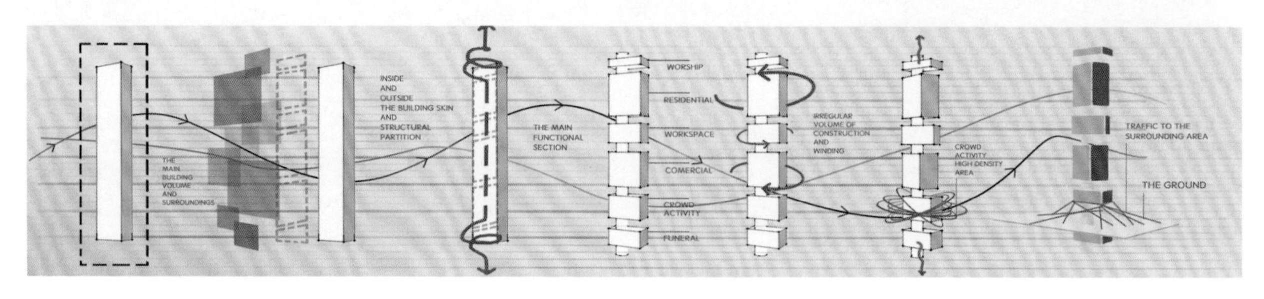

图 4.103 技术分析图

图 4.104　整体效果图展示

图 4.105　鸟瞰效果图展示

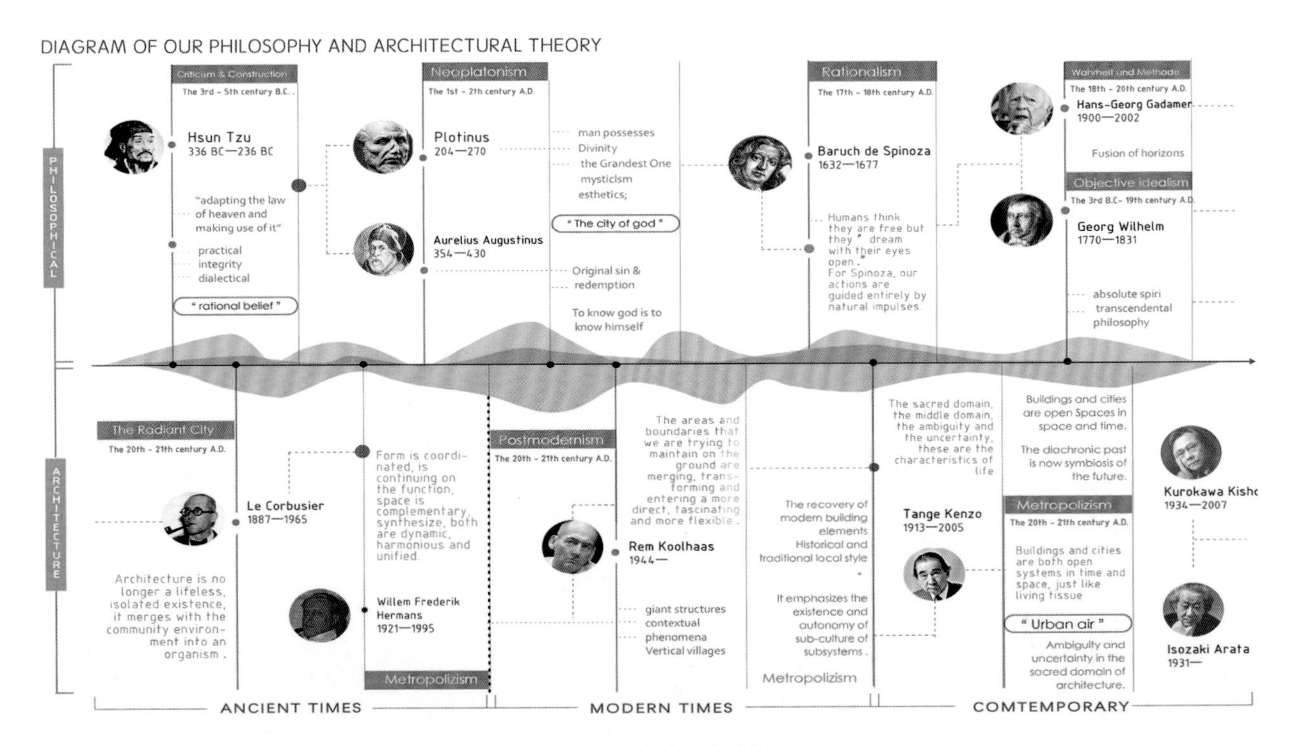

图 4.106　建筑历史分析

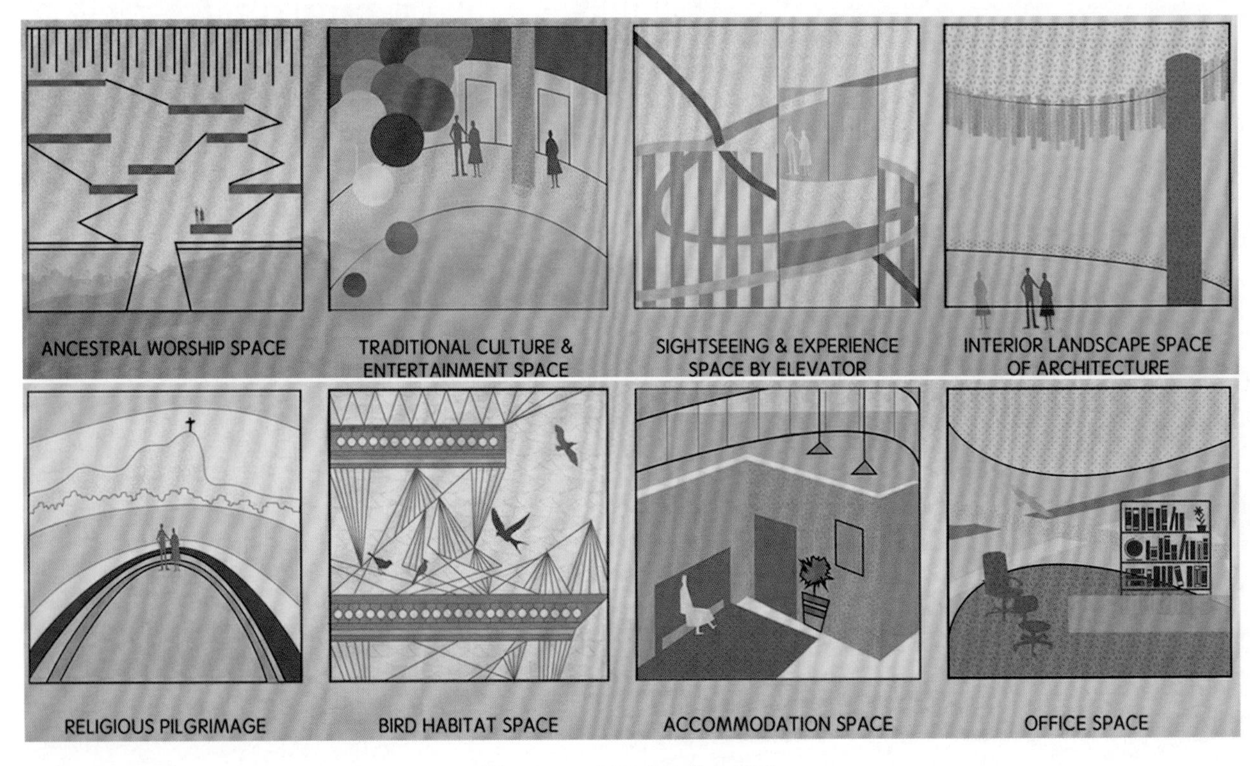

图 4.107　主要建筑节点展示

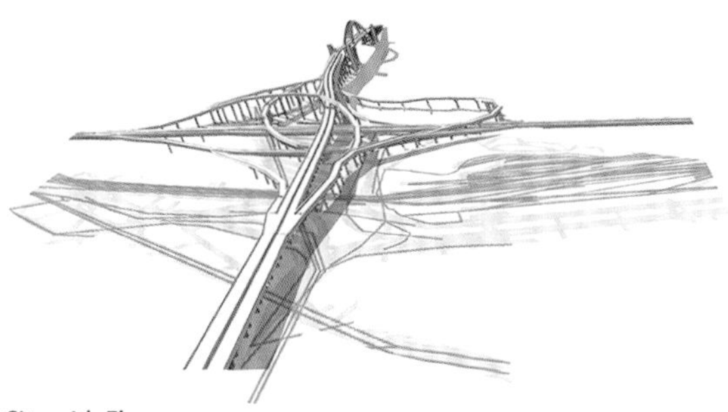

Site with Flyover

TRAFFIC ANALYSIS/

This place is the viaduct area with traffic multifarious and plenty of gray space , reusing this site is of vital necessary.

图 4.108　天桥分析图

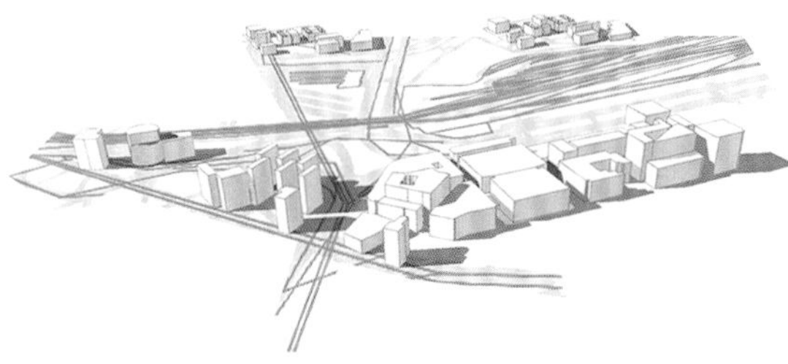

Site with Surounding

land use analysis/

The place is a center area with varied uneven architectures, and the lack of daily dialogue among architectures.

图 4.109　周边建筑关系示意图

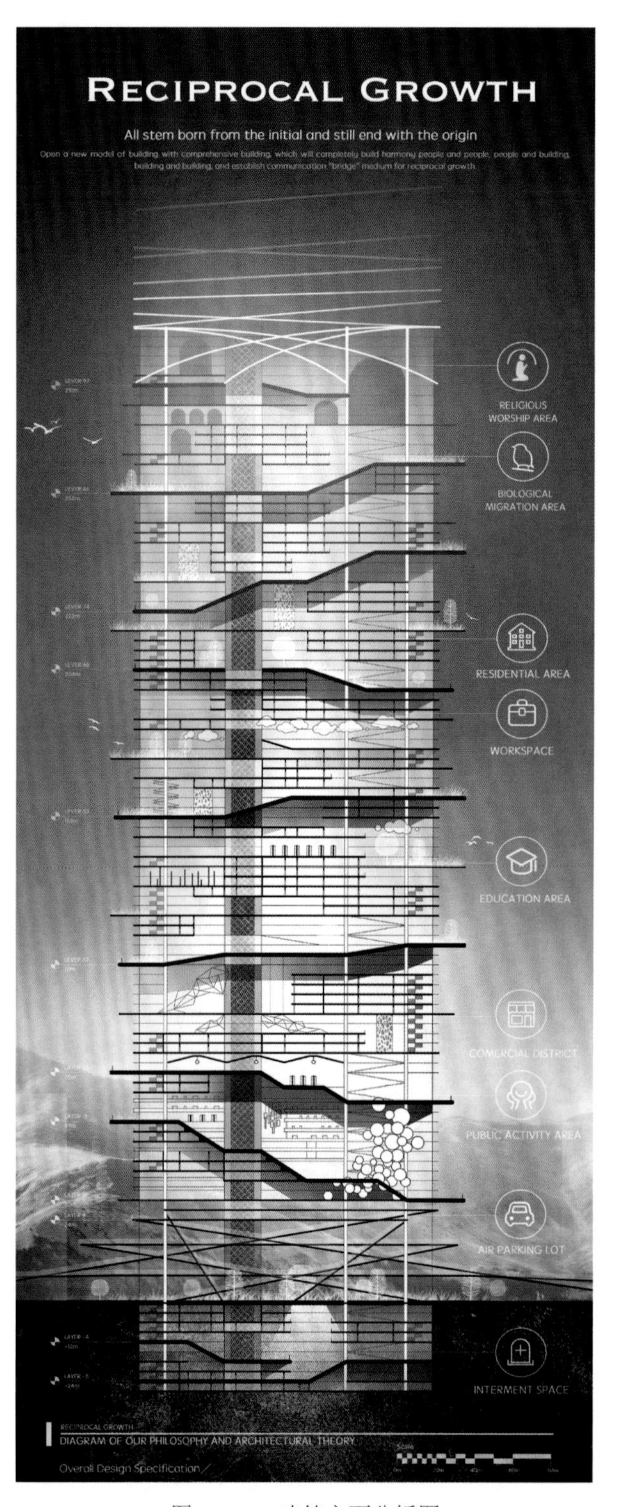

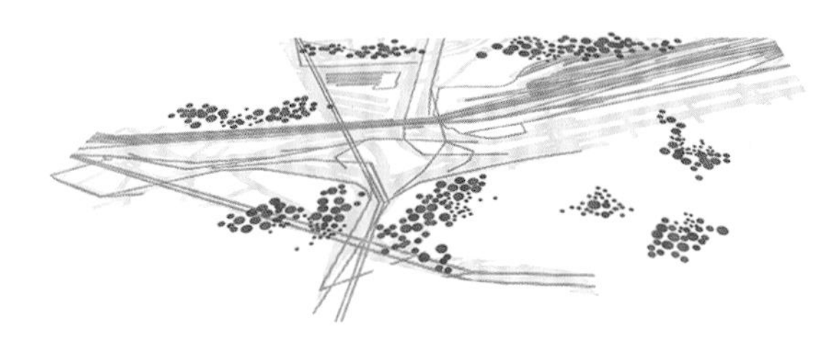

Site with Flow of People

POPULATION ANALYSIS/

The area is the crowd gathering place, and communication between people is scattered around the base, lacking the support of communication and faith.

图 4.110　人流分析示意图

图 4.111　建筑立面分析图

4.4.2 景观类竞赛

景观类竞赛以艾景奖国际园林景观设计大赛作品“心灵栖息地”“破茧”“模块——生长在城市工地的景观过滤器”，“U+L 新思维”全国大学生概念设计竞赛作品“分道·衔城”，“园艺杯”艺术设计邀请展作品“拾竹”，2017 年湖北美术联展作品“第六元素”，中日设计交流展作品“邂逅——海滩”为例，展开对景观概念设计的讨论。

（一）破茧

IDEA—KING 艾景奖第六届国际园林景观设计大赛（图 4.112 ～图 4.118）

设计成员：金晓、石琳、文玉丰、吴梦宸

本设计针对开都河的自身现状，首先进行地形调整以及土壤改良。通过土壤改良，使植物能更好地适应堆体土壤条件，为植物生长提供充足的水分和养分。其次，进行植被重建，在生态恢复期间栽植草坪、观赏植被以及花灌木。同时考虑群落配置定位，待生态系统稳定后，进行色彩多样化的植物种植。根据当地特殊的生态条件，选择适应性强的乡土树种进行植物景观绿化，创造一个“破茧成蝶”般的绿地景观。

图 4.112　效果图展示 -1

图 4.113　效果图展示 -2

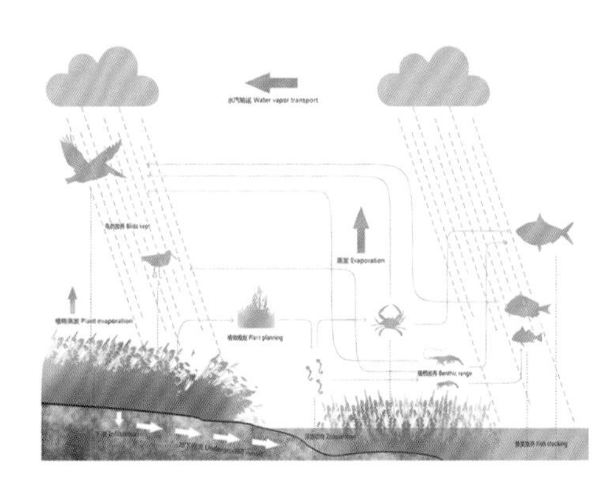

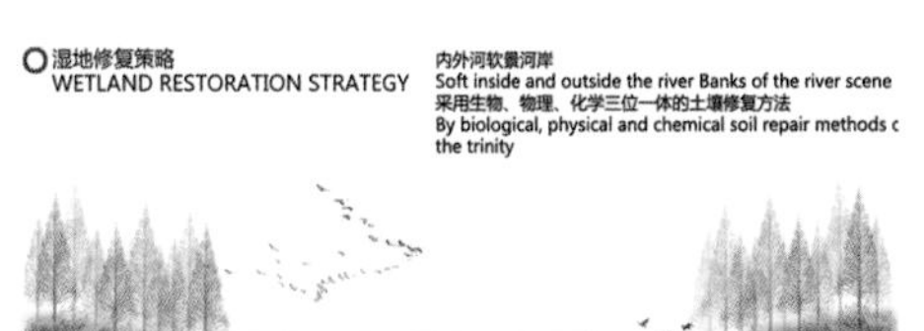

图 4.114　设计策略分析

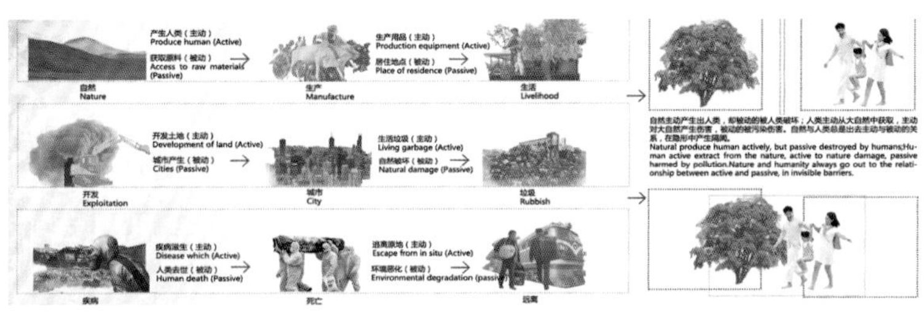

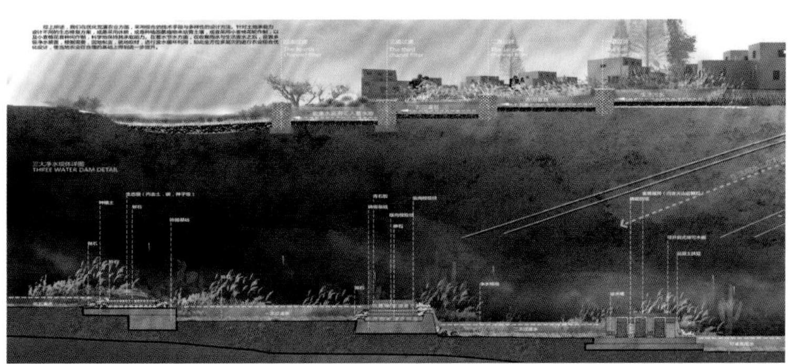

图 4.115　技术展示分析

图 4.116　效果图展示 -3

ERSIDE LANDSCAPE PLANNING
FARMLAND LANDSCAPE IRRIGATION SYSTEM

图 4.117　节点效果图展示

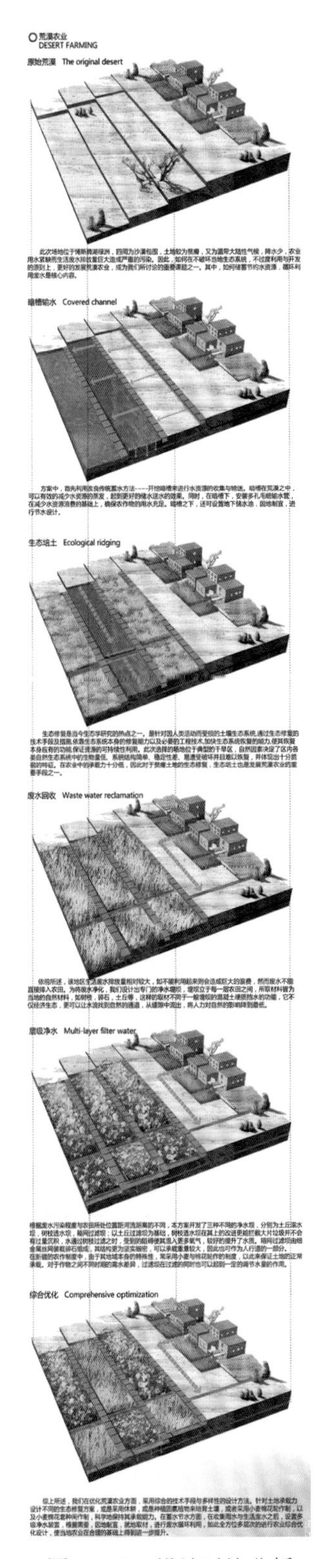

图 4.118 设计对比分析

（二）模块——生在在城市工地的景观过滤器

IDEA—KING 艾景奖第六届国际园林景观设计大赛（图 4.119 ～图 4.123）

设计成员：朱媛卉、胡栋、李辉、谢婉珊、李振宇

通过模块化的设计，实现建筑工地周边景观的标准化，构建特殊场所的特殊化景观模式，就像一个生长在城市工地的景观过滤器。通过太阳能转化利用、建筑垃圾循环利用及新材料的使用等手段，达到模块吸声、吸尘的效果，创造绿色、环保、无污染的环境。同时，也能净化工地周边空气，减少噪声，给人们出行带来方便。在城市发展的过程中，为人们提供简易的景观场所，提升人们的生活质量，让城市回归自然。

图 4.119 效果图展示 -1

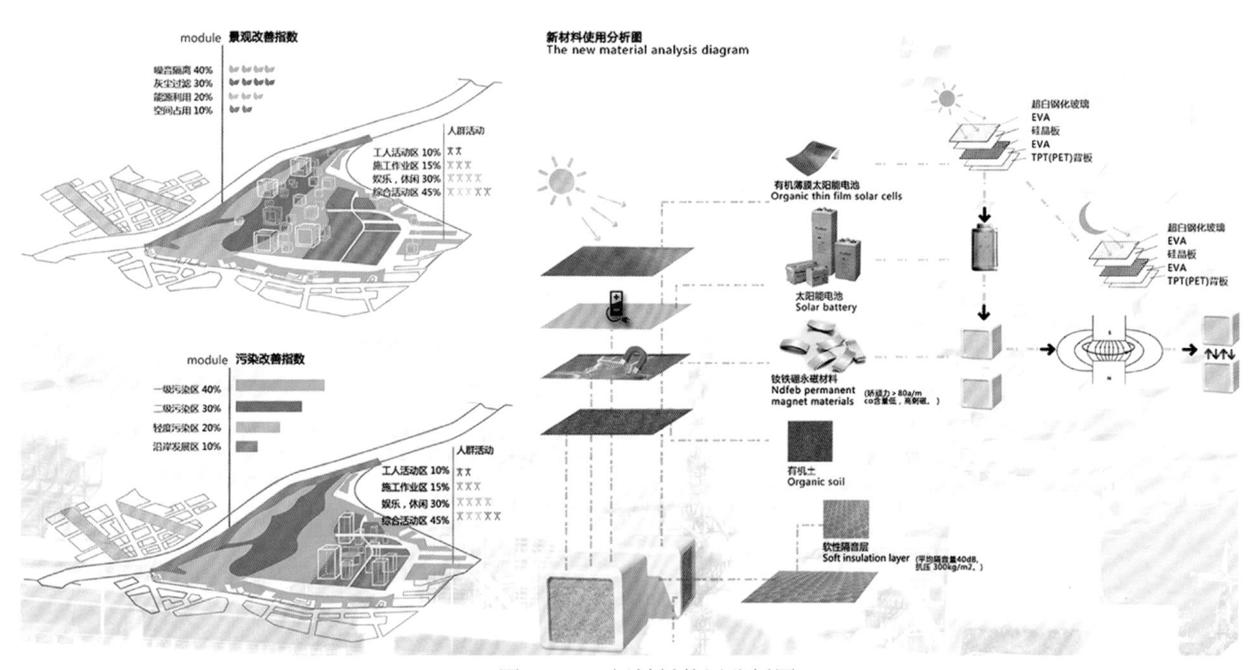

图 4.120　新材料使用分析图

图 4.121　效果图展示 -2

图 4.122　模块功能分析

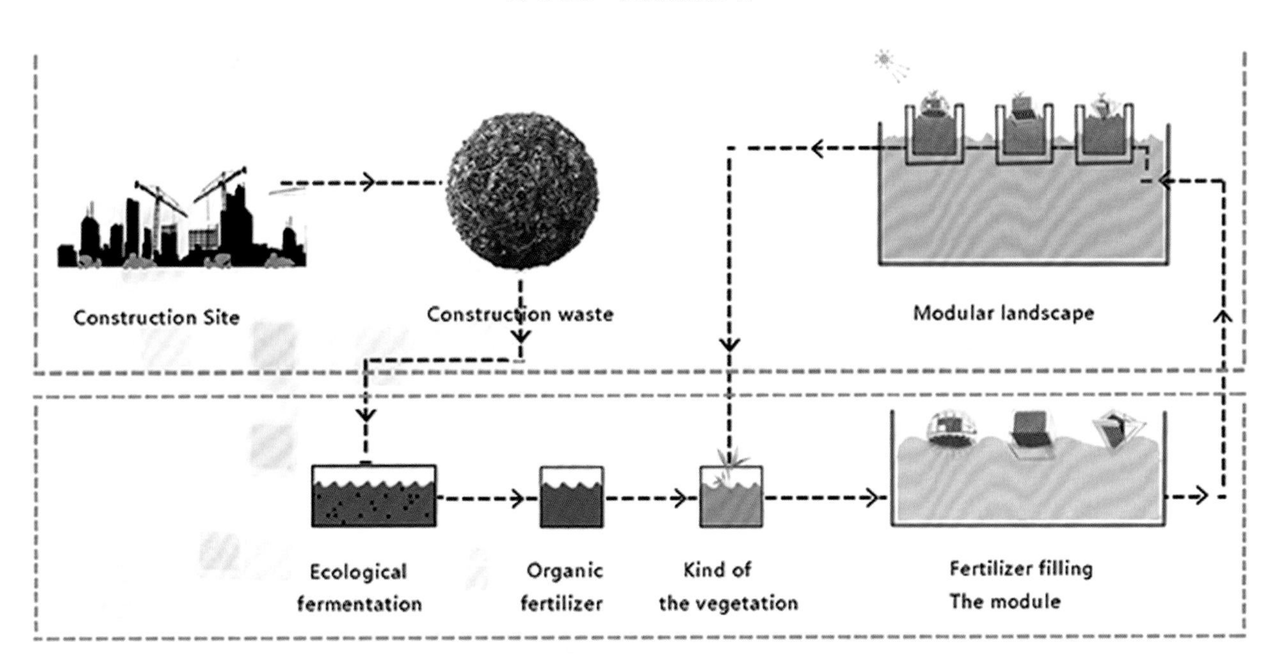

图 4.123　技术功能分析

（三）竹之趣——都市农场景观策略

IDEA—KING 艾景奖第六届国际园林景观设计大赛（图 4.124 ～图 4.127）

设计成员：王谧子、袁磊、朱晨、杨宇峰、郭乐天

图 4.124　效果图展示

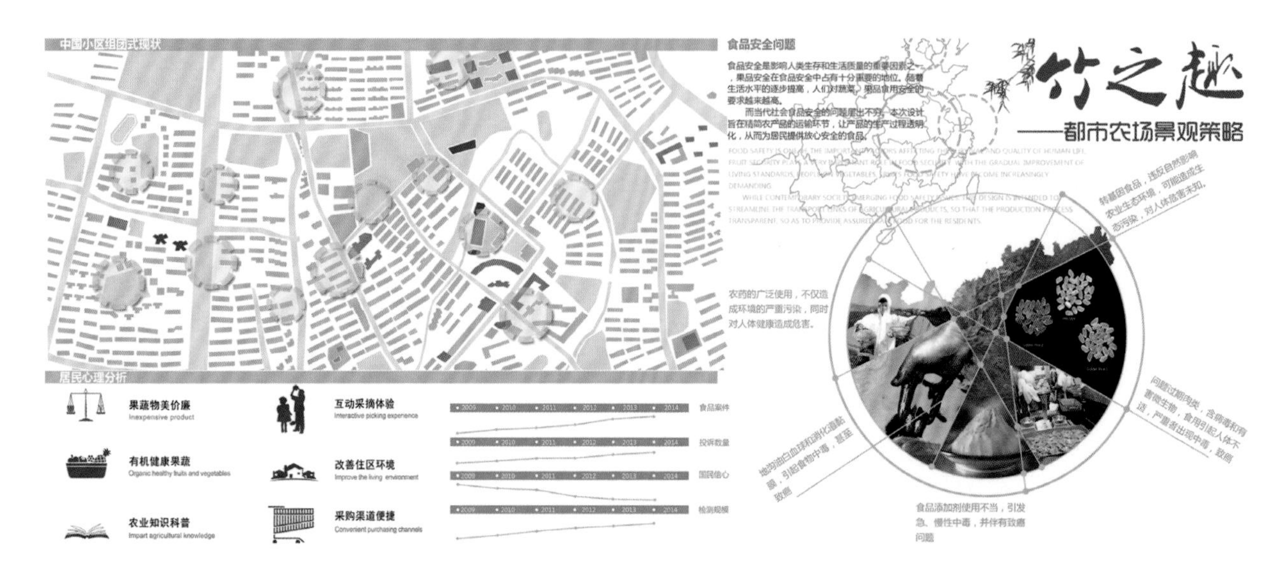

图 4.125　居民心理分析

图 4.126　技术分析

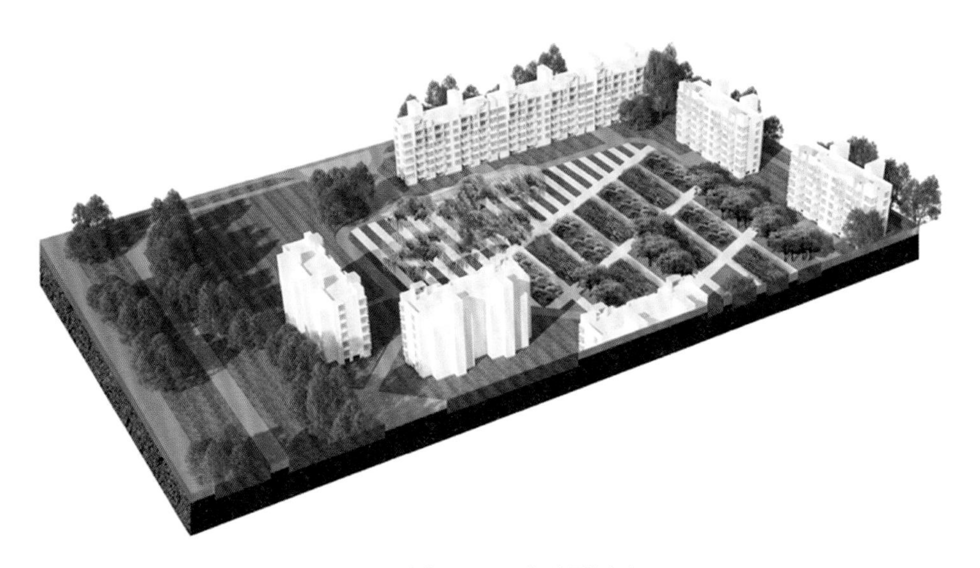

图 4.127　鸟瞰图展示

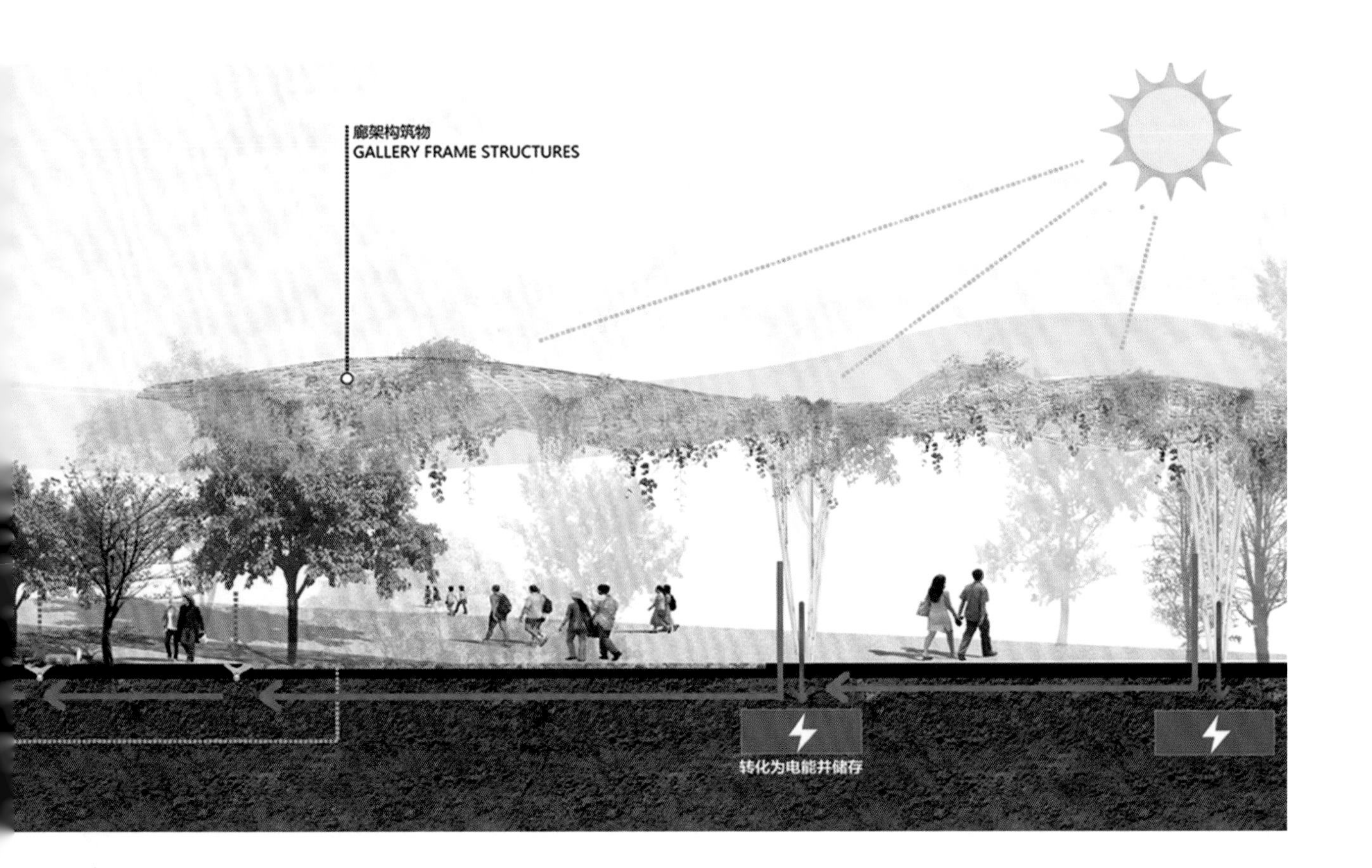

（四）心灵栖息地

IDEA-KING 艾景奖第四届国际园林景观规划设计大赛（图 4.128 ～图 4.140）

设计成员：冯琴、金晓、彭琳、胡萌、王怀东

基地绿地的存在给整个城市的景观提升了更多的生态性，在此区域设计中试图以流畅、简洁的造型，塑造出独特的现代生态景观。该设计在认真分析了公园和周边环境的关系之后，运用地形学的多种形式模拟，塑造出不同的自然地貌，以简洁的几何手法表现出山丘、平原、森林等不同的自然生态体系，注重生态的连续。在不同的地形中以柔和的林木沟通融合，让景观真正的立体化。在不影响原有的自然景观前提下，运用人工技术去创造一个自然平衡，然后让其自身能够维持这种平衡。在原有的基地上创造多种形式的自然环境，如河谷、水池、湿地、山林、坡地、树林等。让其多样化的环境自动调节，认真地对活动区域进行划分和界定，合理地减少人为活动对生态系统的影响。

图 4.128　鸟瞰展示图

基地选址 BASE SITE

香港岛

香港岛，简称港岛或香港，面积约78.40平方千米，是香港的主要岛屿，也是香港第二大岛屿。香港岛是香港开埠最早发展的地区，岛上有香港的商业和政治中心。

湾仔区

湾仔位于香港岛北岸中央位置，是一个新旧并存的独特社区，糅合旧传统与新发展的精粹，亦是香港历史最悠久和最富传统文化特色的地区之一。

基地

修顿球场是早上等候工作的地点，不少待业者都会在此等待从事体力劳动的工作。傍晚时分，修顿球场摇身一变，成为“大笪地”式的“平民夜总会”，可以售卖食物以及有很多表演，成为当时居民的主要娱乐场所。

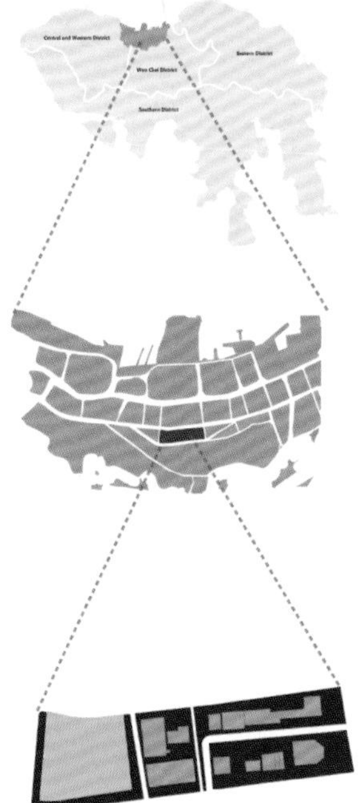

图 4.129　基地选址分析图

基地选址 BASE SITE

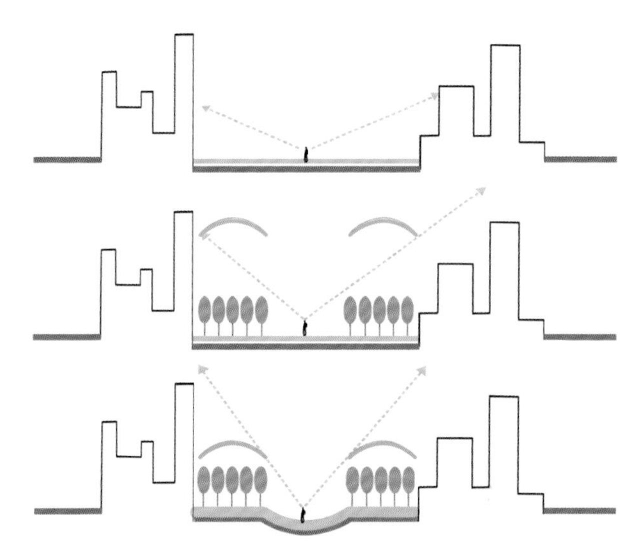

灵感来源 SOURCE OF INSPIRATION

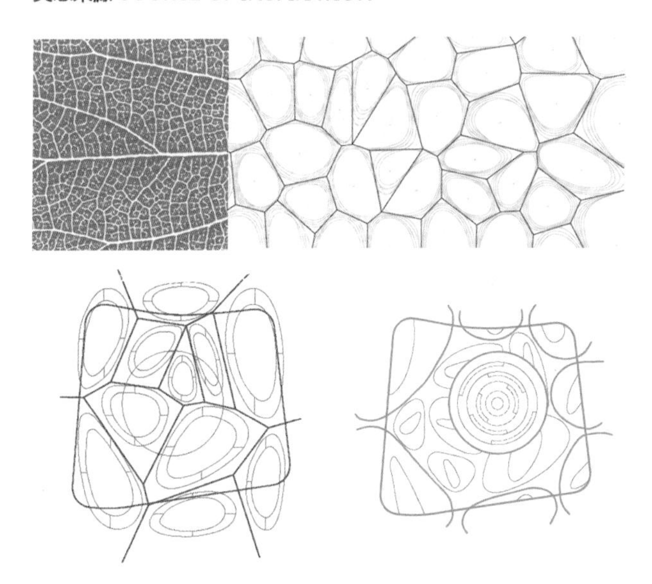

图 4.130　设计背景分析图

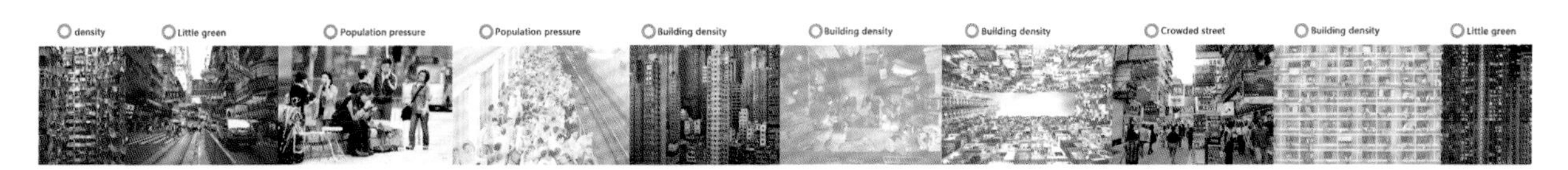

图 4.131　设计对比分析图

LANDSCAPE DESIGN
MIND HABITAT
This point of view is located east of the building, across the water who view renderings. Length of the building volume V in the reservoir next to the platform, corridor and architectural levels significantly, the actual situation handled very clever.
TEMPERATURE OF THE NATURAL
CITY RETURN
FEEL THE TEMPERATURE OF THE NATURAL

图 4.132　效果图展示 -1

图 4.133　效果图展示 -2

图 4.134　效果图展示 -3

图 4.135　效果图展示 -4

图 4.136　效果图展示 -5

流线分析 FLOW LINE ANALYSIS

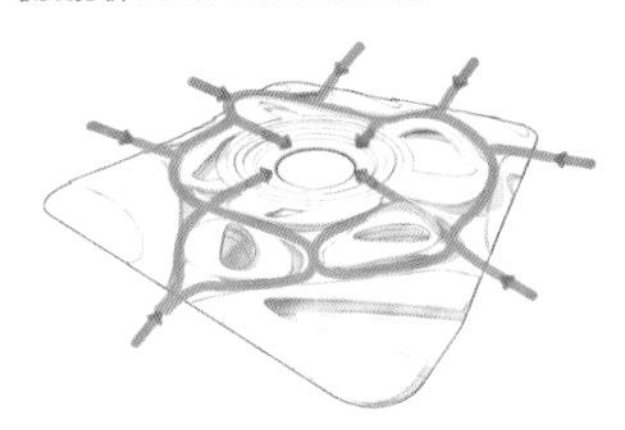

空间分析 SPATIAL ANALYSIS

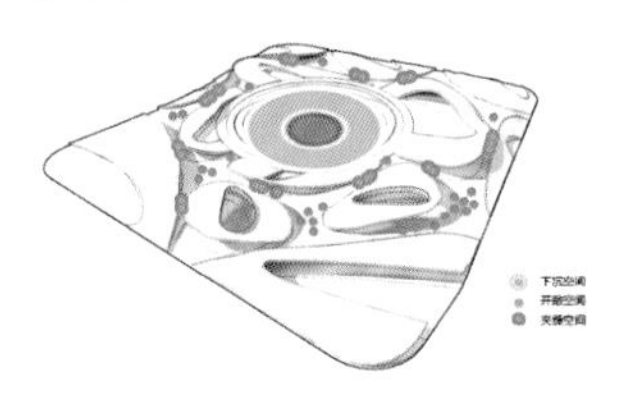

高程分析 ELEVATION ANALYSIS

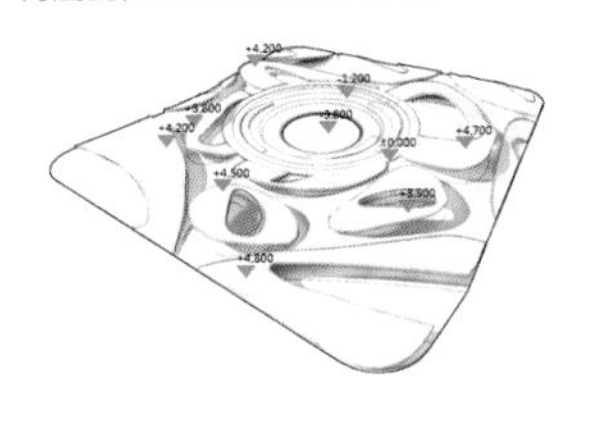

结构分析 STRUCTURAL ANALYSIS

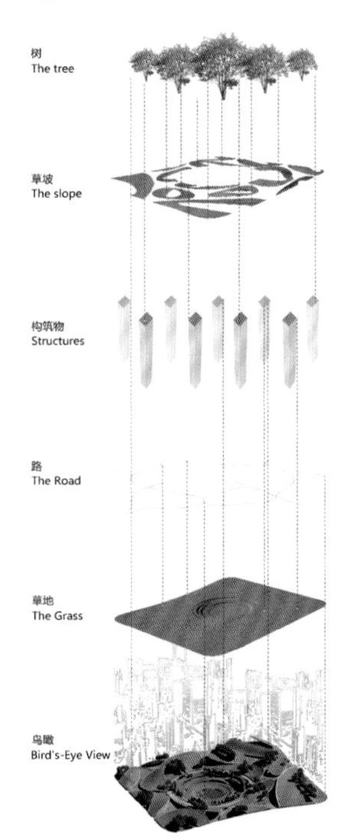

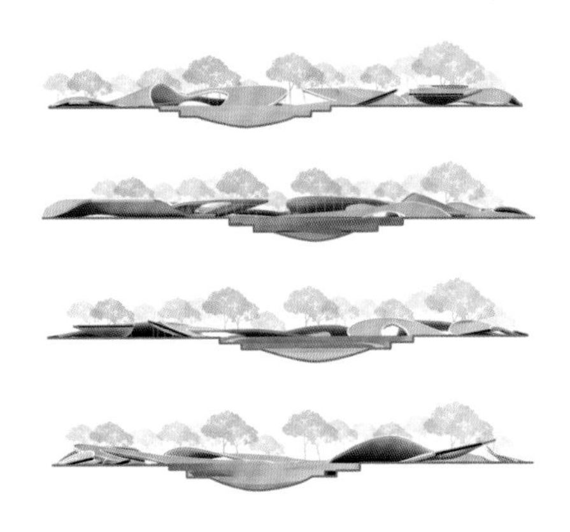

图 4.137 地理分析图

设计原则 DESIGN PRINCIPLES

1. 生态优先与使用功能的结合：本设计运用大面积的区域进行大手笔的植物配置，强化其生态功能，形成一个绿意盎然之所；同时设计了公路、人行便道、休憩平台、停车场、凉亭、宣传栏等必要的文化休闲场所的构筑物。

2. 绿化和美化的结合：观测站附件的生态绿地景观区域采用自然式的绿化设计原则，采用仿天然绿地的形式进行大面积的栽植乔木和地被植物；同时行道树规整划一，入口处的景观采用各种几何构图进行乔木、灌木、花卉、草本植物的配置，层次感强，视觉冲击力大。

3. 在景观营造上，以植物造景为主，坚持乔木、灌木、草本植物多层次复式绿化，坚持环境建设和功能建设同步，创造良好的生态环境和理想的读书治学环境，体现人与自然和谐发展的时代要求。

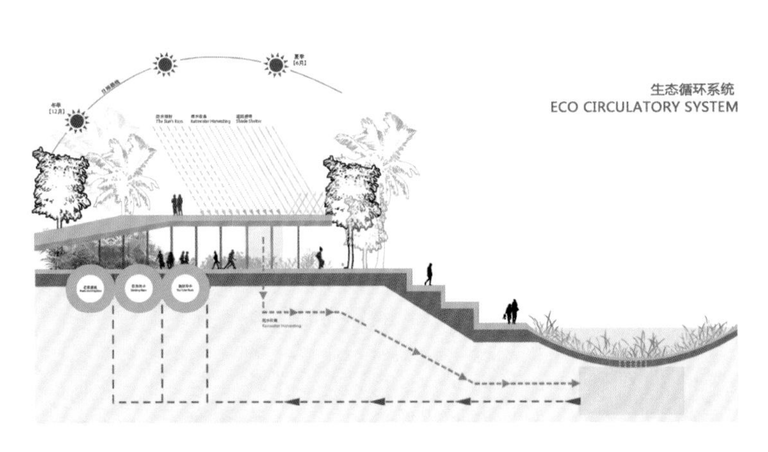

图 4.138 气候调节分析图

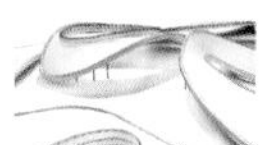

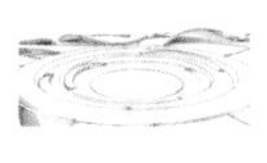

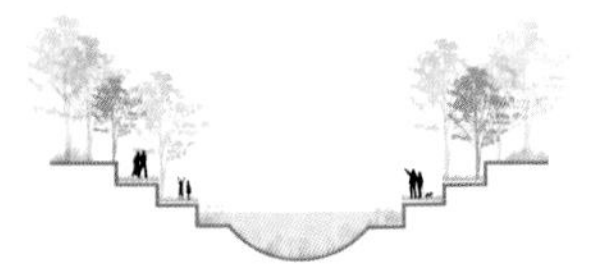

图 4.139 前期分析图

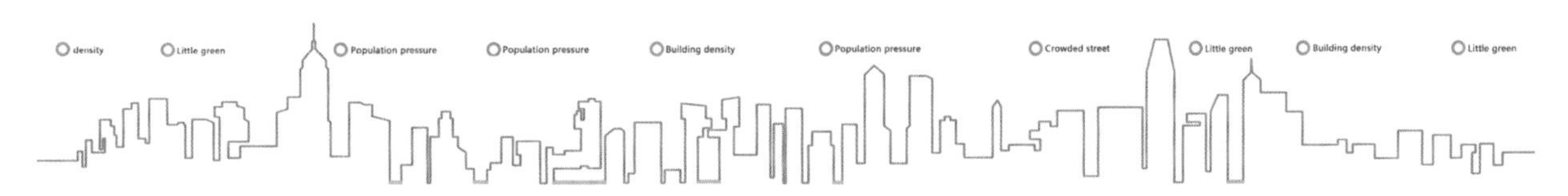

图 4.140 城市剪影分析图

（五）邂逅—海滩

中日设计交流展（图 4.141 ~图 4.146）

设计成员：杨宇峰、刘啸、米东阳

1. 设计背景

目前我国城市普遍存在“千城一面”的城市发展问题，沿海城市当然也不例外。它们虽有沿海的美丽风景，但经过对比发现，沿海城市的海边景观也缺乏城市特色。与此同时，辽阔宽广的沙滩承载功能却十分单一，缺乏场地精神。

图 4.141　效果图展示 -1

2. 设计初衷

设计主题为“邂逅—沙滩”，希望以流动性、可拆卸构筑的形式在沿海城市的沙滩上增加功能多变、舒适宜人的活动空间，从而增加场所的趣味性和凝聚力，打造一个集休闲功能、展览功能、集会功能于一体的构筑空间。

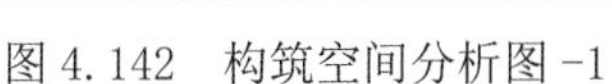

图 4.142　构筑空间分析图 -1

图 4.143　构筑空间分析图 -2

图 4.144　构筑空间分析图 -3

图 4.145　效果图展示 -2

Flow Build 邂逅·海滩
临时构筑，一次人与海滩的完美邂逅

图 4.146　效果图展示 -3

（六）分道·街城

2016年第七届‘U+L新思维’杯全国大学生概念设计竞赛优秀奖（图4.147～图4.160）

设计成员：胡萌、张钰、王诗旭

1. 设计背景

基地选址为亚洲最大的小区——天通苑小区，位于北京这个人口聚集的大都市。北京是中国人口最密集的城市，也是开放式街区首要改造的城市。该小区具有中国内陆小区都很普遍的问题：面积大，空间封闭，内部交通复杂，人群属性复杂，人流、车流量巨大。尤其在上下班的高峰期，基本堵个水泄不通。因此，对该地区的开放式改造是极其有必要的。

图4.147　效果图展示-1

现状问题分析STATUS QUO OF THE PROBLEM ANALYSIS

自上世纪90年代以来小区设计主要采用传统的“深墙大院、高密度”式的封闭小区模式。这种小区模式解决了当时的住房紧张，安全等问题，但随着经济的发展，城市人口的不断增多，坚持运用这种设计模式给城市带来了很多问题，诸如日渐增大的城市道路尺度、交通拥挤、小区跨度越来越大、邻里关系日渐疏远、人气散漫等等。

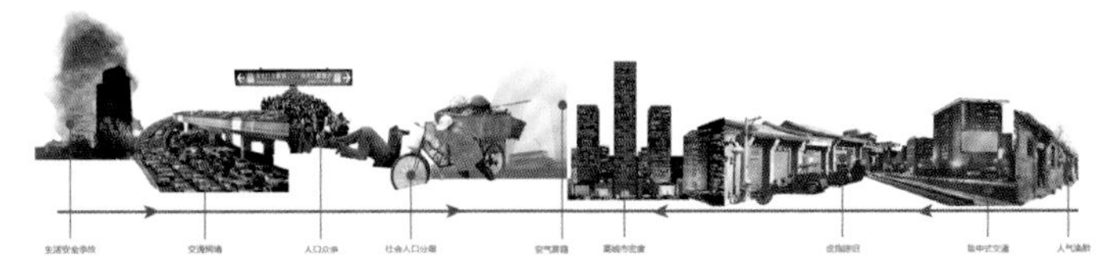

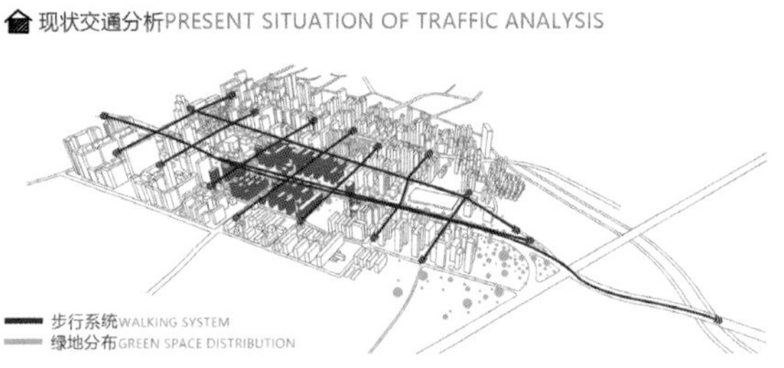

图 4.148　现状分析图

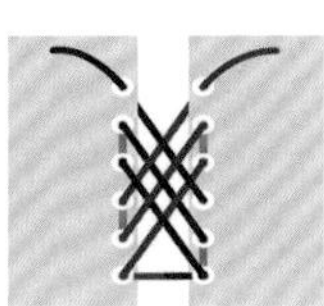

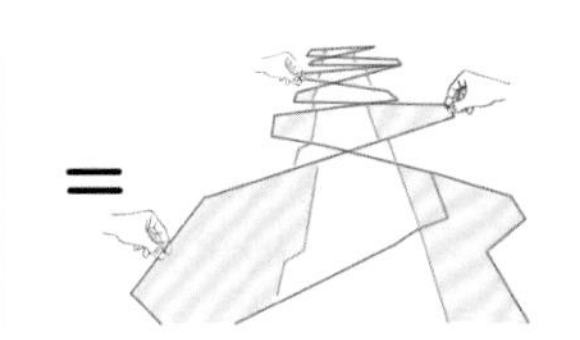

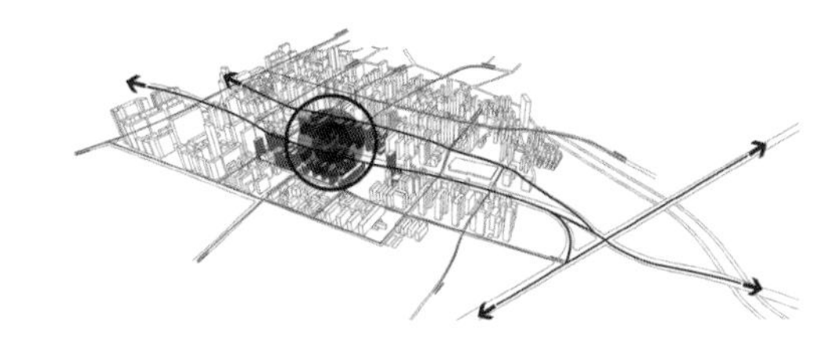

图 4.149　灵感来源分析图

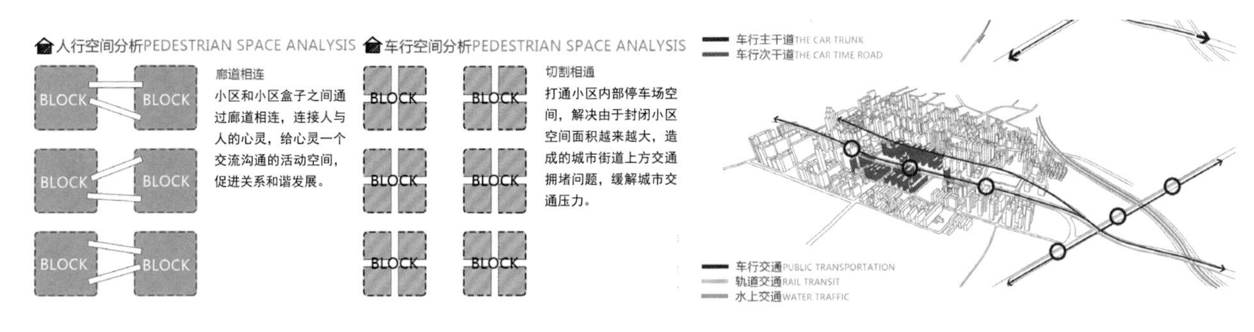

人行空间分析PEDESTRIAN SPACE ANALYSIS
BLOCK
廊道相连
小区和小区盒子之间通过廊道相连，连接人与人的心灵，给心灵一个交流沟通的活动空间，促进关系和谐发展。
车行空间分析PEDESTRIAN SPACE ANALYSIS
切割相通
打通小区内部停车场空间，解决由于封闭小区空间面积越来越大，造成的城市街道上方交通拥堵问题，缓解城市交通压力。
车行主干道THE CAR TRUNK
车行次干道THE CAR TIME ROAD
车行交通PUBLIC TRANSPORTATION
轨道交通RAIL TRANSIT
水上交通WATER TRAFFIC

图 4.150　人行空间分析图

2. 灵感来源

场地形态灵感来源于叶脉和鞋带，叶脉是输送养分的绿色有机体。每个抬起的草坡空间都如同一个个细胞，再通过“系鞋带”的方式连接。这种充满正能量的形态，也是人与人、心与心联系沟通的纽带，是城市发展的需要。利用纽带的形态来打通小区内部停车场空间，解决由于封闭小区空间面积越来越大，造成的城市街道上方交通拥堵的问题，缓解城市交通压力。

图 4.151　效果图展示 -2

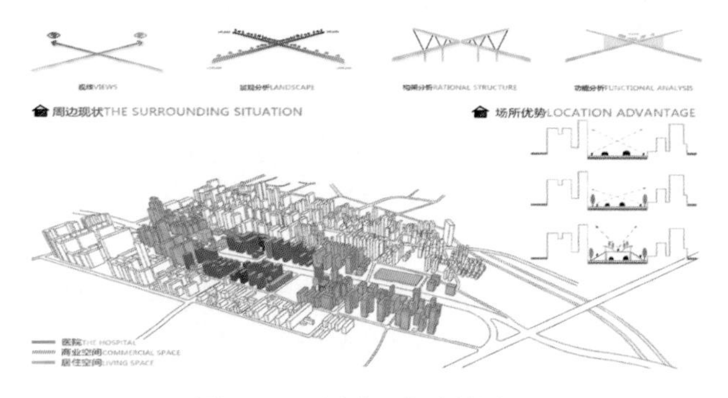

图 4.152　周边现状分析图

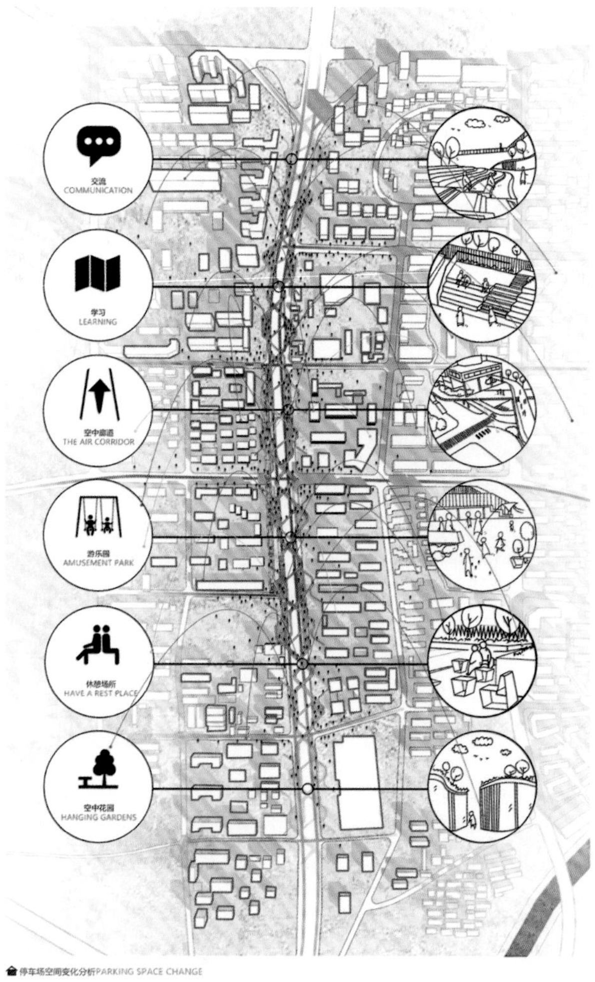

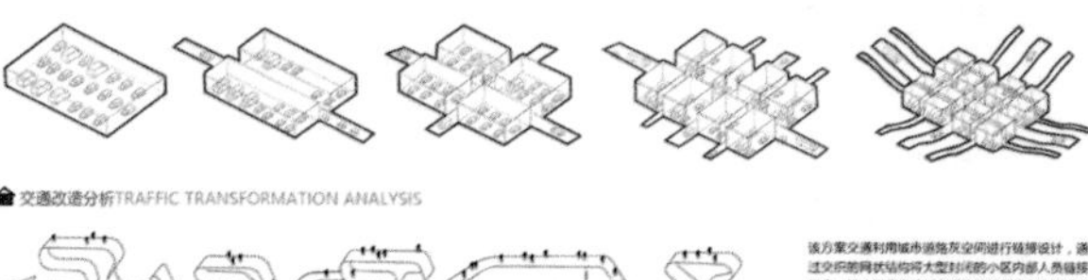

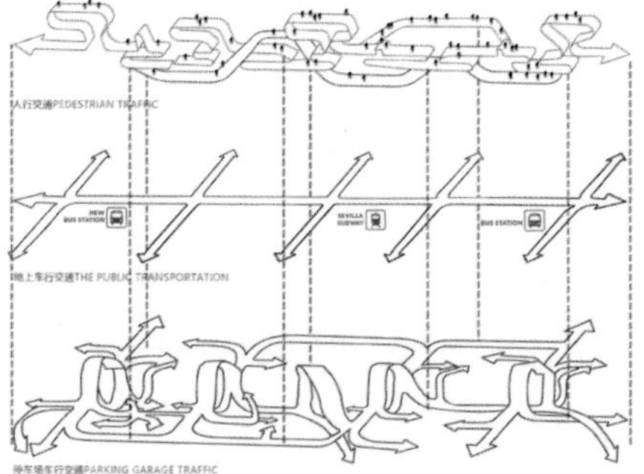

图 4.153　交通环境分析图

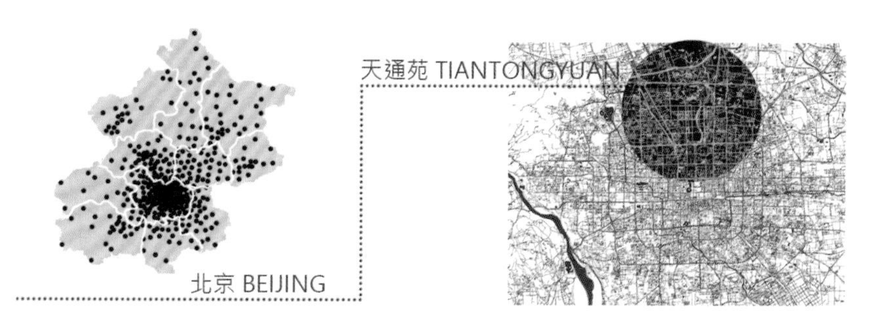

图 4.154 基地状况分析图

城市发展初期路网稀疏，邻里交流沟通方便、人气活跃。

人口增多城市发展，路网渐密，邻里沟通交流便捷。

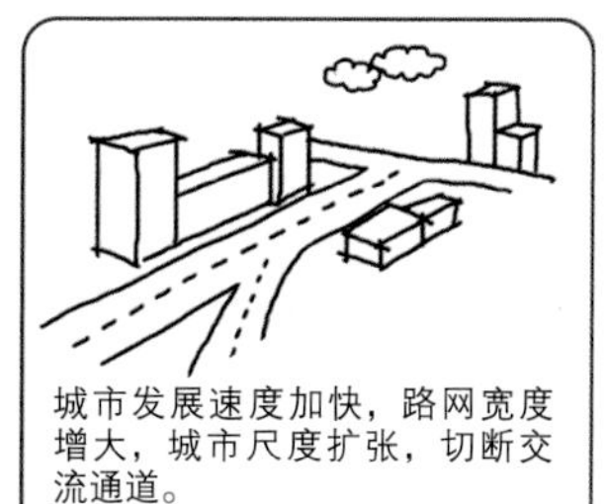

城市发展速度加快，路网宽度增大，城市尺度扩张，切断交流通道。

高架空间密布，城市路网复杂，道路尺度失控，邻里沟通极其困难。

图 4.155　城市发展进程分析图

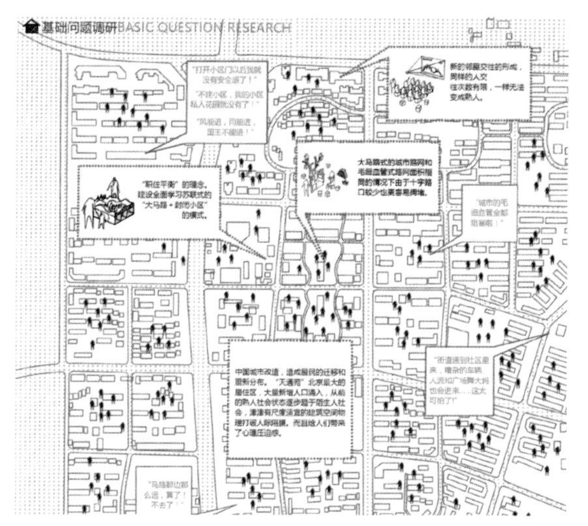

图 4.156　基础问题调研分析图

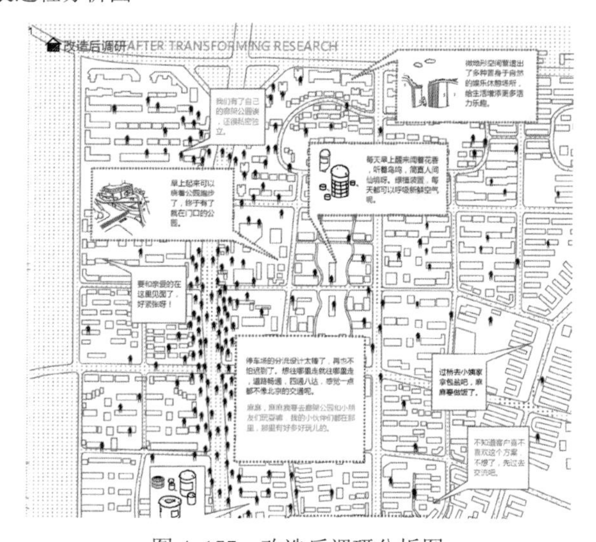

图 4.157　改造后调研分析图

3. 设计说明

天通苑小区现有交通系统规划得很丰富，分级也很明显。从轨道交通到车行系统，整个小区道路设计很规矩。但是，尽管在这样丰富的交通系统下，仍然存在着严重的交通问题。该地块多为居住区，人口密集，尤其上下班时间段。道路负载严重，需要设计新型交通系统来缓解城市交通拥挤问题。因此，该设计为体现出人性化，打开与人的心墙，充分利用道路灰空间，给城市居民一个宁静的心灵净化和沟通交流场所，促进邻里和谐。同时，交织向上的叠加空间给交流提供了一个安全便捷的场所。

图 4.158　效果图展示 -3

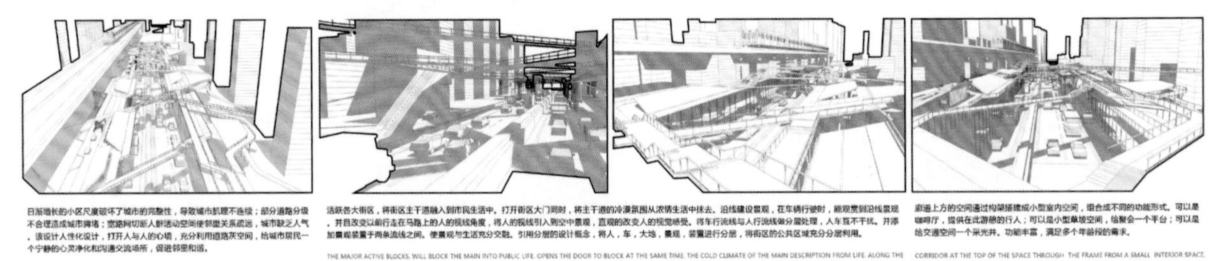

日渐增长的小区尺度破坏了城市的完整性，导致城市肌理不连续；部分道路分级不合理造成城市拥堵；宽路网切断人群活动空间使邻里关系疏远，城市缺乏人气，该设计人性化设计，打开人与人的心墙，充分利用道路灰空间，给城市居民一个宁静的心灵净化和沟通交流场所，促进邻里和谐。
GROWING DESTROY THE INTEGRITY OF THE CITY COMMUNITY SCALE, LEAD TO URBAN TEXTURE DISCONTINUITY; PART OF THE ROAD GRADING IS NOT REASONABLE CAUSE CONGESTION; WIDE NETWORK TO CUT OFF THE CROWD ACTIVITY SPACE ALIENATE NEIGHBOURHOODS, CITIES LACK OF POPULARITY.
活跃各大街区，将街区主干道融入到市民生活中。打开街区大门同时，将主干道的冷漠氛围从浓情生活中抹去。沿线建设景观，在车辆行驶时，能观赏到沿线景观，并且改变以前行走在马路上的人的视线角度，将人的视线引入到空中景观，直观的改变人的视觉感受。将车行流线与人行流线做分层处理，人车互不干扰。并添加景观装置于两条流线之间。使景观与生活充分交融。引用分层的设计概念，将人，车，大地，景观，装置进行分层，将街区的公共区域充分分层利用。
THE MAJOR ACTIVE BLOCKS, WILL BLOCK THE MAIN INTO PUBLIC LIFE. OPENS THE DOOR TO BLOCK AT THE SAME TIME. THE COLD CLIMATE OF THE MAIN DESCRIPTION FROM LIFE. ALONG THE LANDSCAPE CONSTRUCTION, WHEN THE VEHICLE IS MOVING, CAN SEE THE LANDSCAPE ALONG THE ROAD. BEFORE AND CHANGE THE LINE OF SIGHT OF PEOPLE WALKING ON THE ROAD. THE MAN'S LINE OF SIGHT IN TO THE AIR LANDSCAPE, INTUITIVE TO CHANGE PEOPLE'S VISUAL PERCEPTION. WAGON FLOW AND PEDESTRIAN FLOW DO HIERARCHICAL PROCESSING, NONINTERFERENCE PEOPLE CAR. AND ADD THE LANDSCAPE FEATURES BETWEEN THE TWO STREAMS. MAKE LANDSCAPE AND LIVING FULLY BLEND. REFERENCE A LAYERED DESIGN CONCEPT, WILL PEOPLE, CAR, AND THE EARTH, AND THE LANDSCAPE, LAYERED DEVICE, WILL BLOCK PUBLIC AREA TO FULLY USE THE STRATIFICATION.
廊道上方的空间通过构架搭建成小型室内空间，组合成不同的功能形式。可以是咖啡厅，提供在此游憩的行人；可以是小型阜坡空间，给聚会一个平台；可以是给交通空间一个采光井。功能丰富，满足多个年龄段的需求。
CORRIDOR AT THE TOP OF THE SPACE THROUGH THE FRAME FROM A SMALL INTERIOR SPACE, COMBINED I NTO DIFFERENT FUNCTIONAL FORM. CAN OFFER IN THIS CAFE. RECREATION PEDESTRIANS; CAN BE A SMALL SLOPE SPACE, GIVE PARTY A PLATFORM; CAN BE A LIGHT WELLS TO TRAFFIC SPACE. FEATURE-RICH, MEET THE NEEDS OF MULTIPLE AGE GROUPS.

图 4.159　交通线路分析图

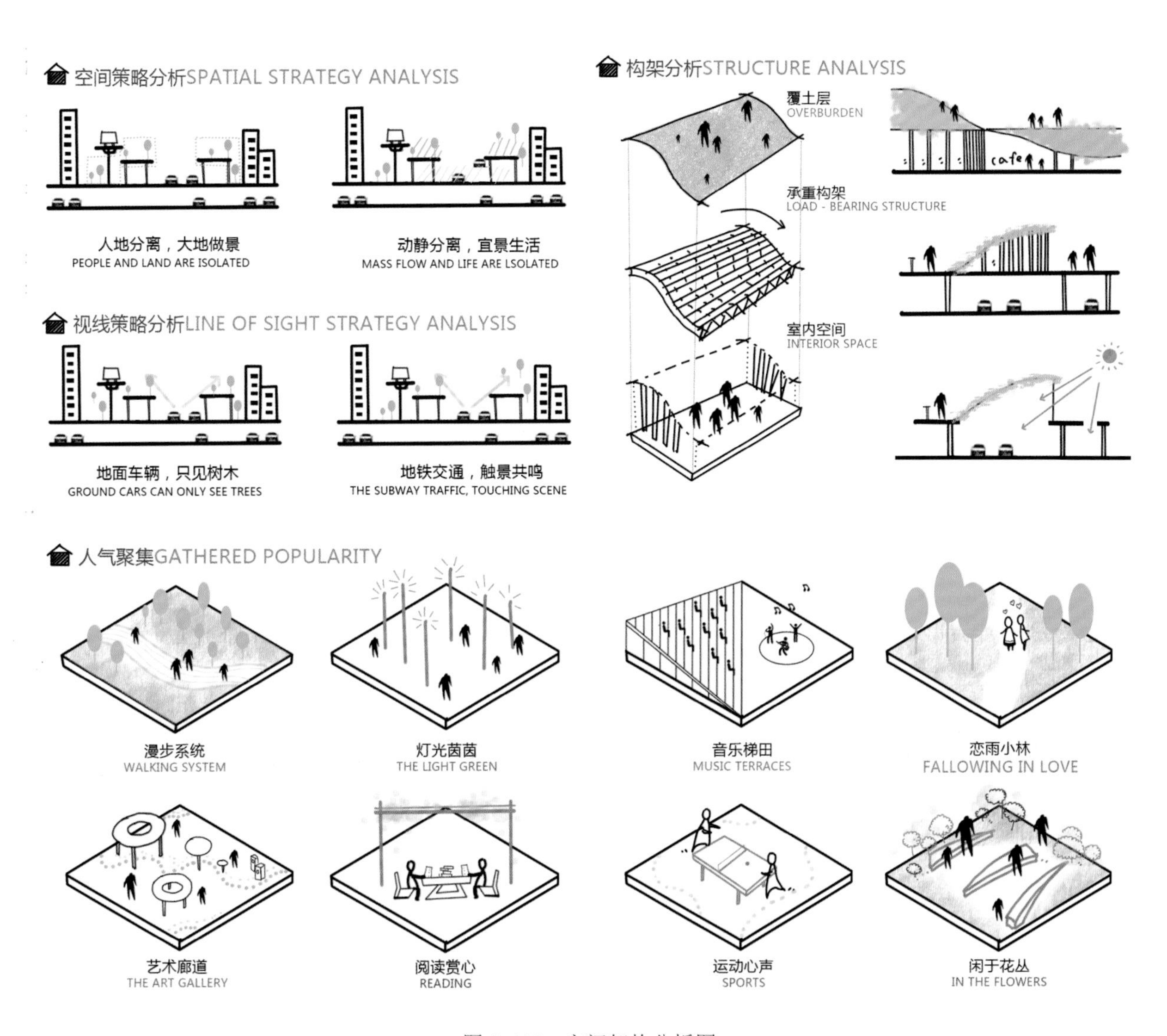

图 4.160 空间架构分析图

4. 设计说明

该方案利用城市道路灰空间进行衔接设计，通过交织的网状结构将大型封闭的小区内部人员连接起来，解决被宽广的城市道路切割得支离破碎的空间。该方案充分利用城市道路上部灰空间，设置多种游乐设施，满足多个年龄人群需求，如小朋友在这里玩耍，年轻人在这里约会，中年人在这里社交，老年人在这里休闲聚会等。将封闭的小区空间打开并连接起来，同时打通小区内部停车场空间，分散因大型小区而造成的交通拥堵车流量，缓解城市交通压力，构建新型城市交通空间。

（七）拾竹

2016 年“园艺杯”首届艺术设计邀请展金奖（图 4.161 ~图 4.163）

设计成员：杨宇锋、朱晨、李园庆

图 4.161　效果图展示 -1

拾竹
SHIZHU
一壶明月 一杆竹
设计说明
Design Description
自古以来竹和茶均作为文人墨客争相咏颂的对象，同时也流传下许多著名诗词。由此进行思维拓展，方案将中国古老的茶文化与竹情结相结合，以竹为主要材料，打造一个既生态又充满人文精神的公共空间。
Ancient bamboo and tea are competing as men of letters Yong Chung of objects, but also spread many famous poems. Whereby the expansion of thinking, the program will ancient Chinese tea culture and bamboo complex combination of bamboo as the main material, both ecological and create a public space full of humanistic spirit.
自古以来竹和茶均作为文人墨客争相咏颂的对象，同时也流传下来许多著名诗词。由此进行思维拓展，方案将中国古老的茶文化与竹情结相结合，以竹为主要材料，打造一个既生态又充满人文精神的公共空间。
平面图 | Plan
茶室景观平面图由两个相扣的弧形共同构成，因茶室设计于湖水之上，所以设置了水上汀步与对岸相连。茶室近似月牙状，这也正是“一壶明月”之所在，茶室属下沉空间湖水中的湖灯由外向弧心聚拢，形成向心之力，从而营造一种大气恢弘的景观感受。
Tearoom landscape plan joint consists of two interlocking curved, because tearoom design on top of the lake, so set up and connected to the other side of the water ting step. Tearoom approximately crescent-shaped, which is "a pot of the moon," lies, tearoom space belongs to the sinking of the lake water gathered from outside the arc lamp heart, to force the formation of the heart, thus creating an atmosphere grand landscape feel.
交通分析
Traffic Analysis
结构分析
Structure Analysis
流线分析
Streamline Analysis
宏观区位分析 | Macro District Analysis
本次设计将选址位于中国四川的成都。成都虽不是我国的“竹乡”，但由于其气候原因竹产量仍然十分庞大其次，成都生活节奏慢，我国的茶文化在此得到了良好的发展，品茶几乎成为了成都人每日休闲娱乐必备的活动。
微观区位分析 | Microsmic District Analysis

图 4.162 效果图展示 -2

图 4.163　效果图展示 -3

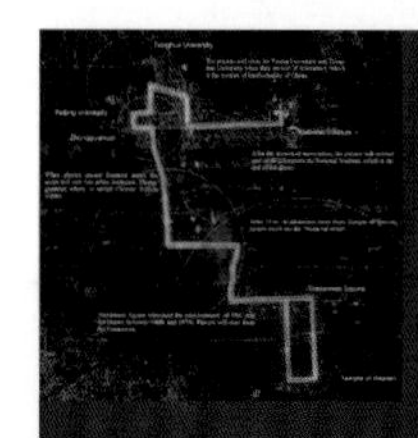

（八）第六元素

2017 年湖北美术联展优秀奖（图 4.164～图 4.168）

设计成员：张钰、王诗旭、陈熙涵

GENERAL SITUATION

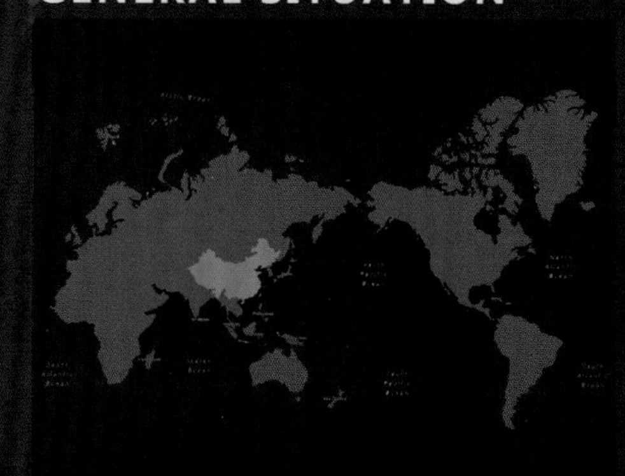

Beijing is a famous city with more than 3000 years history.It has numerous glamour cultural landsca-pe,and ancient times and modern combine dpe-fectly.

The construction and manage-ment of Beijing undergo sev-eral dynas-ties.The plane layout tend to completion.The layout looks like a chessboard, and the central axis run through the city..

Hutong - The blood of tradi-tional of Beijing.It is not only

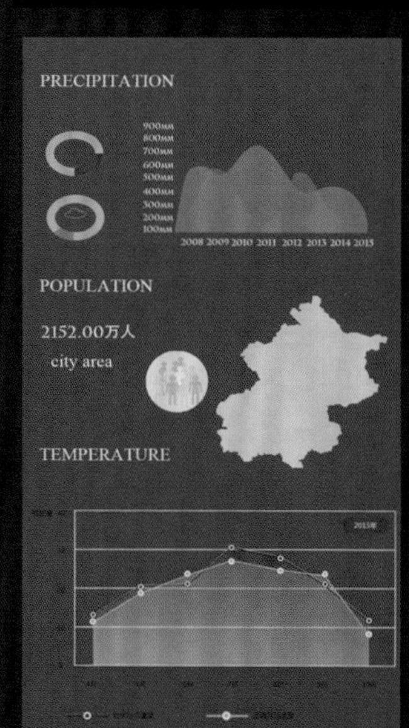

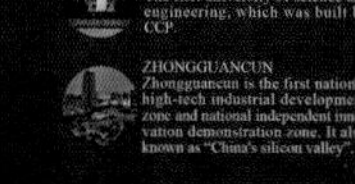

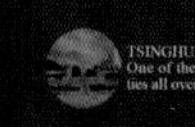

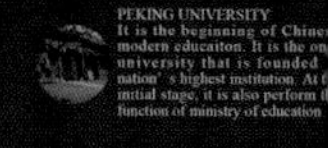

图 4.164　前期分析图

奥运会不仅是一场体育赛事，它已经成为城市更新的工具和重大转型的催化剂。北京举办 2008 年奥运会后，奥林匹克地区的规划和使用有着相对问题。由于基础设施过于庞大，公共交通不便，很少有居民、游客和工作人员能很好地利用这一地区。与奥运会相比，奥运区域呈现出完全不同的形象。

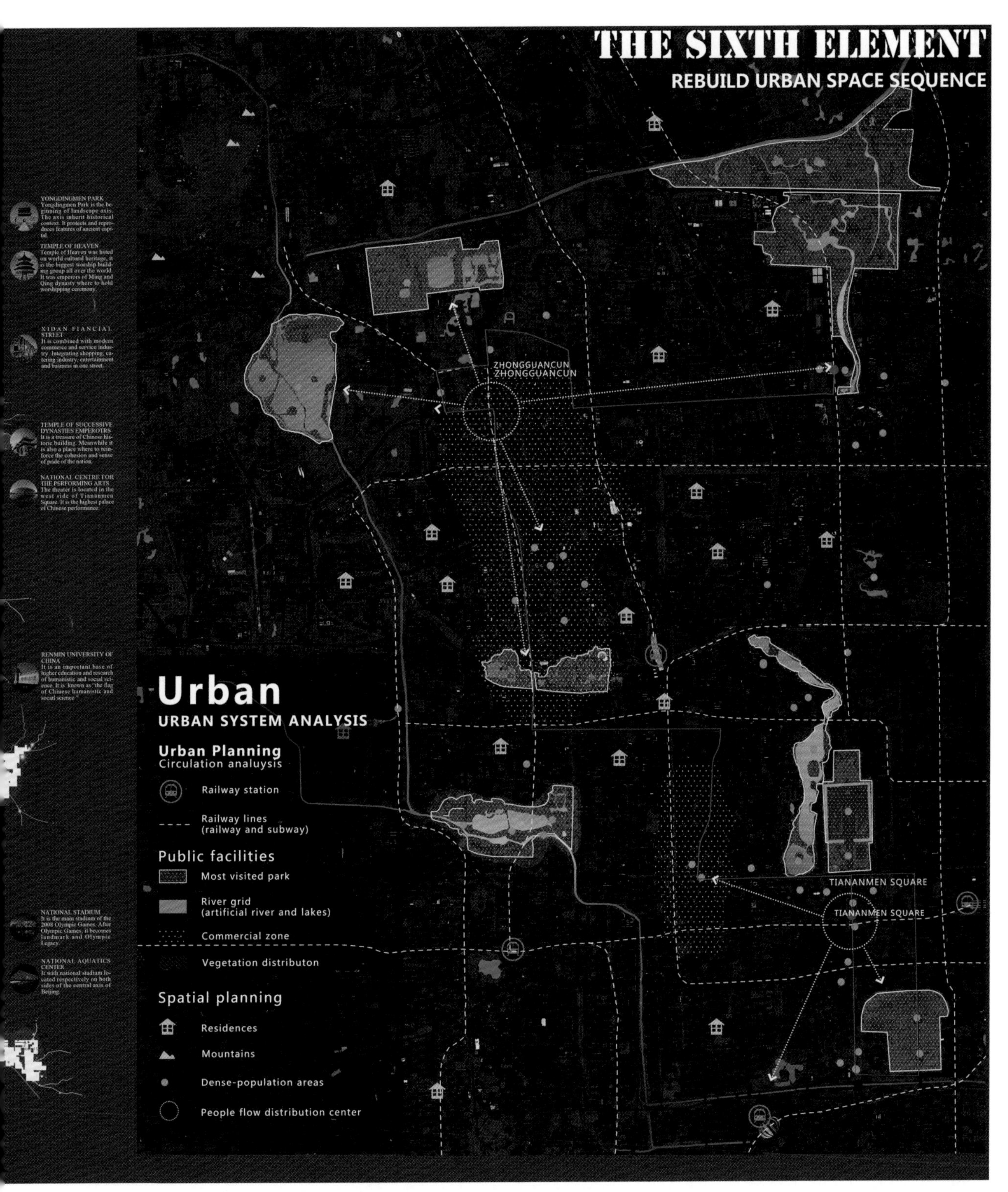
THE SIXTH ELEMENT
REBUILD URBAN SPACE SEQUENCE
YONGDINGMEN PARK
Yongdingmen Park is the beginning of landscape axis. The axis inherit historical context. It protects and reproduces features of ancient capital.
TEMPLE OF HEAVEN
Temple of Heaven was listed on world cultural heritage, it is the biggest worship building group all over the world. It was emperors of Ming and Qing dynasty where to hold worshipping ceremony.
XIDAN FIANCIAL STREET
It is combined with modern commerce and service industry. Integrating shopping, catering industry, entertainment and business in one street.
TEMPLE OF SUCCESSIVE DYNASTIES EMPEROTRS
It is a treasure of Chinese historic building. Meanwhile it is also a place where to reinforce the cohesion and sense of pride of the nation.
NATIONAL CENTRE FOR THE PERFORMING ARTS
The theater is located in the west side of Tiananmen Square. It is the highest palace of Chinese performance.
RENMIN UNIVERSITY OF CHINA
It is an important base of higher education and research of humanistic and social science. It is known as "the flag of Chinese humanistic and social science."
NATIONAL STADIUM
It is the main stadium of the 2008 Olympic Games. After Olympic Games, it becomes landmark and Olympic Legacy.
NATIONAL AQUATICS CENTER
It with national stadium located respectively on both sides of the central axis of Beijing.
ZHONGGUANCUN
ZHONGGUANCUN
TIANANMEN SQUARE
TIANANMEN SQUARE
Urban
URBAN SYSTEM ANALYSIS
Urban Planning
Circulation analuysis
Railway station
Railway lines
(railway and subway)
Public facilities
Most visited park
River grid
(artificial river and lakes)
Commercial zone
Vegetation distributon
Spatial planning
Residences
Mountains
Dense-population areas
People flow distribution center

图 4.165 总平面图

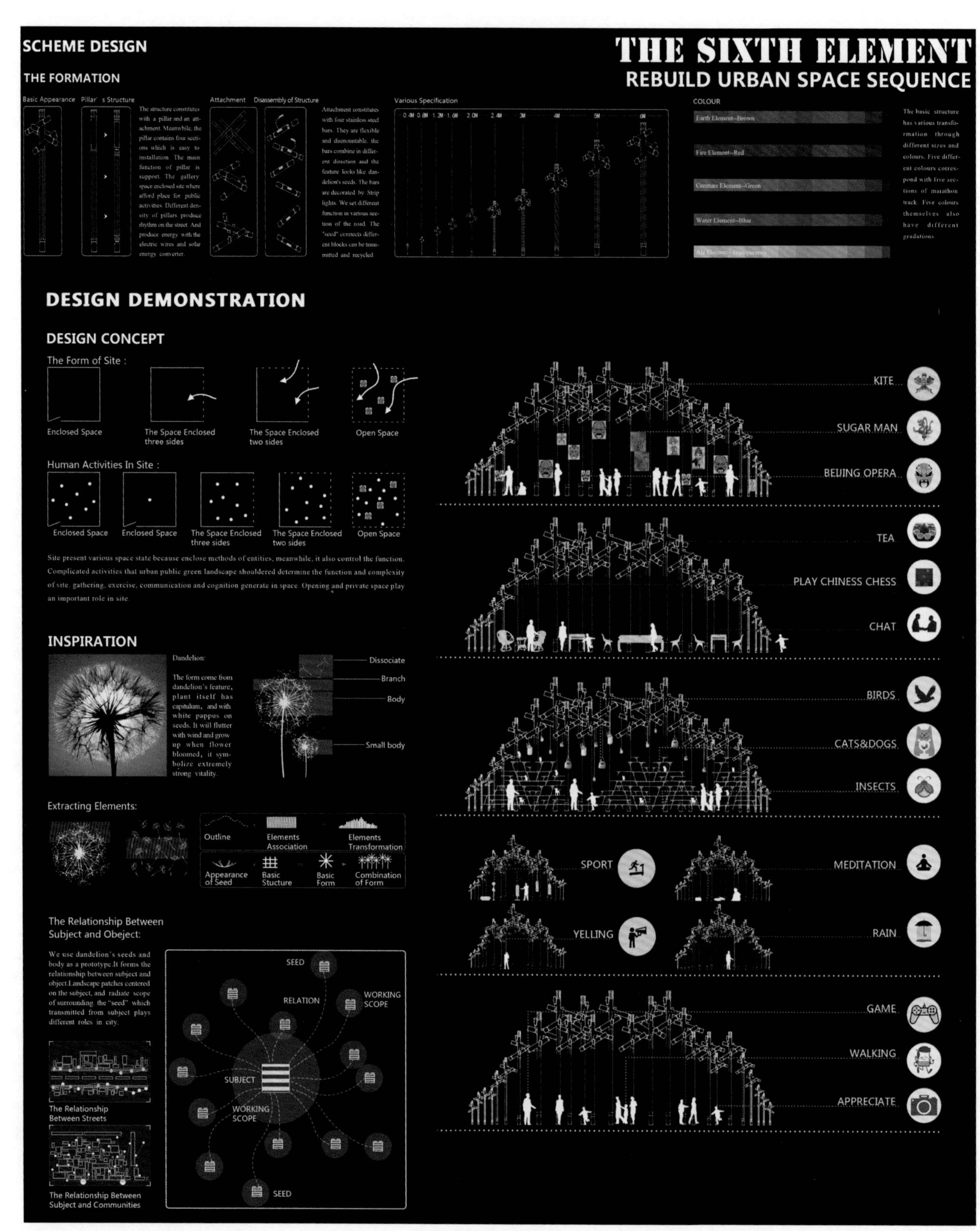

图 4.166　景观构筑物分析图

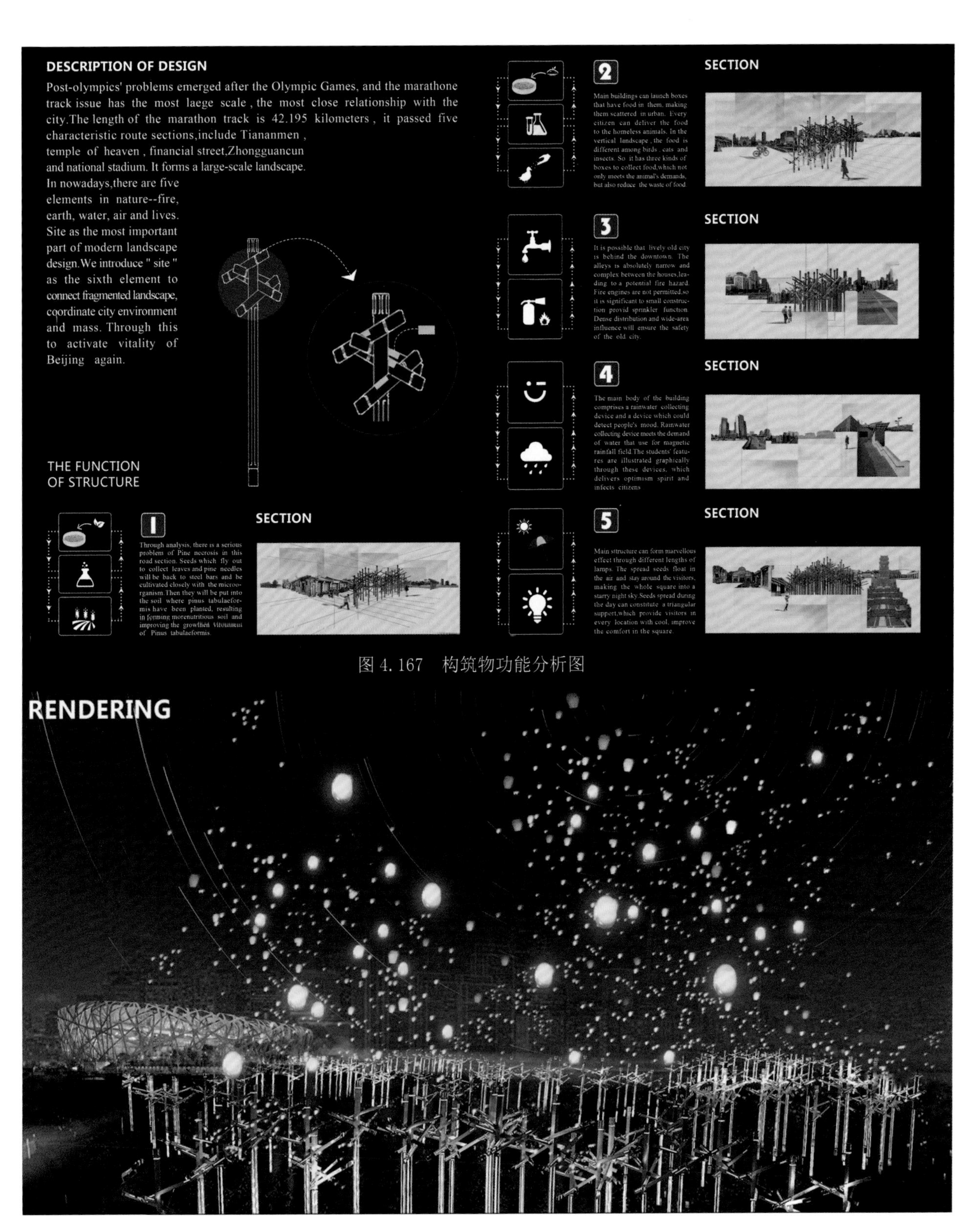

DESCRIPTION OF DESIGN
Post-olympics' problems emerged after the Olympic Games, and the marathone track issue has the most laege scale , the most close relationship with the city.The length of the marathon track is 42.195 kilometers , it passed five characteristic route sections,include Tiananmen , temple of heaven , financial street,Zhongguancun and national stadium. It forms a large-scale landscape.
In nowadays,there are five elements in nature--fire, earth, water, air and lives. Site as the most important part of modern landscape design.We introduce " site " as the sixth element to connect fragmented landscape, coordinate city environment and mass. Through this to activate vitality of Beijing again.
THE FUNCTION OF STRUCTURE
1
Through analysis, there is a serious problem of Pine necrosis in this road section. Seeds which fly out to collect leaves and pine needles will be back to steel bars and be cultivated closely with the microorganism.Then they will be put into the soil where pinus tabulaeformis have been planted, resulting in forming morenutritious soil and improving the growthen
of Pinus tabulaeformis.
SECTION
2
Main buildings can launch boxes that have food in them, making them scattered in urban. Every citizen can deliver the food to the homeless animals. In the vertical landscape , the food is different among birds , cats and insects. So it has three kinds of boxes to collect food,which not only meets the animal's demands, but also reduce the waste of food.
SECTION
3
It is possible that lively old city is behind the downtown. The alleys is absolutely narrow and complex between the houses,leading to a potential fire hazard. Fire engines are not permitted,so it is significant to small construction provid sprinkler function. Dense distribution and wide-area influence will ensure the safety of the old city.
SECTION
4
The main body of the building comprises a rainwater collecting device and a device which could detect people's mood. Rainwater collecting device meets the demand of water that use for magnetic rainfall field.The students' features are illustrated graphically through these devices, which delivers optimism spirit and infects citizens
SECTION
5
Main sttructure can form marvellous effect through different lengths of lamps. The spread seeds float in the air and stay around the visitors, making the whole square into a starry night sky.Seeds spread during the day can constitute a triangular support,which provide visitors in every location with cool, improve the comfort in the square.
SECTION
RENDERING

图 4.167 构筑物功能分析图

图 4.168 效果图展示

4.4.3 技术类竞赛

全国计算机设计大赛创办于2008年，大赛每年举办一次，决赛的时间在当年7月20日前后开始，直至8月初结束，至今已成功举办过10届比赛。此项大赛的联合主办方有中国高等教育学会、教育部高等学校计算机类专业教学指导委员会、软件工程专业教学指导委员会、大学计算机课程教学指导委员会、文科计算机基础教学指导分委员。全国计算机设计大赛是以校级初赛—省级复赛—国级决赛三级竞赛的形式开展。大赛面对的参赛人群为所有专业的在校本科生。全国计算机大赛的主要设计内容为计算机应用技术，目前涵盖软件应用与开发类、微课与教学辅助类、数字媒体设计类、软件服务外包类、动漫游戏类、微电影类以及计算机音乐创作类。

下面本书将针对全国计算机大赛，从计算机应用技术层面出发，介绍两个微课设计作品，分别是“生命的历程——花与果”以及“食物在体内的旅行”。

（一）生命的历程——花与果

2017年中国大学生计算机设计大赛一等奖（图4.169～图4.170）

设计成员：刘燕宁、白絮、曾紫薇

图4.169 视频封面图

“生命的历程——花与果”微课设计的设计者希望通过植物的花和果实等这些身边便于观察和研究的内容，激发出学生的学习兴趣，让学生明白生活中处处是科学。通过感知植物的开花和结果，明白有花才有果，有耕耘才有收获。

图 4.170　手绘演示图

参赛设计者首先考虑的就是符合受众人群的使用需求。微课“中小学数学或自然科学”属自然科学类，主要的受众人群为中小学生，目的是帮助他们课下复习或者自主学习课堂知识。其次，微课设计的目的就是启蒙式教学，提升受众人群的科学思维，通过植物的花和果实这些随时随地都能观察和研究的事物，让学生明白科学就在身边。微课设计的最终落脚点是服务于使用者。参赛者在微课中加入了原创手绘元素，同时为了贴近受众人群的兴趣模式，让学生最大化地掌握教学内容，采用讲授式教学模式为主，启发式教学模式为辅的教学方法。在课程的重点、难点部分，采用有趣的视频来帮助学生更好地理解课堂内容，例如手绘视频、动画短片或者趣味实验等，并且在传授知识的过程中注重引导学生独立思考。最后，微课设计会配有习题、游戏和知识扩展单元，让学生寓教于乐，在扩展知识面的同时，引发学生进行更深层次的思考。

（二）食物在体内的旅行

2017年中国大学生计算机设计大赛二等奖（图4.171～图4.173）

设计成员：窦逗、罗振鸿、卢思奇

在“食物在体内的旅行”的微课设计中，参赛设计者通过对人体消化系统与健康饮食知识的介绍，向中小学生普及科学知识与生活常识，目的在于丰富中小学生在消化系统方面的知识，更重要的是通过对科学知识的学习引导学生认识到健康饮食的重要性。

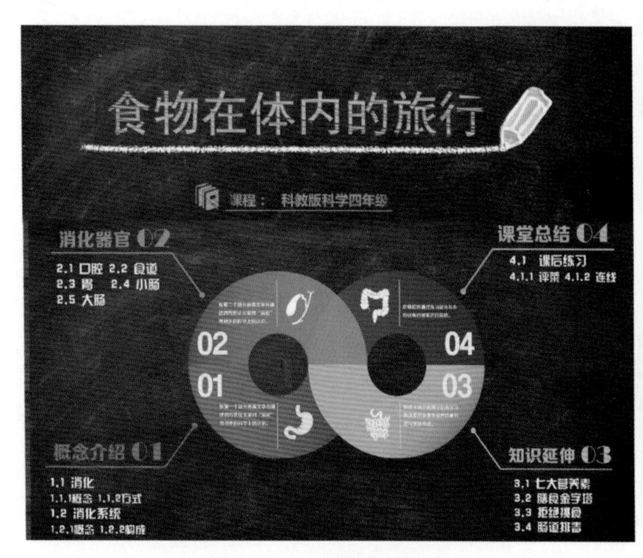

图4.171 课程体系分析

图4.172 食物分类

参赛者首先思考的问题是通过该微课如何真实地让学生们感受到健康饮食的意义。首先，参赛者明确微课设计的基本目的是普及科学知识。微课设计主要通过讲授的方式帮助学生了解知识，并添加多样的文化元素来加深理解，比如制作动画小视频、手绘表达人体器官的特征等。其次，设计者希望通过微课帮助学生建立起健康饮食的意识。设计者通过植入日常的生活场景，系统化地向学生展示了“食物金字塔”“营养搭配原理”等与健康饮食相关的知识，教会其如何判定食物的营养程度。

图 4.173　手工制作分析图

全国计算机设计大赛微课设计的主要拍摄形式以操作示范类相机拍摄为主，录屏拍摄为辅，最大化地模拟课堂的真实情景。做竞赛时，切记微视频中出现的所有素材须为小组原创，由内部成员共同绘制、拍摄完成。微课设计竞赛后期制作会运用 AE、Pr、Flash、Camtasia Studio 等相关专业软件。微课设计最后的呈现形式是将 PPT 与视频结合。

参与全国计算机设计大赛，参赛者首先要做的是找准定位，从自身的优势出发，将创意设计和教学相结合，将一门枯燥的专业课程变得有趣且具有互动性。在制作过程中，参赛者必须通过一次次的修改，使课程逻辑性更加严密的同时，提高整个团队的技术水平。最后切记，竞赛设计一定要有一个灵魂点，在追求形式的同时，要注意内在的逻辑。

（三）IT STARTS HERE——濒危动物大洲历险记

2017年中国大学生计算机设计大赛二等奖（图4.174～图4.186）

设计成员：王诗旭、李泳霖

为什么要用“IT STARTS HERE”呢？这个题目的选定具有双重意义。第一层是根据书籍内容，濒危动物大洲历险之旅就此开始；第二层深层寓意是，人的起源原本就是从动物开始，既然是从动物开始，为什么当今社会会有如此多的残害动物等一系列不和谐的行为发生呢？这值得引起人们的思考。

从无到有，从古至今，从单细胞生物到多细胞生物，从无脊椎生物到有脊椎生物，从海洋到陆地，从它们到我们，一切从这里开始。封面设计选取了三个代表性动物的剪影，结合典型自然环境，设计者希望使用者通过体验该设计，感受到物种起源，从这里开始；生物的进化与发展，从这里开始；人与动物和谐相处的社会，从这里开始。从今天到未来，直至永恒，亦从这里开始。

该设计的主要内容如图4.174所示。

世界各大洲的动物历险

各大洲动物的选区，地图的绘制

大洲动物趣味知识答题

交互媒体原型的展示

通过AE视频剪辑软件剪辑说明

知识问答部分的设计、选择题、连线题等

灭绝动物调查报告

濒临灭绝的动物的汇总

猎杀动物的残忍现象

每年各大洲动物灭绝消失情况数据分析

3D动物模型展览馆

3D模型的建设及导入

对话式的交互设计

趣味卡通绘画教室

手绘教程的插入

提高青少年儿童书籍的阅读兴趣

同时培养兴趣爱好

听听你的床前故事

大部分我们所设计的确实包含有声

智能阅读的功能

因此在床前故事部分

我们选取人与动物和谐相处的故事

图4.174　设计主要内容框架图

IT STARTS HERE
-2017-
世界濒危动物历险记
THE ADVENTURES OF ENDANGERED ANIMALS

图 4.175　主题封面图

图 4.176　手绘卡通动物

图 4.177　世界动物地图

图 4.178　动物主题海报

图 4.179　世界动物历险图

图 4.180　智力问答图 -1

图 4.181　智力问答图 -2

动物灭绝的真相
灭绝大事件
人类的罪行

3份趣味性的调研报告，实例分析

灭绝事件一览

地球诞生于大约46亿年前

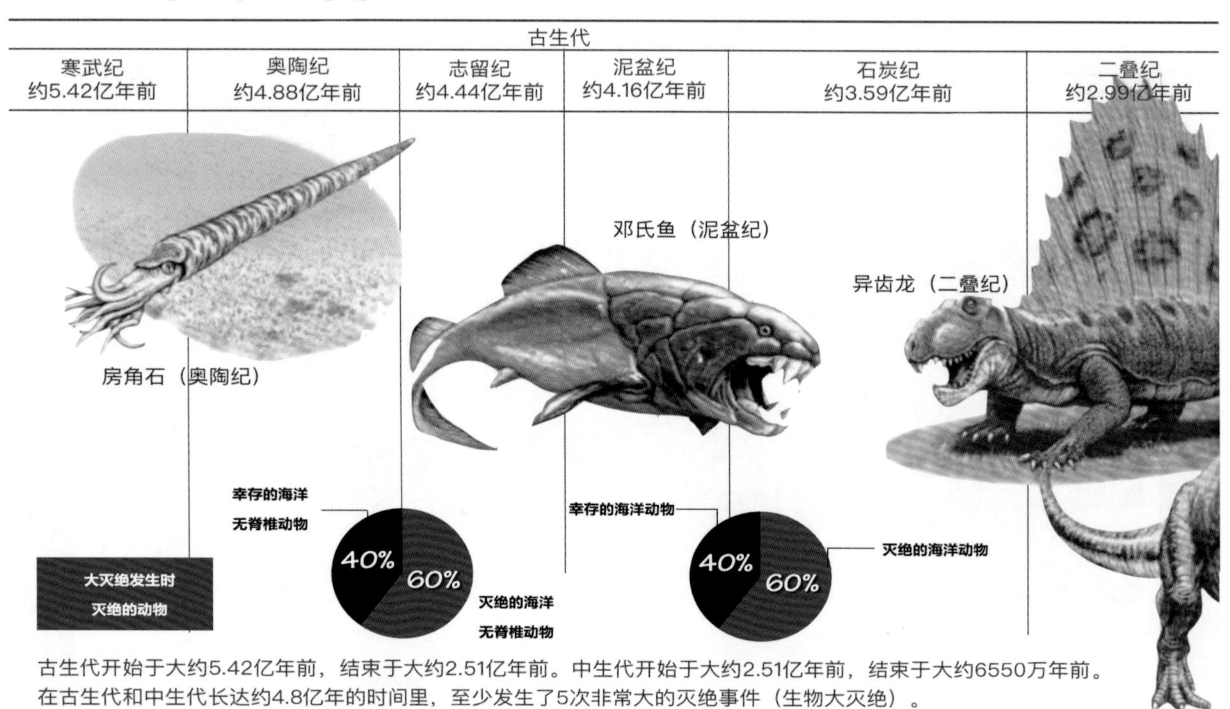

图 4.182　调研分析图

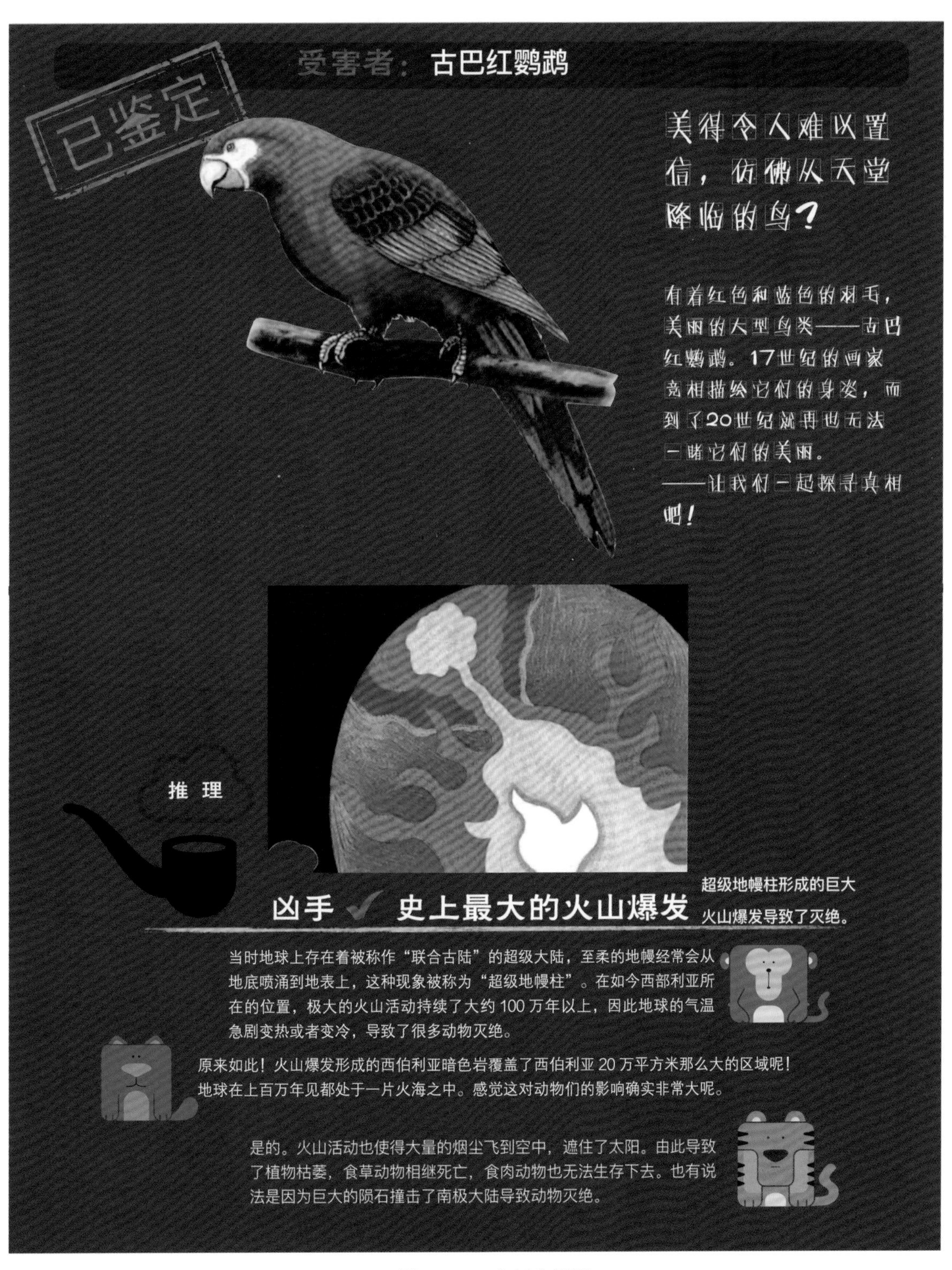
受害者：古巴红鹦鹉
已鉴定
美得令人难以置信，仿佛从天堂降临的鸟？
有着红色和蓝色的羽毛，美丽的大型鸟类——古巴红鹦鹉。17世纪的画家竞相描绘它们的身姿，而到了20世纪就再也无法一睹它们的美丽。
——让我们一起探寻真相吧！
推理
超级地幔柱形成的巨大火山爆发导致了灭绝。
凶手 史上最大的火山爆发
当时地球上存在着被称作“联合古陆”的超级大陆，至柔的地幔经常会从地底喷涌到地表上，这种现象被称为“超级地幔柱”。在如今西部利亚所在的位置，极大的火山活动持续了大约100万年以上，因此地球的气温急剧变热或者变冷，导致了很多动物灭绝。
原来如此！火山爆发形成的西伯利亚暗色岩覆盖了西伯利亚20万平方米那么大的区域呢！地球在上百万年见都处于一片火海之中。感觉这对动物们的影响确实非常大呢。
是的。火山活动也使得大量的烟尘飞到空中，遮住了太阳。由此导致了植物枯萎，食草动物相继死亡，食肉动物也无法生存下去。也有说法是因为巨大的陨石撞击了南极大陆导致动物灭绝。

图4.183　案例分析图

3D

动物模型展览馆

经历过大洲濒危动物冒险、灭绝动物调查报告之后，我们迎来了3D动物模型展览馆，让我们进入3D的动物历险记中吧！

Endangered animal adventure experience continents, extinct animals after survey, we ushered in the exhibition hall 3D animal model, let us into the 3D animal adventure!

图 4.184　动物模型展览

图 4.185　佚罗纪时代恐龙展示

图 4.186　哺乳动物 3D 之旅

第五章 图纸表达

5.1 图纸表达的地位和作用

沟通，对于今天的世界来说尤为重要。但在人们直接或间接的交流中，语言与形态有时并不能准确地表达人们的思想。而图形化的呈现方式能够充当其中的媒介。

作为一名设计者，需要时刻依靠思维，想别人想不到的，想别人想要的。而想法只是抽象思维，设计者要将抽象概念具象化并不断完善。与此同时，如何准确表述设计，成了许多人的难题。法国画家、雕塑家亨利·马蒂斯（Henri Matisse）曾说过："一副好的招贴设计，应该是靠图形语言说话，而不是靠文字的注解。"就建筑设计而言，如同作家使用文字来叙述所想，设计者是运用图式语言来传达信息的。例如建筑的区位、功能、技术等绝大多数内容，都可以通过在纸面上绘制得到直观的视觉形象。

综上所述，图纸是用来思考和表达设计的工具，而表达的目的是为了讲清楚设计的逻辑，即对设计的思考、判断、深化和论证。如果没有能够表达清楚设计的内容，只关注了外在的"艺术形式"，那么图纸表达的作用便大打折扣了。

5.1.1 平面图、立面图、剖面图

1. 平面图

在建筑图纸中，平面图包括建筑平面图和总平面图。制图之前，设计者要对给定场地的平面布局、气候环境、功能需求和其他因素进行充分考察分析，最终确定平面布置。需要注意的是，平面图所要传达的信息重点不在表现几何体，而在于体现方案的空间关系。作图过程中，设计者可以利用不同的表现手法，通过不一样的表现方式来达到这个目的。例如在线图表达中，除建筑细节以外，利用线宽和线型来区分和强调内容。添加材质平面时，利用填充的颜色、纹理进行对比，来表达各个空间的相互关系（图 5.1）。

2. 立面图

建筑外立面空间的创意设计依靠建筑立面图表现。当你开始着手做建筑的造型设计时，脑海中最先闪现的可能是不同大师的优秀作品，例如美国华裔建筑师贝聿铭（Ieoh Ming Pei）、加拿大建筑师弗兰克·盖里（Frank Owen Gehry）、德国建筑师密斯·凡·德·罗（Ludwig Mies Van der Rohe）等，他们的作品值得人们参考。有人会想，日本建筑师安藤忠雄（Tadao Ando）建筑中的清水混凝土能否用作自己的建筑材料？英国建筑师扎哈·哈迪德（Zaha Hadid）的曲线参数化设计造型能否借鉴？须知，事莫明于有效。一个好的设计具有一定的整体性，而整体性要符合逻辑性。例如建筑与场地逻辑，建筑与人文环境逻辑。从整体出发，将建筑与环境相结合，不失为好的立面基础（图 5.2）

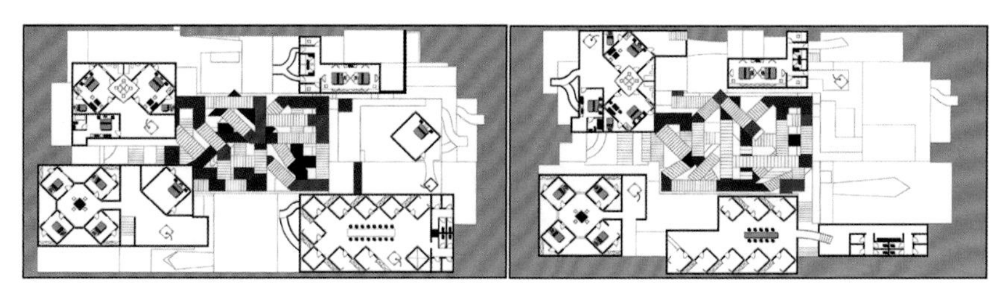

图 5.1　平面示意图

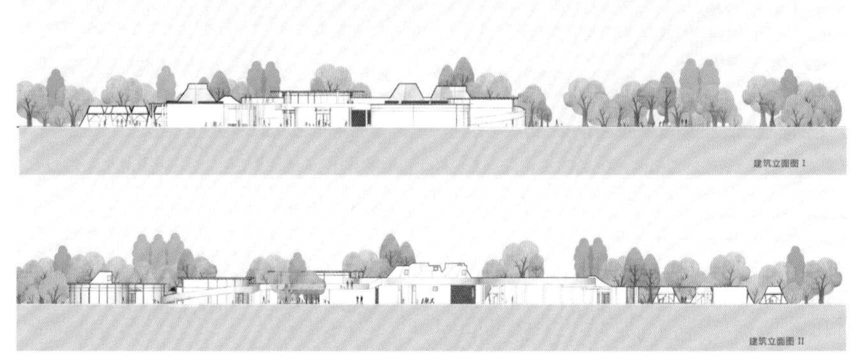

图 5.2　立面示意图

3. 剖面图

建筑剖面图是设计者假想用一个竖向垂直的面去剖切建筑，移除观察者与建筑物之间的阻隔，反映建筑剩余部分的正投影图。剖切面的位置选择决定了剖面图是否能够较全面的反映建筑物的相关信息，展现建筑的内部空间。从结构尺寸到生态设计，一张好的剖面图能够将大量的内容融入到一张图中表现。由此不难理解，为什么在最初接触到建筑剖面图时老师会强调尽量剖切到楼梯。因为楼梯是建筑垂直方向上空间变化最丰富的地方。与此同时，二维平面不是唯一的表现形式。为达到充实画面内容的目的，通过视觉效果与技术手段相结合，剖面图的形式逐渐多样化，其中包含剖面图、剖面轴测图、剖透视图等（图 5.3）。

5.1.2　分析图

设计者以大量的数据分析为基础，通过可视化表达，展现设计的推理方法、依据、过程和结果。然而，举网以纲，千目皆张。表达什么是一个点，有没有抓住关键是重点。建筑相关分析图的作用在于清楚地说明设计思路。例如阐述区位分析、历史文脉分析、现状分析等。当包含的信息量过大时，设计者可以通过符号、线条、色块、图片等元素相互结合，抓住主要环节，带动次要环节，以实现条理分明的效果。

常规的建筑类分析图包括结构分析图、流线分析图和功能分析图等。每个设计的侧重点会有所不同，要依据内容选择图的种类。例如平面分析图精确表现建筑比例，三维分析图直观表明主体与环境关系，分解分析图明晰各部件间的衔接方式，阵列分析图适用于同类个体比较，大数据分析图说明某种信息的数据并阐明变化趋势。对于重点信息，可以利用颜色浓淡、图片详略等关系来突出（图 5.4）。

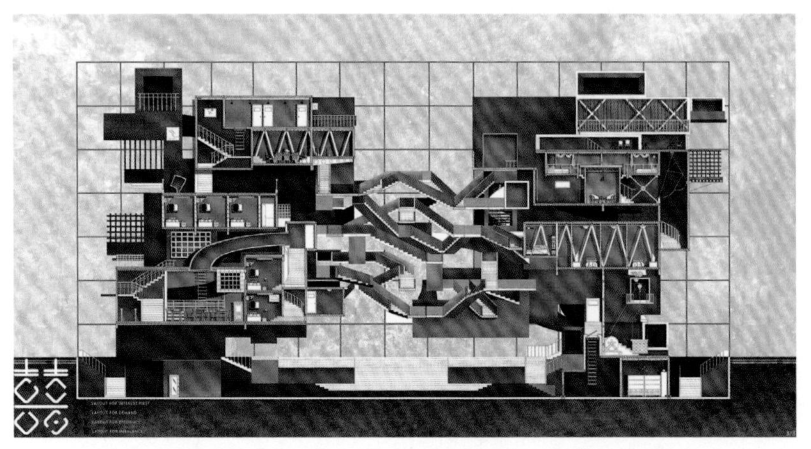

图 5.3　剖面示意图

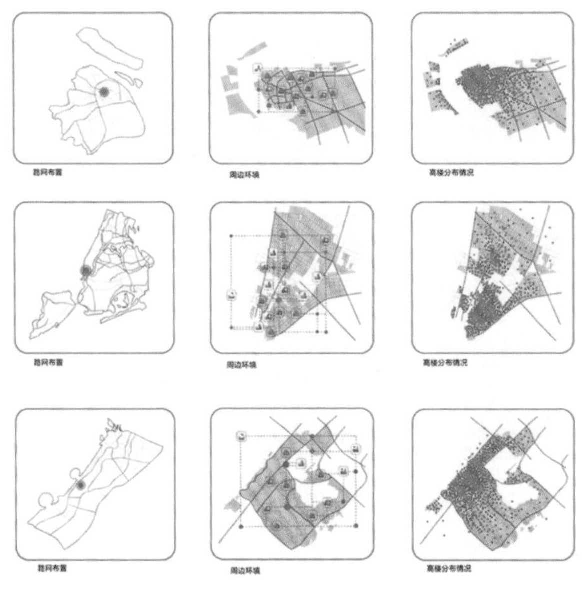

图 5.4　分析图示意

5.1.3　效果图

当设计者有了相对完整的方案后，便要着手效果图设计。在建筑图纸中，效果图作为表达方案最直观的方式，占据着重要地位。为使作品能够引起关注，效果图应在第一时间体现设计的亮点。

在制作效果图时，有关场景布置的环节要注意渲染氛围的相关因素。例如场景光与影的处理和周边环境的处理。受光布置需明确光源，避免出现大块受光黄斑和背光黑暗，并合理利用阴影突出画面层次感。建筑周边环境搭配要控制数量，陪衬主体，不宜过分刻画，起到展示环境和丰富画面的作用。在渲染出图时要判断视角的选择，即构图。良好的画面构图可以为最终效果加分。构图的原则在一定程度上是相通的，设计者可以在摄影、影视、绘画等相关领域学习构图技巧，例如三分法、对角线分法、营造透视法等，在绝美的画面里寻找灵感，提升自己的审美，收集整理各类资源，灵活地运用到效果图中。图中不仅会通过具体注释来表现主体的比例，建筑外的细节部分也拥有相同作用。然而，不乏有为了达到视觉效果而将一些重要细节笼统概括者，小到行人，大到周边建筑。细节不是细枝末节，而是用心，细节决定成败（图 5.5）。

图 5.5　效果图示意

5.2　图纸表达的类型

图纸表达在设计的最终成果展现中占据着举足轻重的位置，它是设计者思维的外在形象。就好比厨师摆盘，食材色泽和位置搭配的好坏，在一定程度上影响了顾客对菜品的判断。

德国建筑师密斯·凡·德·罗（Ludwig Mies Van der Rohe）曾说过："当技术实现了它的真正使命，它就升华为艺术。"在当代，随着电脑技术逐渐成熟，设计者灵活运用软件，将现代与传统相结合，让过去单一的表现形式（绘画）多样化。在限定的条件范围下，经过不断创新，设计者可以通过动画、BIM、图纸、模型漫游等方式，尽可能地展现作品亮点。

就图纸表达而言，不同的图纸风格服务于不同的设计方案。在格式塔心理学定义中，人们看到图像后的视觉反应是通过人脑将所见进行提炼，转换成感觉，从而引起人们的共鸣。由此可知，根据具体设计运用恰当风格，有利于提高画面效果与主体的契合度。在近几年中，比较具有代表性的有小清新风格、插画风格、极简风格、拼贴风格和写实风格等。其中，小清新风格画面用色简洁明快，明度较高且饱和度较低，以色块为主。极简风格同样也被广泛运用，例如在备受推崇的 B.I.G 事务所制作的分析图中，遵循"是即是多"的设计理念，利用细线勾勒主体轮廓并整齐排列，简洁明了地解析方案的推演过程。相较于其他风格，拼贴风格更能巧妙地将各个元素串联起来，同时赋予其新的意义和形态，构成强大的视觉冲击力。确定合适的风格有助于引导设计者进行图像制作，但这完成的仅是一部分。而部分隶属于整体，具有整体性的构图是优秀作品的共同特点，也是基本要求。

当人们看到一个个体时，最先意识到的是它的整体性。美籍德裔心理学家库尔特·考夫卡（Kurt Koffka）曾说过："整体是不同于部分之和的。"当设计者从整体出发，关注部分与整体之间的相互联系，有时可以达到部分之和大于整体的效果。

本节内容以"条迢""互逆生长"和"囍"三个作品为例，展示不同风格的图纸表达方式。这些作品运用实验照片、数据表格、拼贴风格、中国风、模型展示和3D渲染等形式，呈现出契合主题思想的特色表达方式。

（一）条迢

2017年华中科技大学研究生智慧城市技术与创意设计大赛二等奖（图5.6～图5.16）

设计成员：肖璐瑶、陈甸甸、李泳霖

1. 设计背景

城市的形成过程中存在着许多问题，在街区开放与否的情况下，对比中西方街道（中方代表封闭式街区，西方代表开放式街区），进行一系列调研，并做出一定的比较，会让设计者在设计过程中有不一样的发现与感悟。本设计从城市空间形态、交通组织形式、公共资源分配、人群交融性、绿地景观分布、人类心理变化等各个方面做出具体分析。

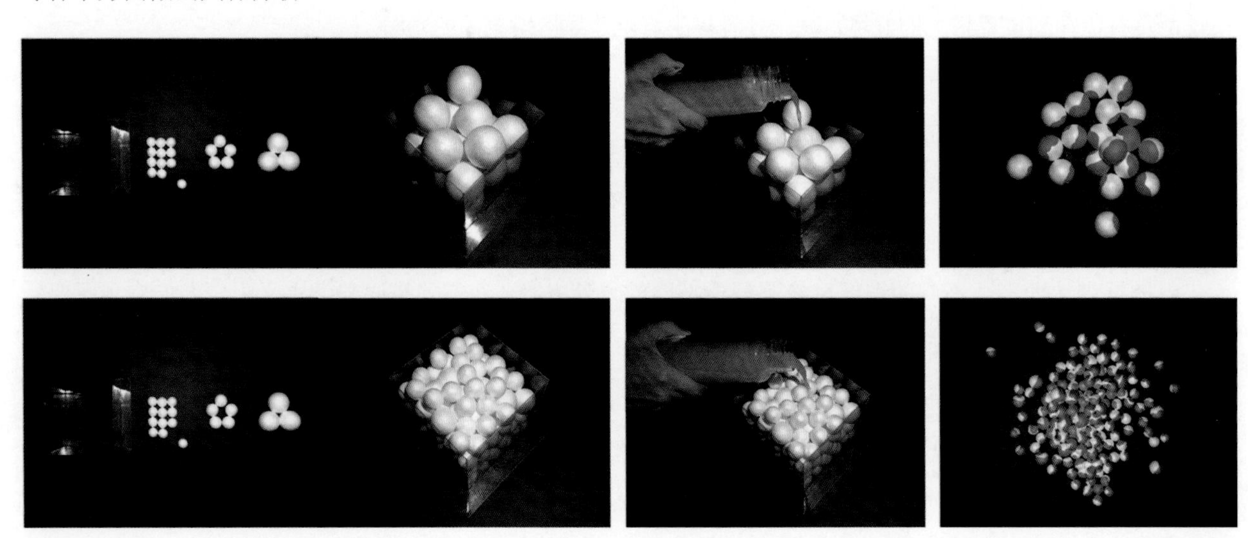

图5.6　实验抽离-1

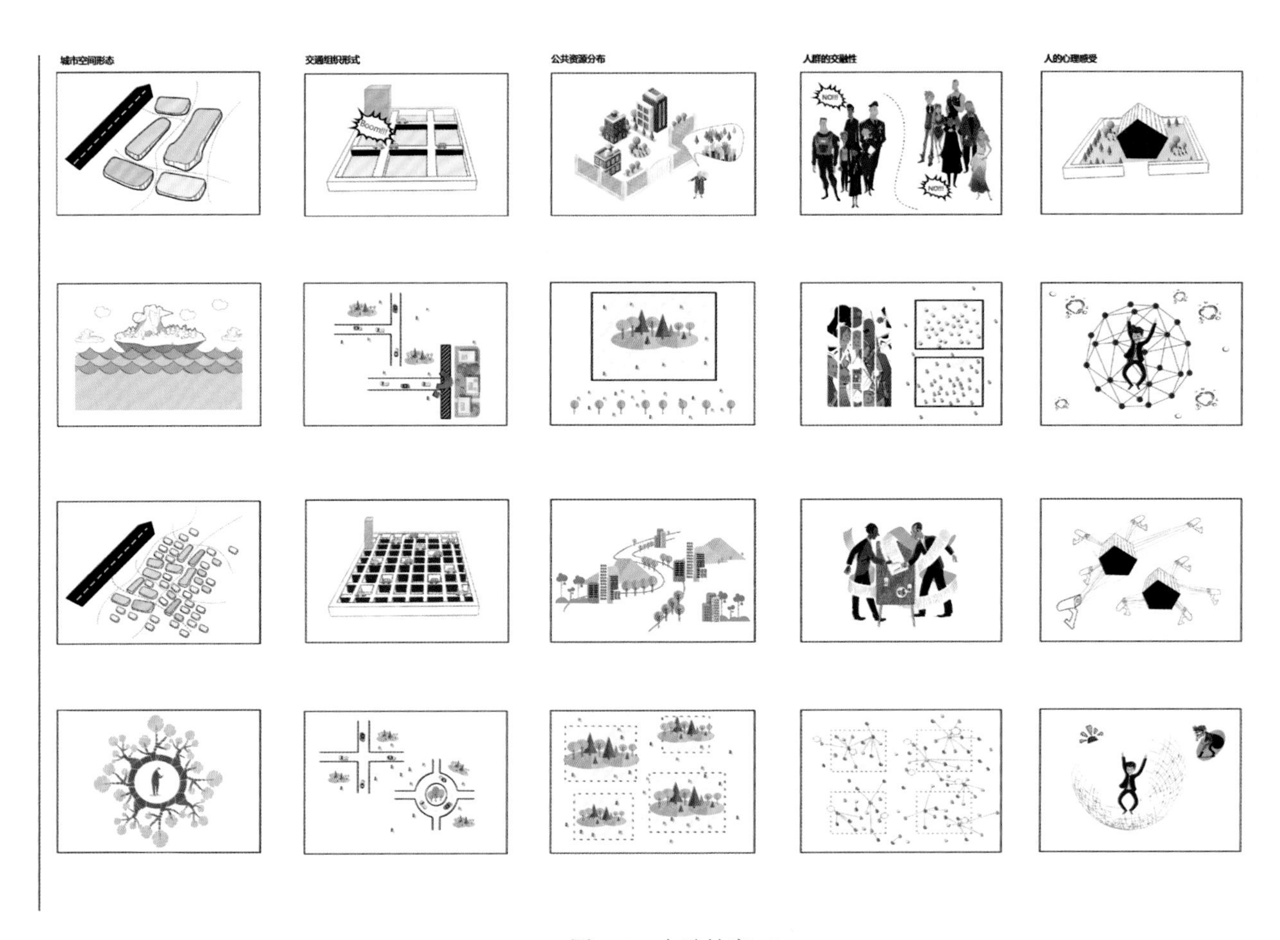

图 5.7　实验抽离 -2

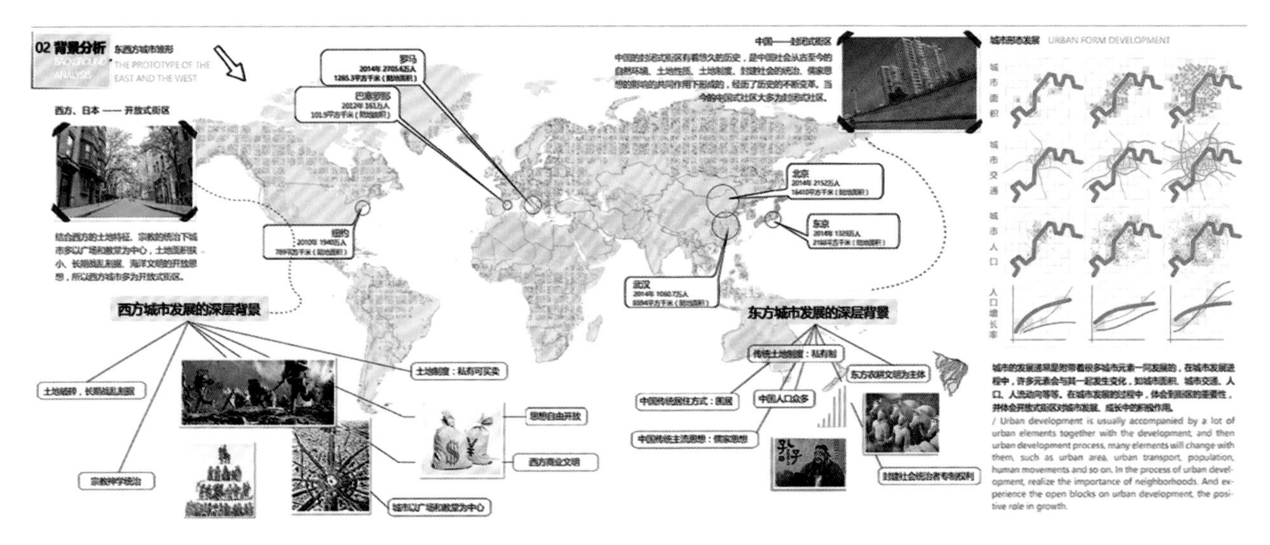

图 5.8　背景分析

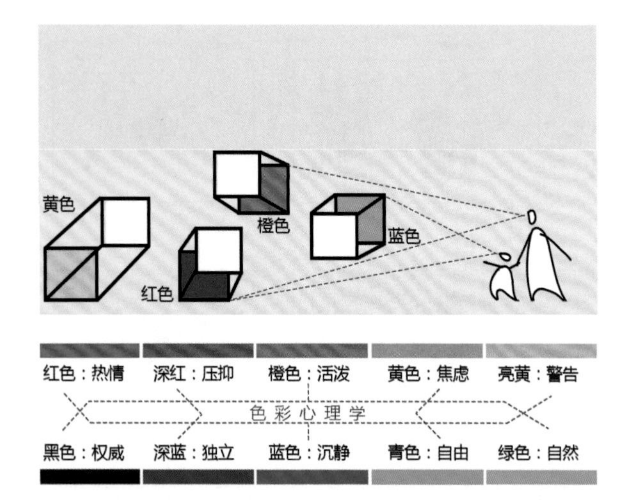

人对不同的形状会产生不同的心理变化，色彩在客观上会对人产生一种刺激和象征，主观上会形成一种反应和行为。对色彩的经验积累会变成人们对色彩的心理规范，影响人的行为。所以很多设计中会运用色彩心理学达到特定的行为引导。

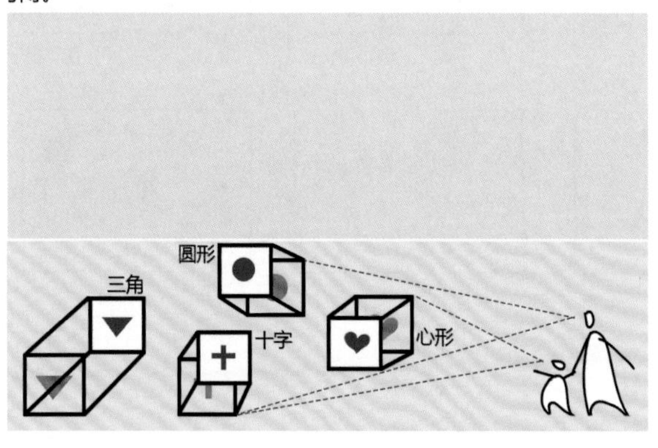

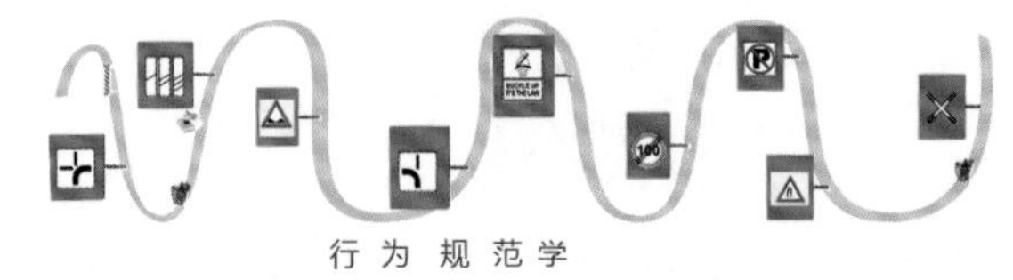

在城市的规划和社会的发展中，形成了许多规范以确保城市的秩序，多以交通指示牌方式出现，或强制或公众默认，已经在人们的心中形成了根深蒂固的意识。例如：限速标志、禁止停车标志、双黄线禁越、停车位标志，规范着人们的行为，也为生活提供了便利。

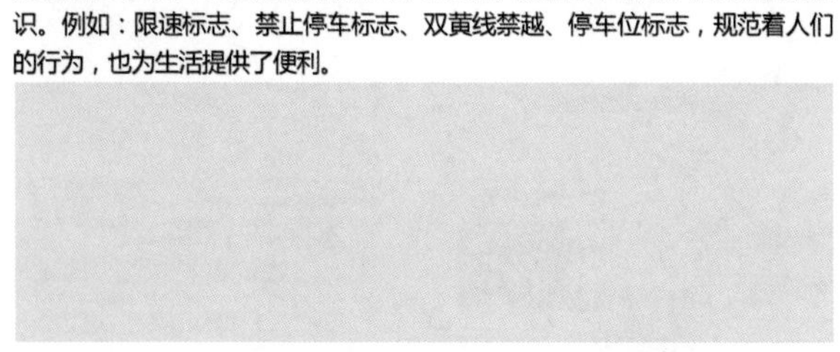

图 5.9　城市元素

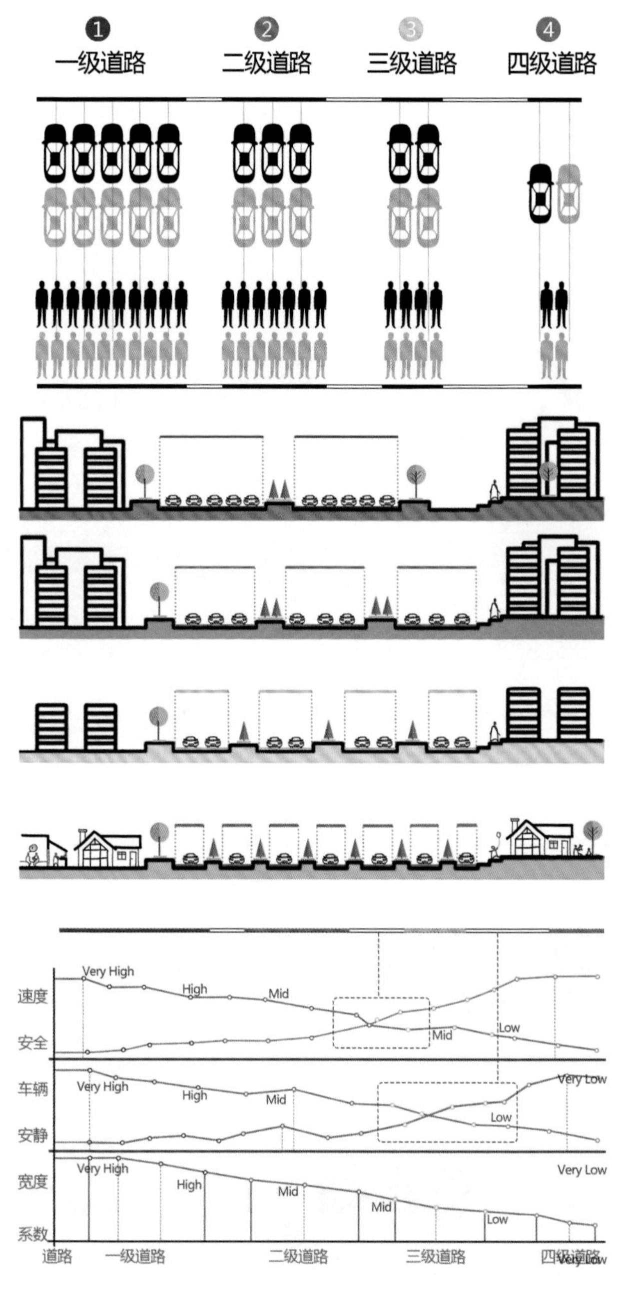

图 5.10　设计方案 A

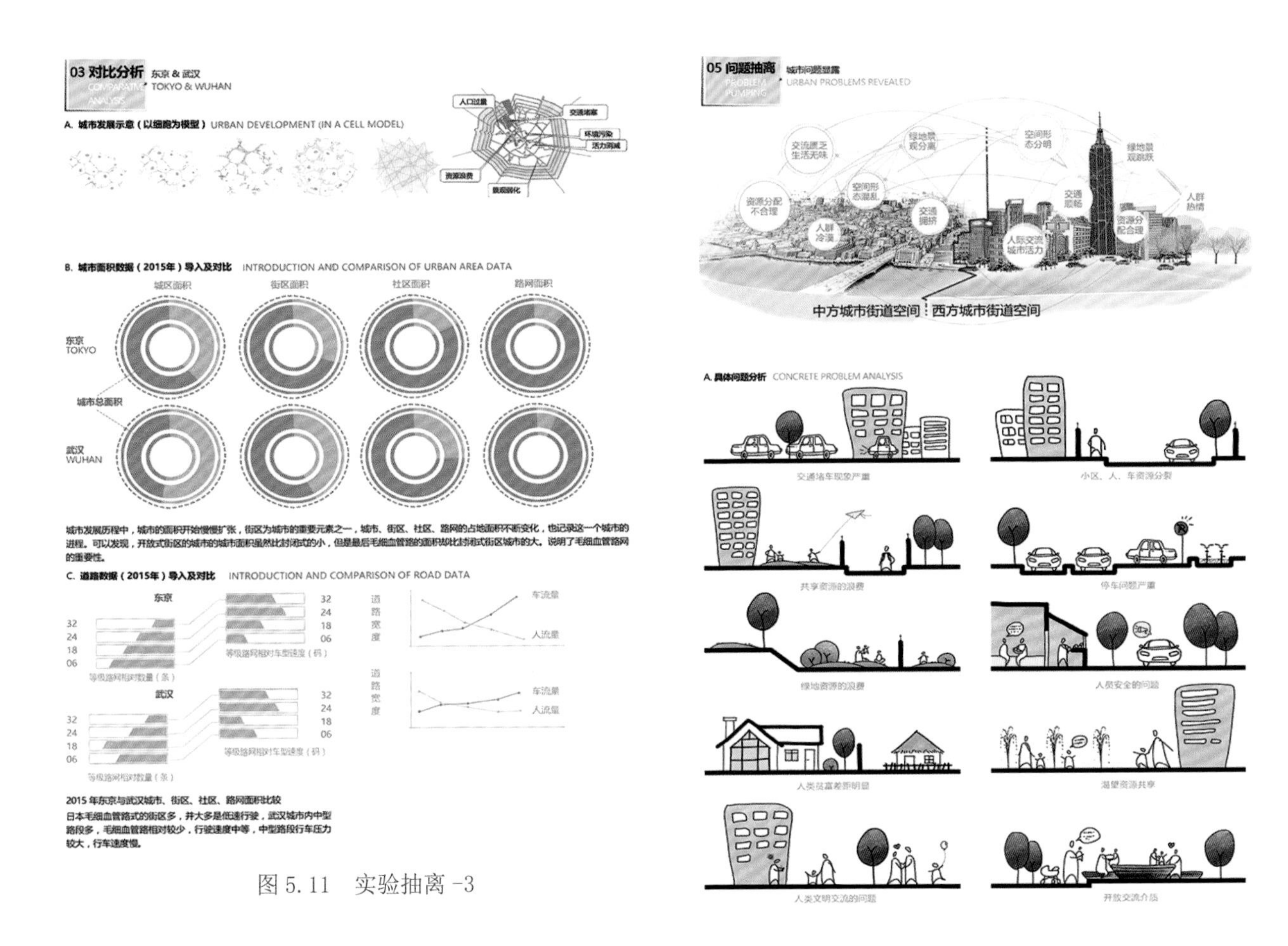

图 5.11 实验抽离 -3

图 5.12 实验抽离 -4

图 5.13 效果图 -1

图 5.14　效果图 -2

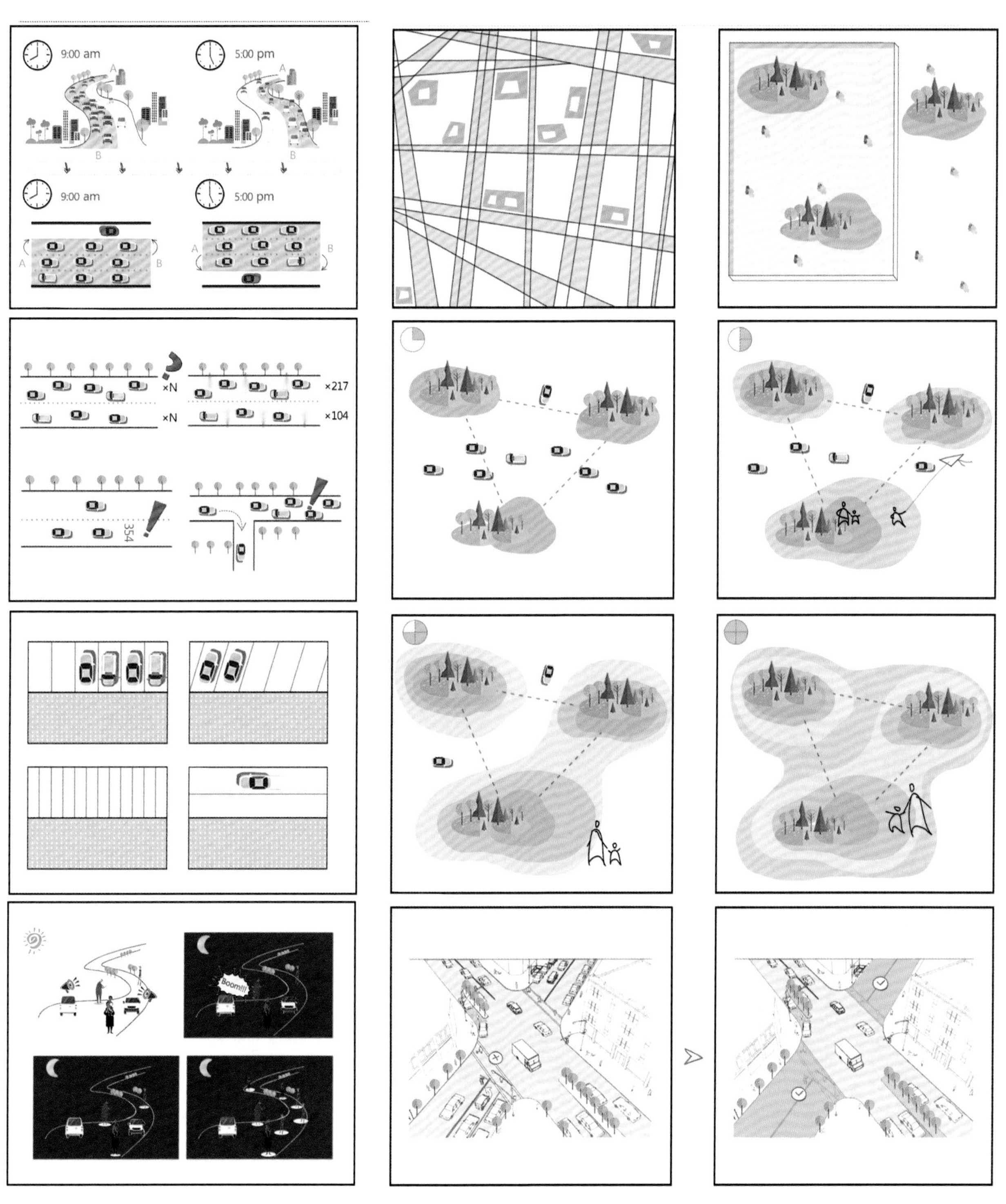

图 5.15　设计方案 B

图 5.16　设计方案 C

（二）互逆生长

2017 第二届“五维源”中国苏州·太湖小人国设计大赛金奖（图 5.17 ~图 5.26）

设计成员：肖璐瑶、李泳霖、陈甸甸、胡雯

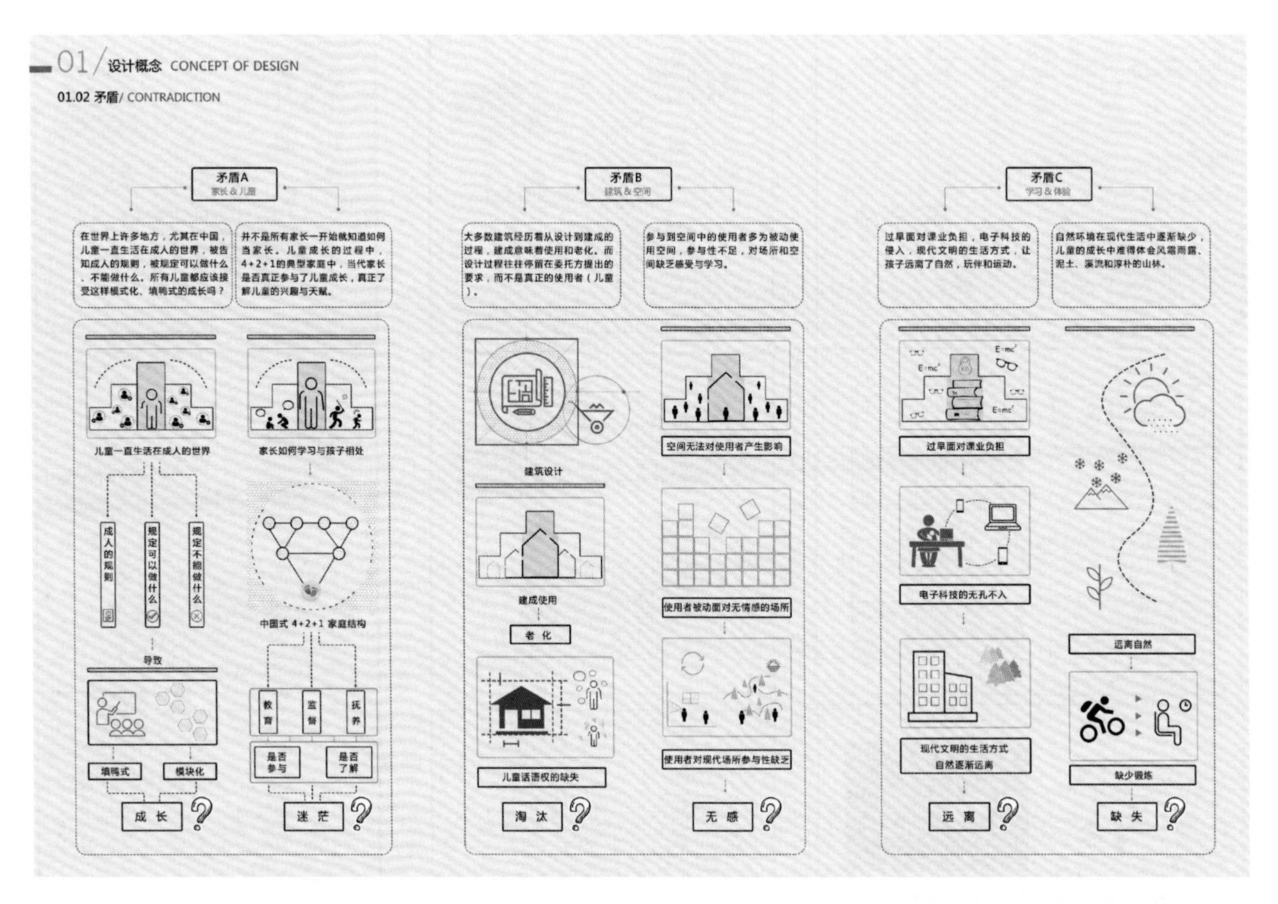

图 5.17　设计概念

曲线空间占有巨大优势

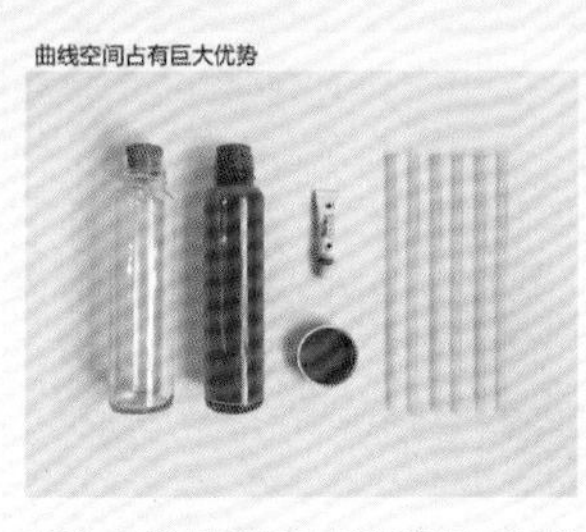

1.实验一材料包括两个同等大小的透明的瓶子，有色颜料，水，直吸管和计时器；

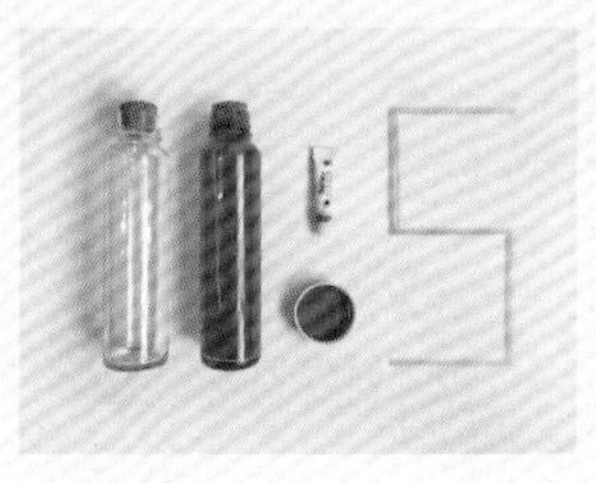

2.将颜料染色后的水充满其中一个瓶子，将直吸管连接成如图中所示；

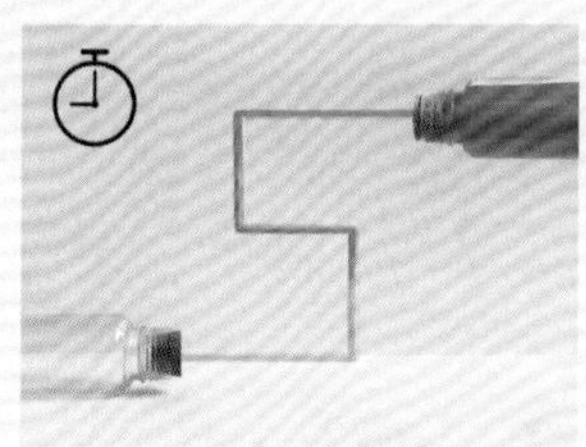

3.用吸管将两个瓶子连接起来，摁下计时器开始挤压有水的瓶子；

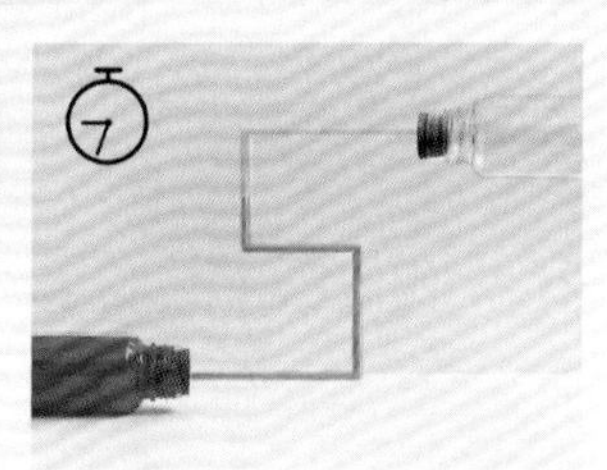

4.将所有的水挤压到另一个瓶子时，记下所花费的时间；

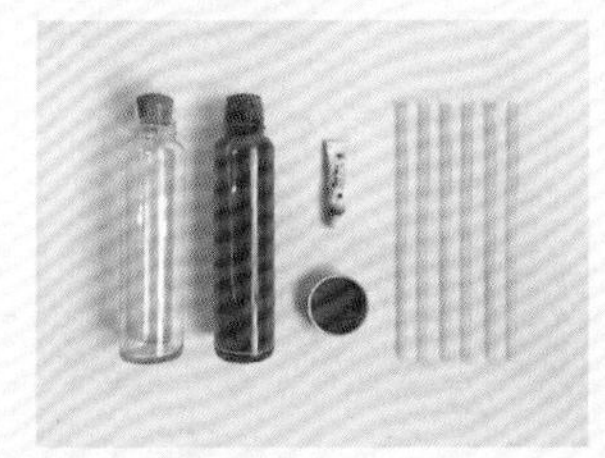

5.实验一材料包括两个同等大小的透明的瓶子，有色颜料，水，弯曲吸管和计时器；

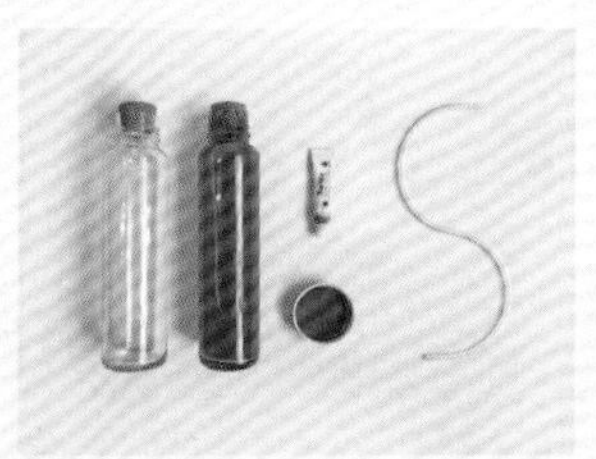

6.将颜料染色后的水充满其中一个瓶子，将弯曲吸管连接成如图中所示；

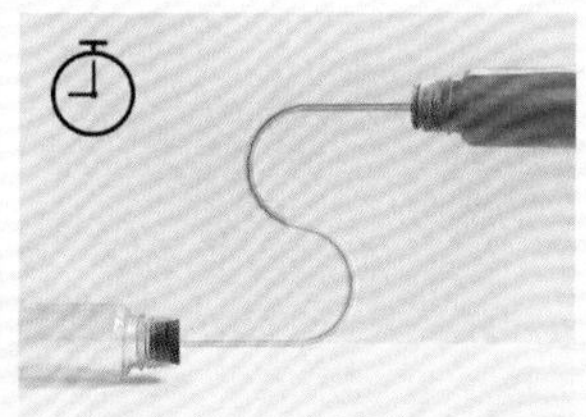

7.用吸管将两个瓶子连接起来，摁下计时器开始挤压有水的瓶子；

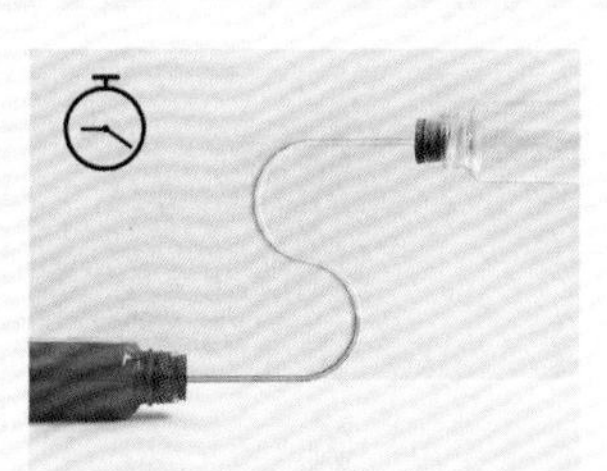

8.将所有的水挤压到另一个瓶子时，记下所花费的时间。

图 5.18　空间流动性实验

球形建筑具有明显优势

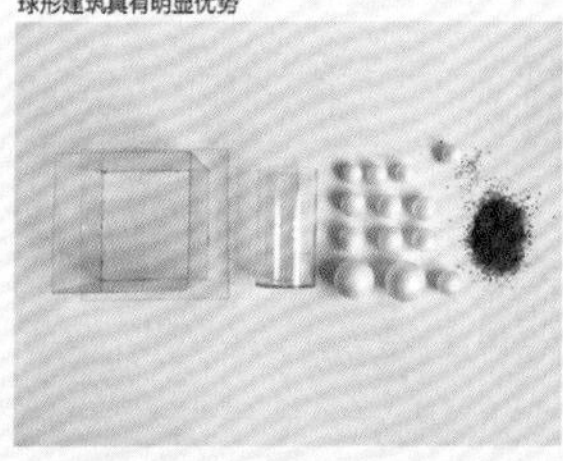

1. 试验一材料为正方体空间、大小不一的球体、有色砂砾、水杯等分别代表建筑总空间、建筑内部空间、空隙空间、实验必备容器，来模拟本建筑空间；

2.将大小不一的球体充满整个正方体容器，然后用水杯装一定量的红色沙砾，记下刻度；

3. 将红色沙砾向正方体容器中注入，直到整个容器被填满，以模拟球体空间和间隙空间填满整个建筑总空间；

4. 记下此时水杯中剩余的红色沙砾的量，余量为原来的20%，用掉了80%；

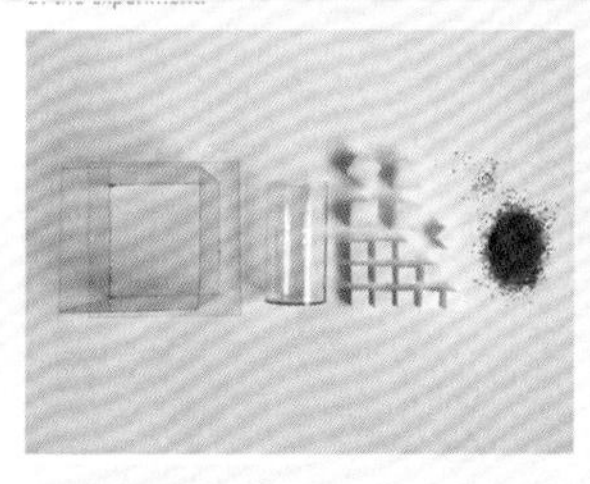

5. 试验二材料为正方体空间、大小不一的正方体、有色砂砾、水杯等分别代表建筑空间、建筑内部空间、空隙空间、实验必备容器，来模拟本建筑空间；

6. 将大小不一的正方体充满整个正方体容器，然后用水杯装同实验一相同量的红色沙砾，记下刻度；

7. 将红色沙砾向正方体容器中注入，直到整个容器被填满，以模拟正方体空间和间隙空间填满整个建筑总空间；

8.记下此时水杯中剩余的红色沙砾的量，余量为原来的40%，用掉了60%。

图 5.19　空间间隙实验

图 5.20　总平面图

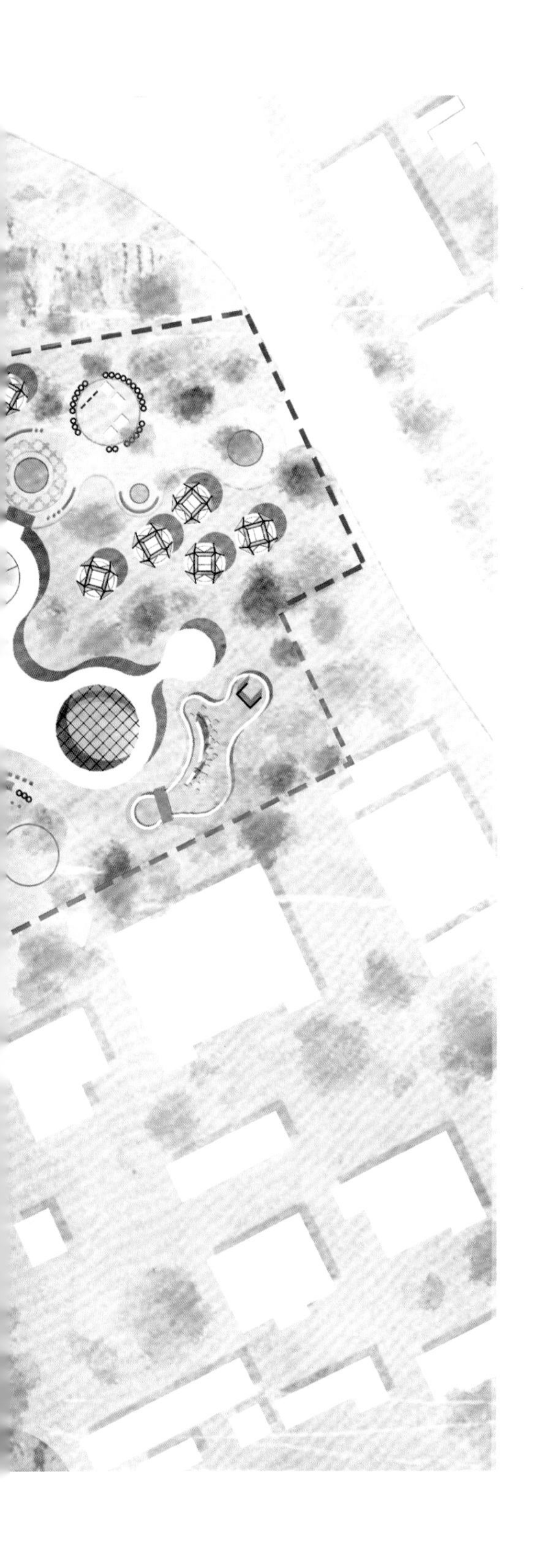

本设计坐落于富有苏州景观特色的碧螺村地带，此地山水并有，在场地内分为建筑、景观两大部分。建筑部分借用并融合了当地白墙黑瓦的典型苏州文化设计，在此基础上，运用了现代科技的环保节能结构，使此建筑设计在不乏文化印象的基础上，与先进结构相结合，创造建筑设计的最优解。

在环境景观设计上，设计做到与建筑相辅相成。基于建筑的结构，构成大量的室外景观，建筑与环境景观相结合，给儿童一个通透的游乐空间。

图 5.21　鸟瞰图

图 5.22　模型效果展示

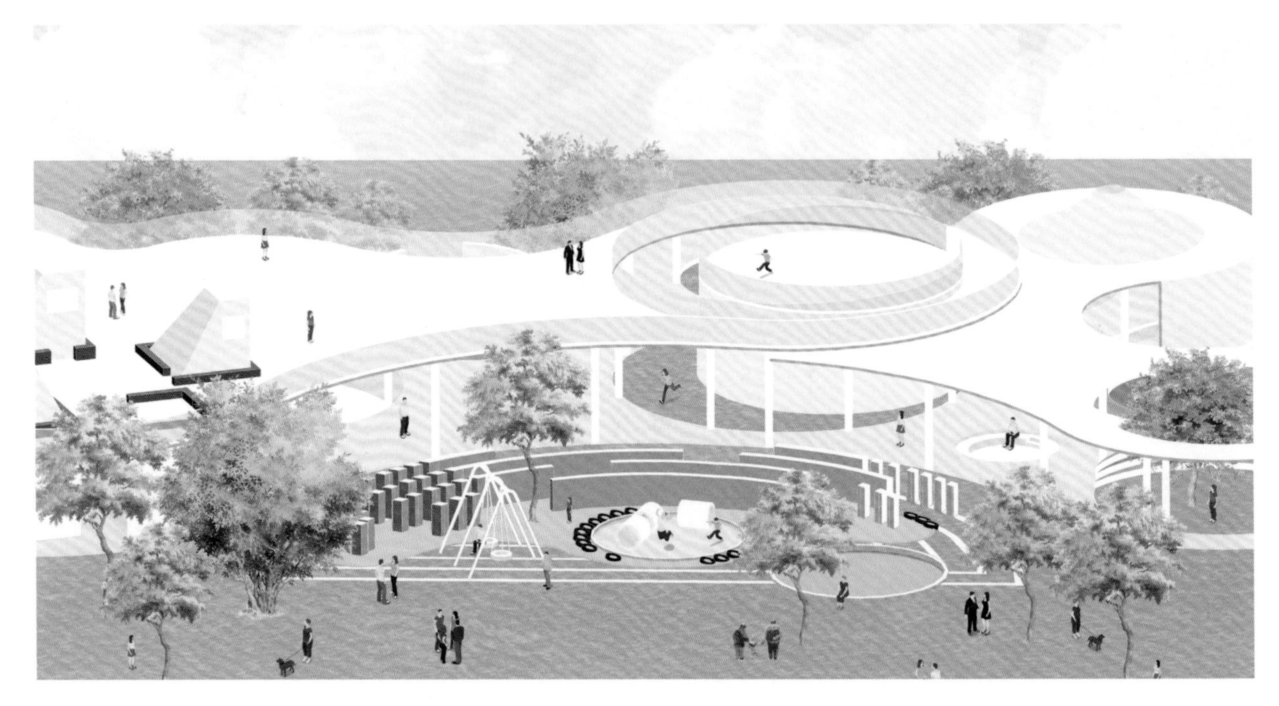

图 5.23　环保教育拓展空间

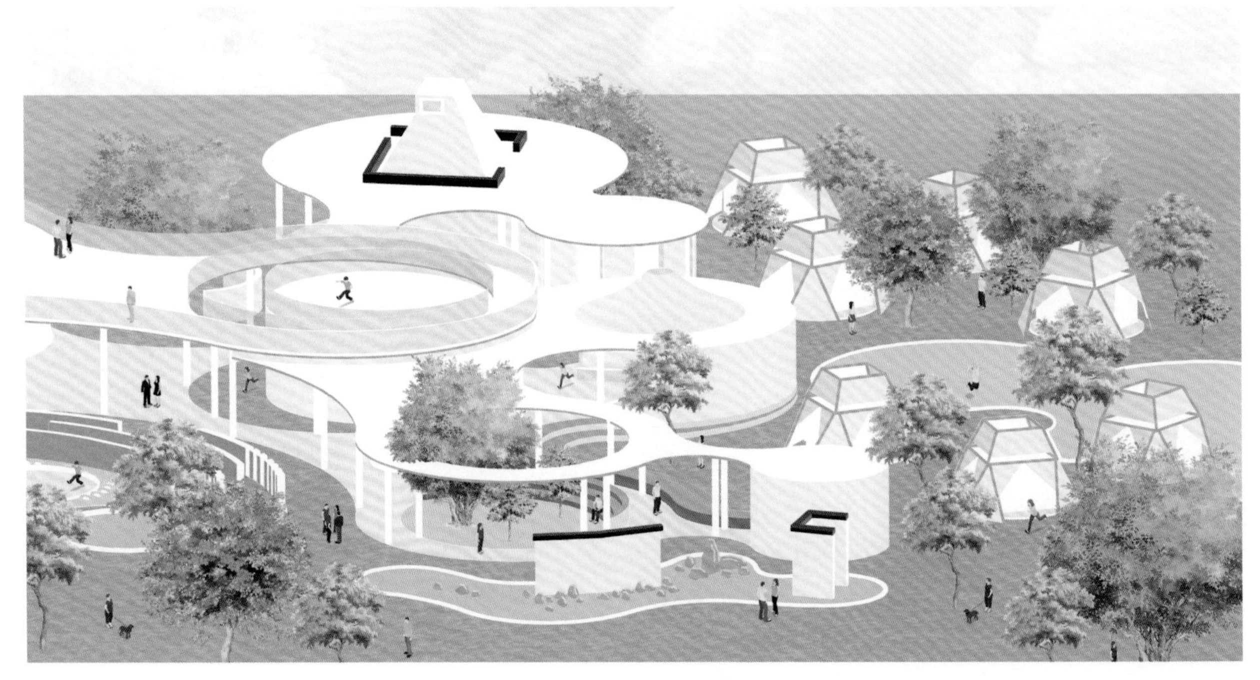

图 5.24　苏式景观意境

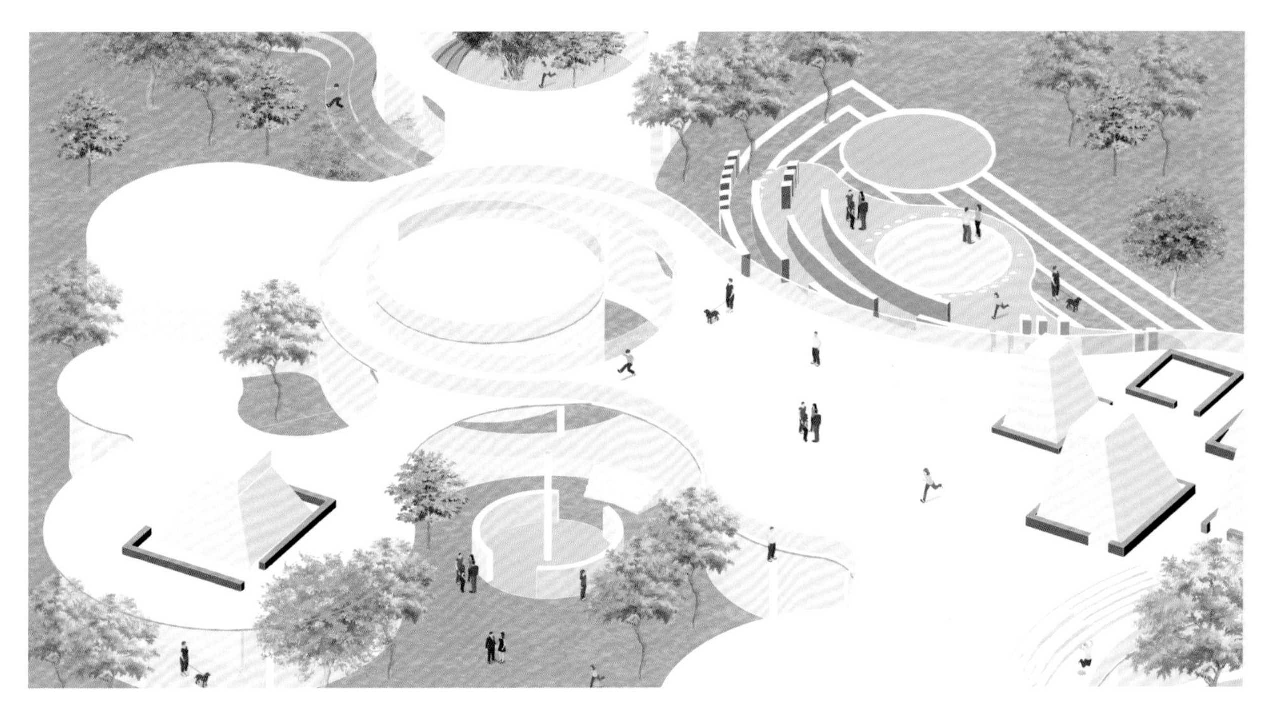

图 5.25　日晷光影空间

图 5.26　中庭环形跑道

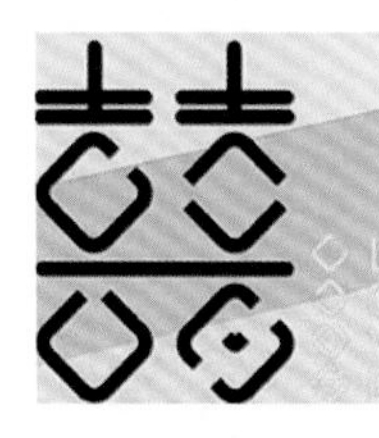

（三）囍

2016年高校艺术学科师生海外学年展优秀奖（二等奖）（图5.27～图5.34）

设计成员：陈艺旋、米东阳、唐慧、刘啸、张钰

图5.27　效果图

GEOGRAPHICAL LOCATION ANALYSIS

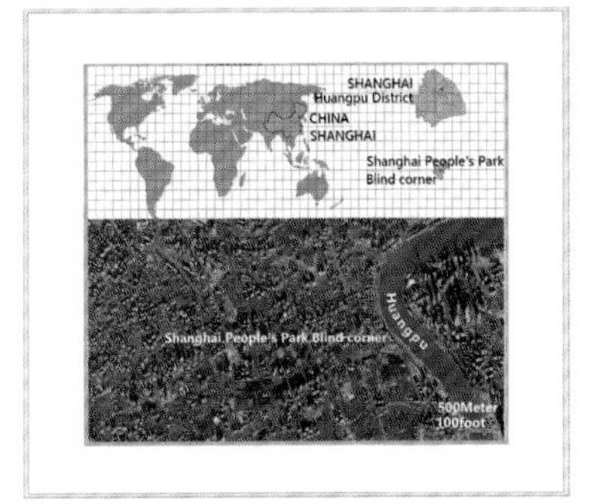

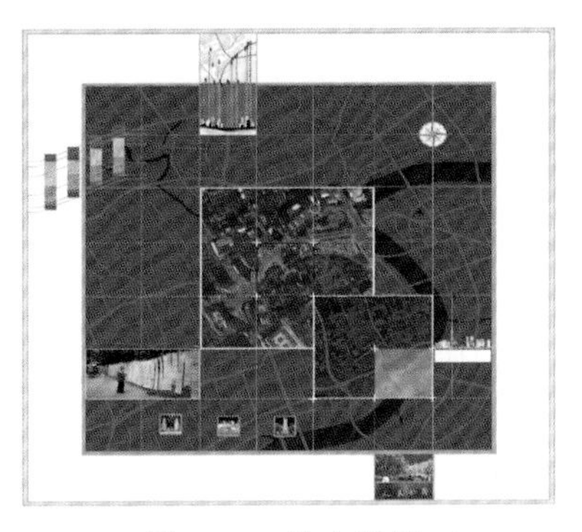

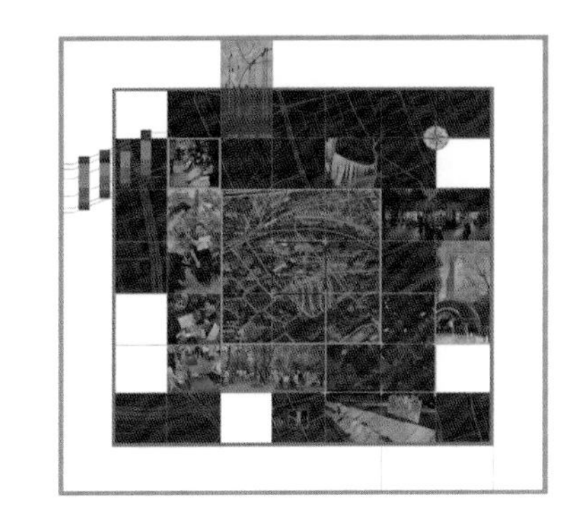

图 5.28　社会背景 -1

1. 设计背景

随着社会的不断发展，我国城市高密度化的趋势不断加强。在对现有土地高强度利用的同时，人口、资源和环境承载能力也越来越差。大量的建筑工地环绕在我们的生活之中，超高层建筑应运而生。城市规划是一把“双刃剑”，它可以在短期内促进城市飞速发展，也可以盲目超前规划，越过城市建设的警戒门槛线。城市承载力是有限的，超强负荷的建设导致了一系列安全问题。因此该方案设计者意识到，城市环境的可持续发展才是重中之重。

2. 设计理念

该方案选择爱情旅馆这一主题，选取了中国式婚宴中标志性的符号“囍”字，进行整体环境设计。在建筑外立面采取交叉错落的形式，远远看去就像一个真实的“囍”，在人民公园外形成标志性建筑，与相亲角遥相呼应，形成更加反讽的意境。在建筑内部设计中，设计者发现中国传统的“榫卯”与“囍”有着相似的结构，于是在四大空间中采取“榫卯”的高低穿插形成不同的空间组成形式。

设计者认为演变发展中的旅馆建筑不仅仅只具备传统的功能，更是对中国社会现状问题的反思，以物质条件来限定婚宴的爱情，该方案拟用建筑的手法来反讽这个时代问题。根据相亲的不同爱情模式，提炼出四种不同的空间类型，运用“编程”的手法，采取“向量”（人的活动轨迹 / 动线）来活化空间。使得建筑不再只是空间的变化，更是事件的发展。人们在里面通过选择，进入完全不同的空间，使建筑与一般的房屋区别开来。

AUDIENCE DEMAND ANALYSIS

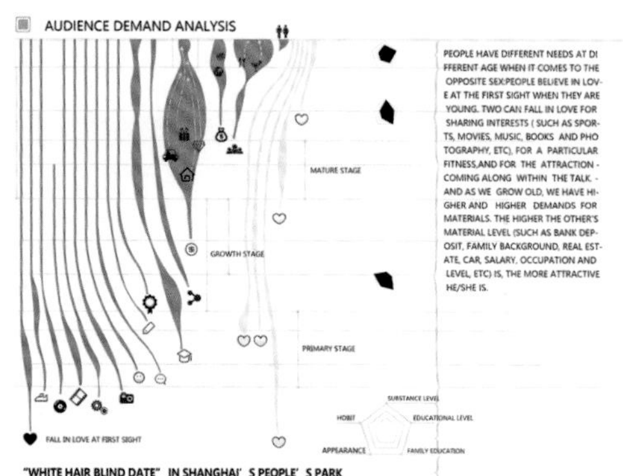

MATURE STAGE
GROWTH STAGE
PRIMARY STAGE
FALL IN LOVE AT FIRST SIGHT
SUBSTANCE LEVEL
HOBIT
EDUCATIONAL LEVEL
APPEARANCE
FAMILY EDUCATION
PEOPLE HAVE DIFFERENT NEEDS AT DI FFERENT AGE WHEN IT COMES TO THE OPPOSITE SEX:PEOPLE BELIEVE IN LOV- E AT THE FIRST SIGHT WHEN THEY ARE YOUNG. TWO CAN FALL IN LOVE FOR SHARING INTERESTS (SUCH AS SPOR- TS, MOVIES, MUSIC, BOOKS AND PHO TOGRAPHY, ETC), FOR A PARTICULAR FITNESS,AND FOR THE ATTRACTION - COMING ALONG WITHIN THE TALK. - AND AS WE GROW OLD, WE HAVE HI- GHER AND HIGHER DEMANDS FOR MATERIALS. THE HIGHER THE OTHER'S MATERIAL LEVEL (SUCH AS BANK DEP- OSIT, FAMILY BACKGROUND, REAL EST- ATE, CAR, SALARY, OCCUPATION AND LEVEL, ETC) IS, THE MORE ATTRACTIVE HE/SHE IS.

"WHITE HAIR BLIND DATE" IN SHANGHAI' S PEOPLE' S PARK

THESE ARE A GROUP OF ANXIOUS PARENTS. IN ORDER TO HELP CHILDREN TO FIND SUITABLE "MARRIAGE CANDIDATES", THEY USUALLY GATHER AT THE CORNER OF THE PARK FROM EVERY CORNER IN THE CITY TAKING SOLID FOOD, DRINKS AND SMALL STOOLS. THE CORNER IS NATURALLY DIVIDED INTO TWO PARTS: ON E IS THE " FREE TRADING AREA" ----THE ADVERTISING PAPER PRINTED WITH THE SEX, AGE, HEIGHT, EDUCATION, WORK, SALARY, REAL ESTATE AND HOUSEHOLD INFORMATION AND MATE REQUIREMENTS OF THE FINDERS, ARE NEATLY POSTED ON BILLBOARDS UP TO TEN METERS. WHILE SOME PARENTS SAID THE INFORMATION CAN ONLY BE WRITTEN ON THE BOARD, TILING ON THE GROUND OR FIXED WITH CLAMPS CARDBOARD BRANCHES FOR PEOPLE TO BROWSE. IN MOST CASES, THESE ADS PAPER ALSO ALLOTTED MATE'S PHOTOS, AND EVEN LARGE ARTISTIC PHOTOGRAPHS.

THE ADVERTISEMENTS ARE CLASSIFIED TO MANY PARTS: THE 80S VERSION, THE 90S VERSION, THE OVERSEAS "NEW SHANGHAINESE" VERSION, SECOND MARRIAGE VERSION AND SO ON. THE OTHER IS

CHARACTER ATTRIBUTES ANALYSIS

20c 50s 20c 70s 20c 80s 21c 21c 10s

OUR ELDER GENERATION, AFTER GOING THROUGH THOSE HARD YEARS ,KEEP PRESSING THEIR CHILDREN TO GET MARRIED. IT WAS IN 1950S, THE NATURAL CALAMITIES AND SEVERE MATERIAL DEPRIVATION MADE THEM CHERISH THEIR LIVES MORE. AND 1970S,CHINA CHANGED ITSELF TOTALLY. THE EDUCATED URBAN YOUTH WENT AND WORKED IN THE COUNTRYSIDE OR MOUNTAIN AREAS, AND WHEN THEY GOT BACK, THEY HAD BACAME OLGER TEENS. IN 1980S, WOMAN'S FEDERATION STARTED TO DO WITH SOCIAL PROBLEMS PUBLICLY. THIS ALSO MAKE THEM THINK ITS PROPER TO PLACE THE PROBLEM OF MARRIAGE IN THE PUBLIC WHEN IT'S THE TIME.

DATING STEPS

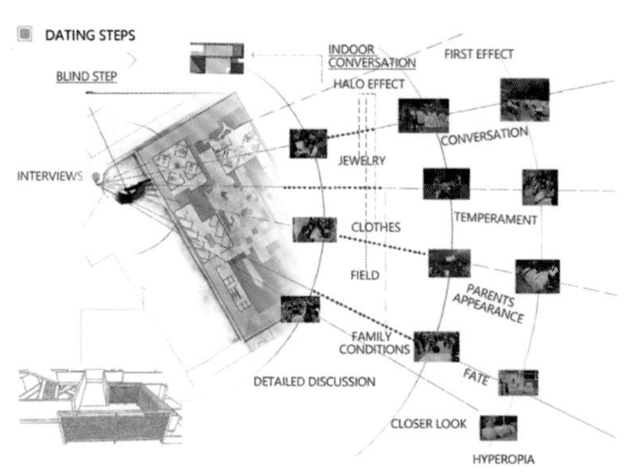

THE BLIND DATE BY PARENTS HAVE 5 STEPS: 1. FAR-SEEING, SURMISE CHILD'S PERSONALITY BY WATCHING PARENTS' BEHAVIOR AND MANNER. 2. CLOSE-LOOKING. WHEN THE FIRST IMPRESSION IS ACCEPTABLE, THE OBSERVER SPECULATE THE SOCIAL STATUS OF THE OTHER SIDE BY WATCHING THEIR WEARING CLOSELY. 3. CHATTING. IF THE FACTORS ABOVE ARE SATISFYING, THEY EXCHANGE PICTURES OF THE CHILDREN AND GIVE A SIMPLE TALK. 4. CHATTING ONLINE. THE PARENTS THEN EXCHANGE THE CONTACT INFORMATION IF THEY ARE SATISFIED WITH EACH OTHER. 5. FACE TO FACE MEETING. FINALLY, THERE'LL BE A TWO-FAMILY MEETING IF THE KIDS HAVE FEELINGS FOR EACH OTHER.

"AMATEUR MATCHMAKER AREA" : THE PARENTS ARE SQUEEZING AROUND THE MATCHMAKERS, LOOKING THROUGH THE RECORD BOOKS AND REGISTERING INFORMATION. THE "WHITE HAIR BLIND MATE" STREET PLAY IS ON ,AND IT IS ALSO CALLED WEIRD "CHILDREN TRADING MARKET"

ANXIETY HAS BECOME THE GENERAL MENTALITY OF THE WHOLE SOCIETY, OR WE COULD SAY THE "GENERAL SOCIAL ANXIETY "IS WIDELY SPREADING IN CHINESE MAINLAND. WHEN THE CLOTHING, FOOD, SHELTER, BASIC SURVIVAL OF THESE ASPECTS HAVE HAD TO FACE GREAT RISKS, WE FEEL ANXIOUS ABOUT HIGH PRICES, HIGH PRICES, ANT, BARE MARRIAGE FAMILY, THE OFFICIAL SECOND-GENERATION, RICH SECOND-GENERATION, SECOND-GENERATION MILITARY ...

WITH A FIELD OF VIEW OF PARENTS TO DETERMINE THE CHILD'S FUTURE MARRIAGE IS A MAJOR FEATURE OF CHINESE-STYLE MARRIAGE, WHICH CAN HELP PARENTS CONTACT WITH AN-

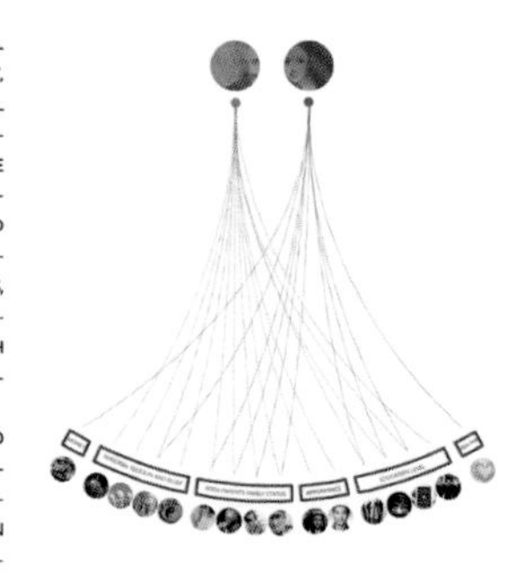

图 5.29 社会背景 -2

DATING HISTORY ELEMENT EXTRACTION

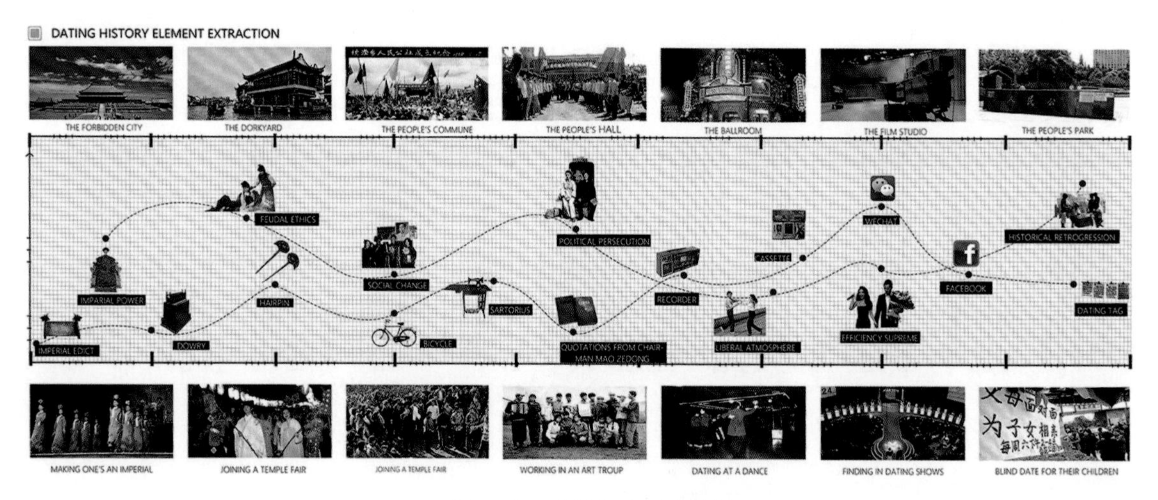

图 5.30 设计历史元素提取

图 5.31 效果图

图 5.32 方案图

THE PLAN ANALYSIS

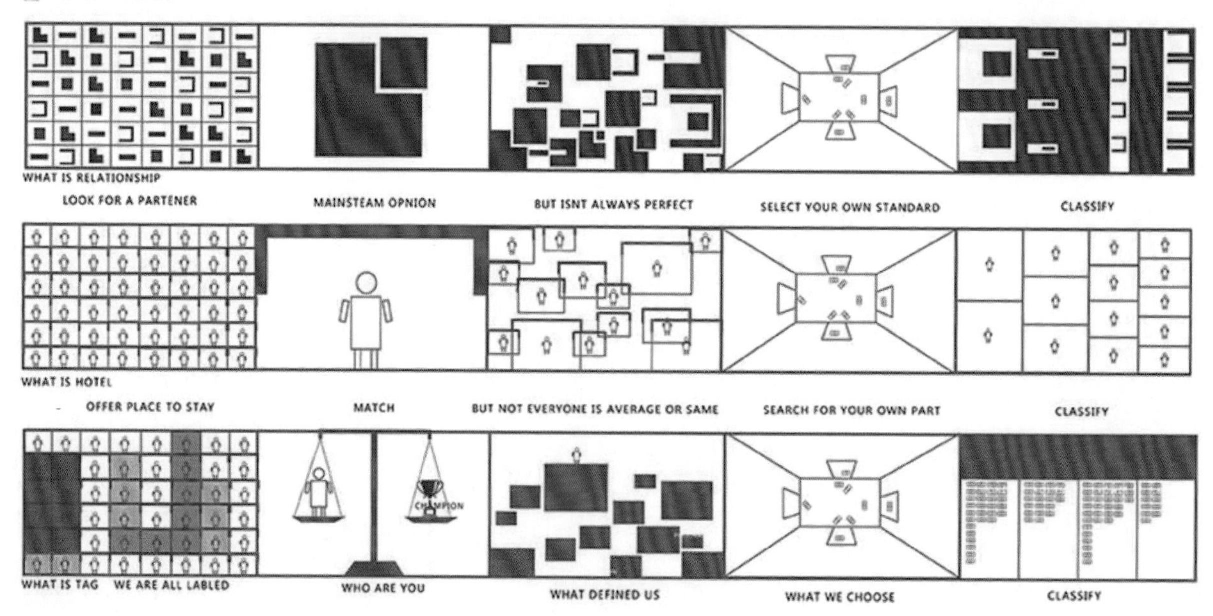
WHAT IS RELATIONSHIP
LOOK FOR A PARTENER
MAINSTEAM OPNION
BUT ISNT ALWAYS PERFECT
SELECT YOUR OWN STANDARD
CLASSIFY
WHAT IS HOTEL
OFFER PLACE TO STAY
MATCH
BUT NOT EVERYONE IS AVERAGE OR SAME
SEARCH FOR YOUR OWN PART
CLASSIFY
WHAT IS TAG
WE ARE ALL LABLED
WHO ARE YOU
WHAT DEFINED US
WHAT WE CHOOSE
CLASSIFY

图 5.33　方案分析 -1

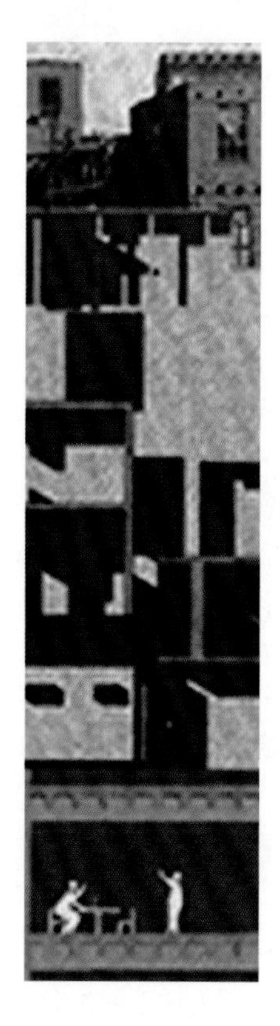
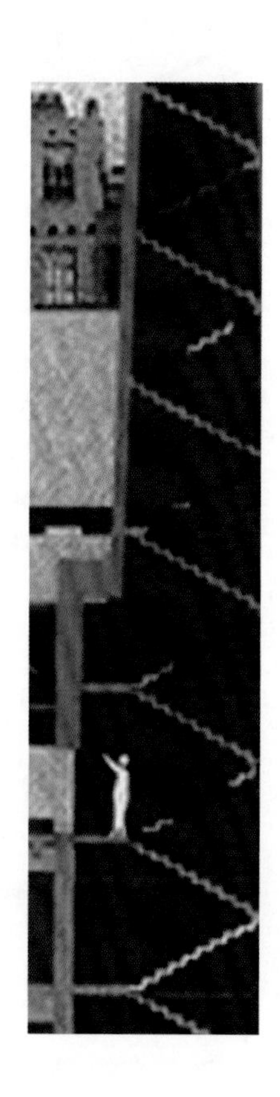

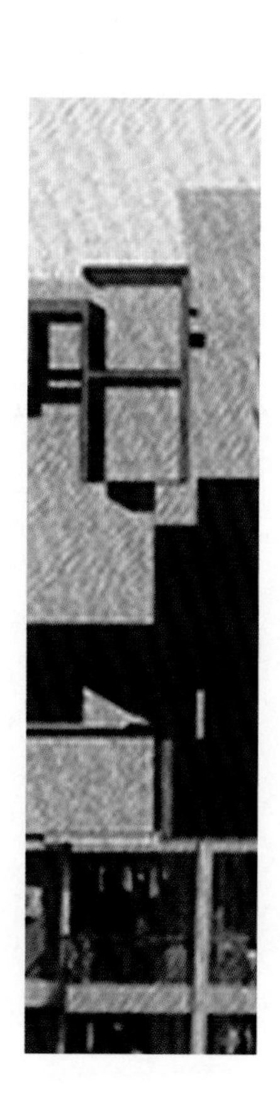
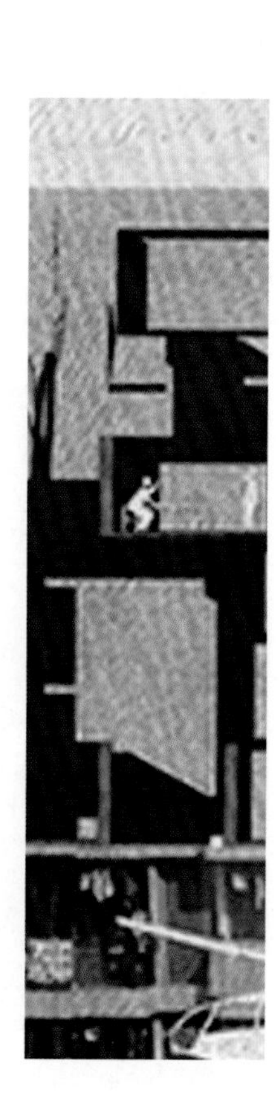

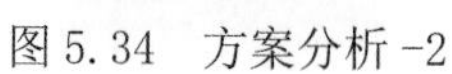

图 5.34　方案分析 -2

第六章　团队合作

6.1 团队合作

竞赛通常都是以团队合作的方式进行，因而每个团队成员都需要明确什么是团队。团队并不是简单意义上的三五个人一起去做一件事，一个真正的、有效力的团队必须建立在以下四个特征上：首先，必须有共同的目标，唯有目标一致才能将不同的优秀设计者汇聚在一起；其次是要拥有共同的理想，思想统一方能推动设计往一个良性发展的方向前进；再次，团队合作就意味着是不同有才之士的相互协作，因而互补的能力也是竞赛成功的重要因素之一，拥有共同的目标、理想以及强有力的设计能力，那么共同设计、交融碰撞才可将合作效力最大化；最后，一个优秀的设计团队必不可缺的就是拥有一个有能力的领导者，统筹协调，将效率最大化，将每个成员的优势发挥得淋漓尽致。

团队的形成就要求团队内部的每个成员必须将自我潜能发挥到极致。从某种程度上说，团队合作意味着每个成员必须有极其强烈的团队意识以及团队荣辱感，这种团队合作意识关系到每个人的切身利益，对整个团队的建设起着至关重要的作用。当团队合作是出于自觉自愿时，它必将会产生一股强大且持久的力量。

领导者是核心，共同的目标、理想是方向，能力互补和一起行动是执行。唯有符合以上全部特征方可定义为团队。通过对优秀竞赛团队合作表现的深入研究，不难发现一个卓越的团队合作可以调动团队成员的所有资源和才智，自动地消除所有不利于竞赛设计的消极影响，并最大限度地激发设计者的潜能，使每个设计者在短时间内得到质的飞跃。

与此同时，每个组员在做竞赛的过程中，必须明确团队合作的重要意义：团队合作具有极强的目标指向性。一个优秀的团队是具备共同目标的有志青年的集合体。团队合作具有强大的凝聚力。任何组织群体都需要这种凝聚力，这种凝聚力可以使团队内部的每个设计者产生共同的使命感、归属感以及认同感。同时，团队合作还具有质的激励效果。处于一个优秀的团队当中，每个设计者都会自觉地吸收其他人的独特之处，共同进步。团队合作还具有自发的协调控制力。竞赛设计需要各种不同的“风暴”，包括前期头脑风暴、挑战设计风暴、最终呈现出的图纸风暴等。在面对各种碰撞的时候，必须知道：唯有“火花”才可创作出更多的创新设计，必须自发的不断调整自己的思维，共同协调合作。

竞赛团队中各个设计者互相协作，方能促成一个完美的设计方案的成型以及展示，最终取得一个共赢的成绩。

6.2 团队分工

俗话说，“一个和尚挑水吃，两个和尚抬水吃，三个和尚没水吃。”“一只蚂蚁来搬米，搬来搬去搬不起，两只蚂蚁来搬米，身体晃来又晃去，三只蚂蚁来搬米，轻轻抬着进洞里。”上面这两种说法有截然不同的结果。“三个和尚”是一个团体，他们没水喝是因为互相推诿、不协作；“三只蚂蚁来搬米”之所以能“轻轻抬着进洞里”，正是团结协作、合理分工的结果。

团队合作的力量是无穷的，一旦被激发，整个团队将创造出奇迹。现今，多样化的设计竞赛层出不穷，设计专业方面的相关技能也不断发展，单靠一己之力处理各种错综复杂的竞赛问题，完成一个高水准的竞赛作品实属不易，故而，团队参赛方式便形成了。

竞赛设计中，带队的人必须明确自己的首要职责就是安排规划好每一个时间节点，从最初的头脑风暴时期到最后的展板效果呈现时期，都要做到心中有数。其次，作为团队的领导者，对于自己团队成员的特长以及能力需有一个较为清晰的认知，然后根据每个人的特色进行分工，平面图、分析图、效果图等都要考虑到。最后，权利与义务是相伴而生的，领导者自己应有意识地承担团队的工作压力，并具备对团队合作过程中产生的任何问题的应急处理能力，这样才可以获得团队成员的尊重以及信服，有效地领导组员达到心理的预期目标值。对于团队的形成，如果说领导者是整体框架的排兵布阵者，那么队员就是将其丰富、使之鲜活的关键。

在具体的竞赛设计过程中，前期的头脑风暴需要所有人各抒己见，每个人都需要认真了解竞赛，熟悉往届竞赛的获奖作品，并且针对本届的竞赛主题有自己的独到见解，做到前期真正的思维碰撞火化，激发设计头脑的最大潜力。通常而言，一个竞赛作品的获奖，不仅取决于图纸表达效果是否高级或者炫丽，一个新颖的创意点更是在众多优秀竞赛作品中脱颖而出的重要因素。经过前期的头脑风暴，在图纸的绘制过程中，每个人都需要明确表明自己最擅长的部分，然后交由领导者去统筹规划。与此同时，设计成员需要跳出设计舒适圈，需要在自己擅长的设计点之上，再赋予其新的生命力，边做边提高设计技能，挑战设计风暴。最后，亦是重中之重，最终呈现的展板效果其实是极为关键的一个环节，排版的重要性毋庸置疑，图纸风暴需要设计成员共同协作，合理规划每一部分的设计图纸。

在整个竞赛设计过程中，设计成员之间需要相互依赖、相互信任、共同合作，由领导者统筹规划，进行人员行动调配，全面开发团队的创新能力。团队分工的最终目的是强调通过团队设计成员的共同贡献，最终呈现出实实在在的精彩竞赛成果，这个集体成果经过有效的团队分工可以超过单个设计成员个人创作作品效果的总和，即团队整体大于各部分之和的协同效应。领导者在决策之前应听取团队成员的相关设计意见，把安排结果和成员设计意见相结合；团队成员需密切合作，配合默契，形成完整的设计链，包括分析图、平面图、效果图、排版的协调统一，在与他人协商的同时共同决策。当然，竞赛过程充满了未知的挑战，每个人不可将自己限定在一个角色之中，要做好在变化的环境中担任各种角色的准备，领导者应经常评估团队的有效性以及设计成员在团队中的长处和短处，避免“木桶效应”。最后，团队分工的成功必须依赖彼此间的互相信任，方能完成整个竞赛创作。

6.3 团队精神

在竞赛设计中，团队精神是高效率设计团队的灵魂所在。一个强大的团队精神不仅仅是团队内部所有设计成员都认可的一种集体意识，更是反映团队设计成员士气的精神寄托，是团队所有设计成员价值观与理想信念的基石，是凝聚团队、促进竞赛发展完备的内在力量。

团队精神尊重每个设计成员的兴趣和特点，要求竞赛团队的每一个成员，都以提高自身素质和实现团队目标为己任。团队精神的核心是合作协同，目的是最大限度地激发团队的潜在能量。团队精神所产生的控制能力，是通过团队内部在做竞赛设计期间内所形成的观念以及氛围，去产生一种大局意识以及团队荣誉感。团队精神是需要团队内部所有参赛设计者共同的精神信念凝聚而成。参赛者要拥有努力挣脱设计绘图舒适圈的勇敢精神；在面对设计亮点的执行时，要有勇于突破旧技能的拼搏精神；面对成果反馈的竞争风暴，要有敢于接受一切，问心无愧的泰然精神。唯有如此，所形成的团队精神才更为持久、更有意义，且易深入人心（图6.1）。

图6.1　团队精神

“千人同心，则得千人之力；万人异心，则无一人之用。”一个竞赛团队，如果组织涣散，人心浮动，人人自行其是，那么最后一定是以失败告终。团队精神的重要性，在于个人、团体力量的体现。个人与团队的关系就如小溪与大海，小溪只能泛起破碎的浪花，百川纳海才能激发惊涛骇浪。每个人都要将自己融入集体，才能充分发挥个人的作用。

总之，团队精神对任何一个组织来说都是不可或缺的。缺乏团队精神的设计团队就如同一盘散沙。“单丝不成线，独木不成林”就是团队精神的直观体现。团队精神的形成是每个优秀的竞赛设计团队在经历一轮又一轮的“风暴”之后，获得高效成果的重要所在。

附　录

图片来源

序　号	图　名	图片来源
1	图1.1 艺术家王福瑞作品《声点》	立方计划空间
2	图1.2 世界博览会日本馆外观	http://bank.hexun.com/2008-09-08/108638714.html
3	图1.3 世界博览会日本馆内景	http://www.sohu.com/a/119026315_376229
4	图1.4 妹岛和世与西泽立卫设计的瑞士劳力士学术中心	genevalunch.com
5	图1.5 瑞士劳力士学术中心内景	http://www.ideamsg.com/2012/06/rolex-learning-center/
6	图1.6 华中科技大学青年园	甘伟自摄
7	图1.7 蒙德里安裙	http://www.sohu.com/a/154775563_744850
8	图1.8 日本产品设计师深泽直人所设计的台灯	http://www.sohu.com/a/76720835_171669
9	图1.9 核心知识类书目	胡雯绘制
10	图1.10 文学类、史学类、哲学类书单	胡雯绘制
11	图1.11 拓展类书单	胡雯绘制
12	图1.12 埃德蒙德·胡塞尔	http://image.baidu.com/
13	图1.13 年轻时的雷姆·库哈斯	http://image.baidu.com/
14	图1.14 深圳某城中村	http://roll.sohu.com/20120628/n346701624.shtml
15	图1.15 武汉某城中村	http://www.sohu.com/a/63621617_347964
16	图1.16 叔本华	http://www.ximalaya.com/youshengshu/4215778/
17	图1.17 Mapping 工作坊跟踪卖糖葫芦的阿姨	【一席】何志森：一个月里我跟踪了108个居民，发现一个特别好玩的事，80%的人手里……
18	图1.18 流浪汉们在一周内的移动轨迹	【一席】何志森：一个月里我跟踪了108个居民，发现一个特别好玩的事，80%的人手里……
19	图1.19 建筑大师赖特作品——流水别墅	http://www.sohu.com/a/215608110_652964

续表

序 号	图 名	图片来源
20	图1.20 建筑大师密斯·凡·德·罗作品——范斯沃斯住宅	http://www.yuanlin365.com/news/297104.shtml
21	图1.21 建筑大师柯布西耶作品——萨伏耶别墅	http://www.mt-bbs.com/thread-180738-1-1.html
22	图1.22 建筑大师安藤忠雄作品——光之教堂	http://m.ctrip.com/html5/you/travels/osaka293/1726701.html
23	图1.23 建筑大师贝聿铭作品——苏州博物馆	https://www.vcg.com/creative/811932506
24	图1.24 震后重建纸屋	https://www.douban.com/note/340994631/
25	图2.1 流程分析图	胡雯绘制
26	图2.2 巴塞罗那展馆平面图	http://www.sohu.com/a/135283354_656460
27	图2.3 巴塞罗那展览馆	http://www.sohu.com/a/135283354_656460
28	图2.4 亚历杭德罗·阿拉维纳（Alejandro Aravena）	https://news.artron.net/20160114/n810155.html
29	图2.5 半成品房子（half of a good house）	https://news.artron.net/20160114/n810155.html
30	图2.6 上海世博会英国馆	www.expo.cn
31	图2.7 儿童空间划分示意图	来自工作室竞赛作品“互逆生长”
32	图2.8 公园景观设计流线分析示意图	陈甸甸绘制
33	图2.9 公园景观节点分析示意图	陈甸甸绘制
34	图2.10 红色在空间设计中的运用	来自工作室竞赛作品“烫”
35	图2.11 绿色在空间设计中的运用	来自工作室竞赛作品“见需行变”
36	图2.12 木材在空间设计中的运用	来自工作室竞赛作品“乐言妙道”
37	图2.13 日本著名建筑师妹岛和世作品——劳力士学术中心	www.eeeetop.com
38	图2.14 光照对室内的影响	来自工作室竞赛作品“蘖磐生华”
39	图2.15 光影与设计相结合	来自工作室竞赛作品“白贲无咎”
40	图2.16 室内多光源设计	来自工作室竞赛作品“白贲无咎”

续表

序　号	图　名	图 片 来 源
41	图3.1 火星建筑概念设计2018	http://www.uuuud.com/2018/03/72215.html
42	图3.2 火星概念建筑设计2017年获奖作品“红木森林”	http://www.sohu.com/a/203353202_100028218
43	图3.3 威海杯2015年获奖作品“颐戏听海”	http://www.cnjxol.com/Industry/content/2015-09/17/content_3451513.htm
44	图3.4 2018年“Shelter”国际学生建筑设计竞赛官网首页	http://www.shelter.jp/compe/2018/eng/index.html
45	图3.5 霍普杯2018年国际大学生建筑设计竞赛官网首页	http://hypcup.uedmagazine.net/
46	图3.6 图纸提交要求	http://natiancompetition.uedmagazine.net/index.php?r=info/opsu
47	图3.7 “衲田杯”可持续设计国际竞赛官网报名界面	http://natiancompetition.uedmagazine.net/index.php?r=site/loginl
48	图3.8 2018年“园冶杯”大学生国际竞赛官网参赛流程	http://yyb.chla.com.cn/
49	图3.9 2018年UIA霍普杯国际大学生建筑设计竞赛	http://hypcup.uedmagazine.net
50	图3.10 2017年UA创作奖·概念设计国际竞赛	www.ua2004.com
51	图3.11 中国风景园林学会官网	www.chsla.org.cn
52	图3.12 趣·南桥奉贤南桥镇口袋公园更新设计国际竞赛	sohump@sohu-inc.com
53	图4.1 思维导图示意	陈甸甸绘制
54	图4.2 历史遗迹保护问题	httpsbaike.sogou.comPicBooklet.vrelateImageGroupIds=&lemmaId=7920286&now=https%3A%2F%2Fpic.baike.soso.com%2Fp%2F20111009%2F20111009190714-186494394.jpg&type=1#simple_0
55	图4.3 城中村改造问题	httpnews.focus.cnhn2015-09-0610374146.html
56	图4.4 城市共享单车问题	httpm.sohu.comn490645471
57	图4.5 开放街区改造问题	httpwww.szjs.com.cnhtmls20160361601.html
58	图4.6 ~ 图4.18	毕阳、胡萌、肖璐瑶、钟青、米东阳绘制
59	图4.19 ~ 图4.29	陈艺旋、刘啸、米东阳、唐慧、张钰绘制
60	图4.30 ~ 图4.38	肖璐瑶、刘啸、唐慧、米东阳、李泳霖绘制
61	图4.39、图4.40	甘伟、董文思绘制

续表

序 号	图 名	图 片 来 源
62	图4.41～图4.51	向然、王晟、陈甸甸、胡萌、刘锦豪绘制
63	图4.52～图4.56	胡萌、陈甸甸、李泳霖绘制
64	图4.57～图4.66	肖璐瑶、胡雯、卢思奇绘制
65	图4.68 设计竞赛图纸目录示意	陈甸甸绘制
66	图4.69～图4.78	郝心田、胡栋、陈甸甸、张翔绘制
67	图4.79～图4.82	郝心田、杨博浪、罗振鸿、黄敬知绘制
68	图4.83～图4.94	向然、胡萌、陈甸甸、王诗旭、张钰绘制
69	图4.95、图4.96	王璐薇、刘晓华、王丹、李阳、龚道林绘制
70	图4.97、图4.98	邱岚、韩璐、张鹏飞绘制
71	图4.99～图4.101	张超、李智、王雅慧绘制
72	图4.102～图4.111	肖璐瑶、李泳霖、杨锦忆、白若珺绘制
73	图4.112～图4.118	金晓、石琳、文玉丰、吴梦宸绘制
74	图4.119～图4.123	朱媛卉、胡栋、李辉、谢婉珊、李振宇绘制
75	图4.124～图4.127	王谧子、袁磊、朱晨、杨宇峰、郭乐天绘制
76	图4.128～图4.140	冯琴、金晓、彭琳、胡萌、王怀东绘制
77	图4.141～图4.146	杨宇峰、刘啸、米东阳绘制
78	图4.147～图4.160	胡萌、张钰、王诗旭绘制
79	图4.161～图4.163	杨宇锋、朱晨、李园庆绘制
80	图4.164～图4.168	张钰、王诗旭、陈熙涵绘制
81	图4.169、图4.170	刘燕宁、白絮、曾紫薇绘制
82	图4.171～图4.173	窦逗、罗振鸿、卢思奇绘制

续表

序　号	图　名	图 片 来 源
83	图4.174~图4.186	王诗旭、李泳霖绘制
84	图5.1　平面示意图	肖璐瑶、刘啸、唐慧、米东阳、李泳霖绘制
85	图5.2　立面示意图	肖璐瑶、李泳霖、陈甸甸、胡雯绘制
86	图5.3　剖面示意图	肖璐瑶、刘啸、唐慧、米东阳、李泳霖绘制
87	图5.4　分析图示意	肖璐瑶、刘啸、唐慧、米东阳、李泳霖绘制
88	图5.5　效果图示意	杨宇锋、朱晨、李园庆绘制
89	图5.6~图5.16	肖璐瑶、陈甸甸、李泳霖绘制
90	图5.17~图5.26	肖璐瑶、李泳霖、陈甸甸、胡雯绘制
91	图5.27~图5.34	陈艺旋、米东阳、唐慧、刘啸、张钰绘制
92	图6.1　团队精神	石琳自绘

表 格 来 源

序　号	表　名	表 格 来 源
1	表1.1　各类立体思维创新技法的比较	刘燕宁绘制
2	表1.2　创新思维训练技法	刘燕宁绘制
3	表3.1　2017年中国风景园林学会大学生设计竞赛获奖作品	陈甸甸绘制
4	表3.2　2016年中国风景园林学会大学生设计竞赛获奖作品	陈甸甸绘制
5	表3.3　2015年中国风景园林学会大学生设计竞赛获奖作品	陈甸甸绘制
6	表3.4　2014年中国风景园林学会大学生设计竞赛获奖作品	陈甸甸绘制
7	表3.5　2013年中国风景园林学会大学生设计竞赛获奖作品	陈甸甸绘制

图书在版编目(CIP)数据

风暴：创新思维与设计竞赛表达. 一 / 甘伟主编. -- 武汉：华中科技大学出版社, 2018.9
（2021.7重印）
全国高等院校创新实践课程“十三五”规划精品教材
ISBN 978-7-5680-4592-6

Ⅰ. ①风… Ⅱ. ①甘… Ⅲ. ①工业设计－高等学校－教学参考资料 Ⅳ. ①TB47

中国版本图书馆CIP数据核字(2018)第219656号

风暴——创新思维与设计竞赛表达（一） 甘 伟 主编

FENGBAO:CHUANGXIN SIWEI YU SHEJI JINGSAI BIAODA (YI)

出版发行：华中科技大学出版社（中国·武汉） 电话：（027）81321913
地 址：武汉市东湖新技术开发区华工科技园 邮编：430223
出 版 人：阮海洪

责任编辑：陈 忠 责任监印：朱 玢
责任校对：周怡露

印 刷：湖北金港彩印有限公司
开 本：850 mm × 1065 mm 1/16
印 张：16
字 数：355千字
版 次：2021年7月第1版第2次印刷
定 价：98.00元

投稿邮箱：yicp@hustp.com
本书若有印装质量问题，请向出版社营销中心调换
全国免费服务热线：400-6679-118 竭诚为您服务
版权所有 侵权必究